畜禽场消毒防疫与疾病防制技术丛书

牛场消毒防疫与疾病防制技术

主编　苟文娟

河南科学技术出版社

·郑州·

图书在版编目（CIP）数据

牛场消毒防疫与疾病防制技术/荀文娟主编．—郑州：河南科学技术出版社，2018.1
（畜禽场消毒防疫与疾病防制技术丛书）
ISBN 978-7-5349-8999-5

Ⅰ．①牛⋯　Ⅱ．①荀⋯　Ⅲ．①牛-养殖场-卫生防疫管理　②牛病-防治　Ⅳ．①S858.23

中国版本图书馆 CIP 数据核字（2017）第 221429 号

出版发行：河南科学技术出版社
　　　　　地址：郑州市经五路 66 号　　邮编：450002
　　　　　电话：（0371）65737028　65788613
　　　　　网址：www.hnstp.cn
策划编辑：陈　艳　陈淑芹
责任编辑：田　伟
责任校对：刘逸群
封面设计：张　伟
版式设计：栾亚平
责任印制：张艳芳
印　　刷：河南金雅昌文化传媒有限公司
经　　销：全国新华书店
幅面尺寸：140 mm×202 mm　　印张：9.5　　字数：238 千字
版　　次：2018 年 1 月第 1 版　　2018 年 1 月第 1 次印刷
定　　价：29.80 元

本书编写人员名单

主　　编　　荀文娟

副 主 编　　李连任　　宋玉英

编写人员　　荀文娟　　李连任　　闫益波　　范秀娟

　　　　　　邢茂军　　郭长城　　郑培志　　宋玉英

前　言

近年来，在我国建设农业生态文明的新形势下，规模化养殖得到较快发展，畜禽生产方式也发生了很大的变化，这给动物防疫工作提出了更新、更高的要求。同时，随着市场经济体制的不断推进，国内外动物及其产品贸易日益频繁，给各种畜禽病原微生物的污染传播创造了更多的机会和条件，加之畜禽养殖者对动物防疫及卫生消毒工作的认识普及和落实不够，疾病控制已成为制约畜禽养殖业前行的一个"瓶颈"，并对公众健康构成了潜在的威胁。人们不禁要问：为什么现在畜禽疾病难治疗？

控制畜禽疾病的手段固然是多方面的，药物预防和治疗至关重要，但消毒、防疫、疫苗接种更是不可忽视。现实生产中，有些养殖场户平时工作做得不细，思想上麻痹大意，认为做疫苗就是防疫工作的全部内容，做完了疫苗就万事大吉了；有的则是无病不消毒，得病了手忙脚乱，不停地消毒，药物浓度、消毒密度都超出了常规，不合理的消毒制度，给畜禽带来了更多的发病机会，让养殖工作步履维艰。疾病防制过程中，重"治"轻"防"（"制"），防制技术落后，其后果是畜禽疾病多发，且难治疗。

正是基于以上认识，本书不使用"防治"而用"防制"，意在积极倡导消毒防疫、免疫防控、防重于治的理念。我们组织河南省农业科学院的专家学者、职业院校教授和常年工作在生产一线的技术服务人员，编写了这套"畜禽场消毒防疫与疾病防制技术"丛书。本丛书以制约养殖场健康发展的畜禽疾病控制为切入点，分为鸡、鸭、鹅、兔、猪、牛、羊7个分册，介绍养殖场的消毒、防疫及常见病防制，并配有多幅精美彩图。书中介绍消毒基础知识，消毒常用药物，现场包括环境、场地、圈舍、畜（禽）体、饲养用具、车辆、粪便及污水等的消毒技术，畜禽疾病的免疫防控，常见病的防制等知识。在关键技术操作过程、疾病诊断等叙述中配有插图，形象直观，通俗易懂，内容丰富，理论阐述深入浅出，技术针对性、指导性和实用性强。

　　由于作者水平有限，加之时间仓促，因此对书中讹误之处，恳请广大读者不吝指正。

编者

2017 年 1 月

目　　录

第一章　牛场的消毒 ……………………………………（1）

第一节　消毒 ……………………………………………（1）

一、消毒的概念 ………………………………………（1）

二、消毒的意义 ………………………………………（1）

三、消毒的种类 ………………………………………（1）

四、消毒的方法 ………………………………………（2）

五、牛场消毒的误区 …………………………………（5）

第二节　常用的消毒设备 ………………………………（8）

一、物理消毒设备 ……………………………………（8）

二、化学消毒设备 ……………………………………（20）

三、生物消毒设备 ……………………………………（26）

四、消毒防护 …………………………………………（29）

第三节　常用的化学消毒剂 ……………………………（32）

一、化学消毒剂的分类 ………………………………（32）

二、化学消毒剂的选择与使用 ………………………（35）

三、消毒药物的使用方法 ……………………………（42）

四、影响消毒效果的因素 ……………………………（43）

五、消毒过程中存在的误区 …………………………（48）

六、常用化学消毒剂 …………………………………（53）

第四节 消毒效果的检测与强化消毒效果的
措施 …………………………………………（71）
一、肉牛场消毒效果的检测 ……………（71）
二、奶牛场消毒效果的检测 ……………（73）
三、强化消毒效果的措施 ………………（76）
第五节 养牛场的消毒规程 ………………（77）
一、环境消毒 ……………………………（77）
二、车辆、人员和器具的消毒 …………（78）
三、牛体消毒 ……………………………（79）
四、发生疫病时的紧急消毒 ……………（81）
第二章 牛场的防疫 ……………………………（82）
第一节 建立科学的牛场防疫体系 ………（82）
一、牛场防疫制度的建立 ………………（82）
二、牛场的防疫计划 ……………………（84）
第二节 完善牛场的隔离卫生设施 ………（91）
一、科学选择场址和规划布局 …………（91）
二、合理设计牛舍和配套隔离卫生设施 …（94）
三、加强牛舍环境控制 …………………（98）
第三节 加强牛场的卫生管理 ……………（101）
一、牛场饮水的卫生管理 ………………（101）
二、牛场饲料的卫生管理 ………………（104）
三、牛场空气的卫生管理 ………………（106）
四、牛场的杀虫和灭鼠 …………………（108）
五、牛场废弃物的处理 …………………（114）
第四节 牛场的驱虫 ………………………（120）
一、驱虫药的选择 ………………………（120）
二、驱虫药物使用方法 …………………（121）
三、驱虫时注意事项 ……………………（122）

第五节　牛病的药物预防 ……………………（124）

　　一、规范使用各种兽药 ………………………（124）

　　二、牛的常用药物及用法 …………………（140）

第三章　牛场的免疫 ………………………………（148）

第一节　牛常见疫苗的使用 ………………………（148）

　　一、牛常用的疫苗 ………………………（148）

　　二、牛常见传染病的预防接种 …………………（151）

　　三、其他牛用疫苗及使用方法 …………………（153）

第二节　牛场免疫程序的制定与实施 ……………（155）

　　一、免疫程序的制定 ………………………（155）

　　二、免疫接种注意事项 …………………………（156）

第四章　牛病诊断方法与治疗技术 ……………（158）

第一节　牛病诊断的基本方法 ……………………（158）

　　一、常规检查方法 ………………………（158）

　　二、临床检查程序 …………………………（161）

第二节　牛病的临床检查 …………………………（162）

　　一、一般检查 …………………………（162）

　　二、系统检查 ………………………………（167）

第三节　牛病的治疗技术 …………………………（187）

　　一、保定方法 …………………………（187）

　　二、经口给药方法 …………………………（191）

　　三、注射给药法 ……………………………（193）

　　四、灌肠法 …………………………………（201）

　　五、牛常用穿刺方法 ………………………（202）

　　六、子宫冲洗法 ………………………………（205）

　　七、导尿法 …………………………………（206）

　　八、公牛去势 …………………………………（206）

　　九、牛洗胃术 …………………………………（208）

十、牛乳房送风疗法 ……………………（210）

十一、糖钙疗法 …………………………（212）

十二、牛修蹄术 …………………………（212）

十三、普鲁卡因封闭疗法 ………………（213）

第五章　牛常见病的防制 …………………………（216）

第一节　病毒性疾病 ………………………………（216）

一、口蹄疫 ………………………………（216）

二、牛流行热 ……………………………（222）

三、牛海绵状脑病（疯牛病） …………（224）

第二节　细菌性疾病 ………………………………（226）

一、布鲁氏菌病 …………………………（226）

二、结核病 ………………………………（228）

三、破伤风 ………………………………（230）

四、牛巴氏杆菌病 ………………………（232）

五、放线菌病 ……………………………（234）

六、附红细胞体病 ………………………（236）

第三节　牛主要寄生虫病 …………………………（237）

一、泰勒氏焦虫病 ………………………（237）

二、肝片吸虫病 …………………………（239）

三、牛肺线虫病 …………………………（241）

四、牛绦虫病 ……………………………（242）

五、牛囊尾蚴病 …………………………（243）

第四节　营养代谢性疾病 …………………………（244）

一、维生素 A 缺乏症 ……………………（244）

二、佝偻病 ………………………………（245）

三、骨软症 ………………………………（246）

四、白肌病 ………………………………（247）

五、奶牛酮病 ……………………………（248）

六、青草搐搦 …………………………… （250）

七、生产瘫痪 …………………………… （253）

第五节　常见产科及犊牛疾病 ………… （258）

一、牛子宫内膜炎 …………………… （258）

二、牛阴道脱出 ……………………… （261）

三、胎衣不下 ………………………… （262）

四、牛乳腺炎 ………………………… （264）

第六节　常见消化系统疾病 …………… （268）

一、牛口炎 …………………………… （268）

二、牛异食癖 ………………………… （270）

三、牛食道梗塞 ……………………… （272）

四、牛前胃弛缓 ……………………… （274）

五、牛瘤胃积食 ……………………… （274）

六、牛瘤胃臌气 ……………………… （275）

七、瓣胃秘结 ………………………… （280）

八、牛便秘 …………………………… （280）

九、牛胃肠炎 ………………………… （281）

十、创伤性网胃炎 …………………… （281）

第七节　牛常见中毒及其他疾病 ……… （285）

一、有机磷农药中毒 ………………… （285）

二、亚硝酸盐中毒 …………………… （286）

三、尿素中毒 ………………………… （287）

四、谷物中毒 ………………………… （288）

五、氢氰酸中毒 ……………………… （289）

参考文献 …………………………………… （290）

第一章　牛场的消毒

第一节　消毒

一、消毒的概念

消毒就是用物理方法、化学方法或生物方法杀灭或清除外界环境中的病原体。这里所说的外界环境，一般是指无生命的物体及其表面。近年来，清除或杀死动物体表皮肤黏膜及浅表体腔的有害微生物的过程也被称为消毒。灭菌是指杀灭物体上包括病原微生物在内的所有微生物，是一种彻底的消毒措施。

二、消毒的意义

消毒是贯彻预防为主方针，开展综合性防制的重要措施。它的目的是消灭传染源排到外界环境中的病原体，切断传播途径，阻止传染病的发生和继续蔓延，从而做到防患于未然。在当前疫病较为复杂的情况下，进一步加强和搞好消毒工作具有重要的经济意义和现实意义。

三、消毒的种类

根据消毒的目的不同，可把消毒分为如下三种。

（一）预防性消毒

预防性消毒又称定期消毒，是指在没有发生疫病时，以预防感染为目的，进行经常性的消毒，从而消灭生活环境中可能存在的各种病原体。预防性消毒的重点对象是牛舍、饮水、栏圈、饲养用具、运输工具、活牛交易所、牛产品加工场、仓库、工作服、鞋帽、器械等。

（二）紧急性消毒

从疫病流行开始，直到疫病扑灭之前（疫情发生期间）所进行的消毒称为紧急消毒，又称随时消毒。这种消毒可以减少或消灭病原体，切断传染途径，防止传染病的蔓延。由于病牛的排泄物含有大量的病原体，带有很大的危险性，因此必须反复进行消毒。消毒前应封锁管制。在解除隔离或封锁前，应对隔离病牛用的圈舍，每天消毒一次。凡与病牛接触过的和能使传染病蔓延的器物和排泄物，如栏舍、墙壁、饲养工具、垫草、粪便、污水、工作人员的衣物、器械等都要进行彻底消毒。同时，消毒药的浓度也要比预防消毒适当提高。如必须带畜消毒，则应选择对人畜无害的消毒药物。

（三）终末消毒

如果发生传染病，需要将全部病牛处理完毕，即当全部牛群中的患牛痊愈或最后一只牛死亡后，经两周再没有新的病例发生；或在疫区解除封锁之前，为了消灭疫区内可能残留的病原体，巩固前期的消毒效果，所进行的全面彻底的大消毒，称为终末消毒，又称善后消毒或巩固消毒。

四、消毒的方法

（一）物理消毒法

1. 机械清除与消毒

该方法主要通过清扫、冲洗、洗刷、通风、过滤等机械方法清除环境中的病原体，是常用的一种消毒方法，但是这种方法不能杀灭病原菌。在发生疫病时应先使用药物消毒，然后再机械消毒。

用肥皂洗手，流水冲净，可消除手上绝大部分细菌。使用多层口罩可防止病原体自呼吸道排出或侵入。应用通风装置过滤器可使手术室、实验室及隔离病室的空气，保持无菌状态。

2. 干热消毒

干热消毒是指通过焚烧、灼烧、热空气等消毒。

（1）日光消毒法：将物品放在阳光下暴晒，利用光谱中的紫外线、阳光的灼热和水分蒸发造成干燥等途径，使病原微生物灭活而达到消毒的目的。

（2）火焰或焚烧消毒：该方法通过火焰喷射器喷火或焚烧处理达到彻底消毒的目的。凡经济价值小的污染物、金属器械和尸体等均可用焚烧法消毒，简便经济、效果稳定。

（3）煮沸消毒：耐煮物品及一般金属器械均用本法，100 ℃煮沸1~2分钟即完成消毒，但芽孢则需较长时间。炭疽杆菌芽孢需煮沸30分钟，破伤风芽孢需3小时，肉毒杆菌芽孢需6小时。金属器械煮沸消毒，水中加1%~2%碳酸钠或0.5%软肥皂等碱性剂，可溶解脂肪，增强杀菌力。对棉织物煮沸消毒时，水中加1%肥皂水15 L/kg，有消毒去污的功效。物品煮沸消毒时，不可超过容积的3/4，应浸于水面下。注意留空隙，以利对流。

（4）流通蒸汽消毒：将不能煮沸而潮湿的物品放入蒸笼或特制的柜内密封后，充入蒸汽，一般30分钟左右即可达到消毒的目的。

（5）巴氏消毒：加温到60 ℃维持30分钟的消毒称为低温巴氏消毒，加温到85~87 ℃维持几分钟的消毒为高温巴氏消毒。此种方法经常用于牛奶的消毒，既可以杀灭或灭活病原菌，又不致严重损害其营养成分。

（6）高压蒸汽消毒：用高热高温的蒸汽，使病原微生物丧失活性。常用于耐高湿热的物质，如培养基、玻璃器皿、金属器械的消毒灭菌。

（7）干热灭菌消毒：利用热空气灭菌以达到消毒的目的，如控制在 140~160 ℃维持 2 小时可以杀死全部细菌和芽孢。一般使用电热干燥箱进行消毒。

3. 辐射消毒

辐射消毒分为非电离辐射消毒与电离辐射消毒两种。前者有紫外线、红外线和微波，后者包括丙种射线的高能电子束（阴极射线）。红外线和微波主要依靠产热杀菌。

电离辐射设备昂贵，对物品及人体有一定伤害，故使用较少。目前应用最多的为紫外线，可引起细胞成分，特别是核酸、原浆蛋白等发生变化，导致微生物死亡。紫外线波长范围2 100~3 280 Å（1 Å = 10^{-10} m = 0.1 nm），杀灭微生物的波长为2 000~3 000 Å，以 2 500~2 650 Å 作用最强。对紫外线耐受力以真菌孢子最强，细菌芽孢次之，细菌繁殖体最弱，仅少数例外。紫外线穿透力差，3 000 Å 以下者不能透过 2 mm 厚的普通玻璃。空气中尘埃及相对湿度可降低其杀菌效果。对水的穿透力随深度和浊度的提高而降低。但因使用方便，对药品无损伤，故广泛用于空气及一般物品的表面消毒。照射人体能发生皮肤红斑、紫外线眼炎和臭氧中毒等，故使用时人应避开或采取相应的保护措施。

日光暴晒亦依靠其中的紫外线，但由于大气层中的散射和吸收使用，仅39%可达地面，故仅适用于耐力低的微生物，且须较长时间暴晒。此外，过滤除菌除实验室应用外，仅换气的建筑中，可采用过滤除菌，一般消毒场所难以应用。

（二）化学消毒法

化学消毒是指用化学消毒药物作用于微生物和病原体，使其蛋白质变性，失去正常功能而死亡。目前常用的化学消毒药物有含氯消毒剂、氧化消毒剂、碘类消毒剂、醛类消毒剂、杂环类气体消毒剂、酚类消毒剂、醇类消毒剂、季铵盐类消毒剂等。

（三）生物消毒法

生物消毒法是一种最常用的最简单的消毒方法，主要用于大量废物、污物、粪便等的消毒，但消毒作用的时间较长。常用方法是将废物、污物、粪尿堆积在一起，表面加盖约 10 cm 厚的土泥或喷洒消毒药液，经 3~6 周的时间，通过微生物发酵产热杀死寄生虫幼虫及虫卵等病原体。

（四）综合消毒法

综合消毒法是将机械的、物理的、化学的、生物的消毒方法综合起来进行消毒。在实际工作中多采用综合消毒法，以确保消毒的效果。

五、牛场消毒的误区

（一）药物选不准

不同的微生物对消毒剂的敏感性存在很大差异，进行消毒必须选准药物，选不准药物，既造成浪费，还会带来危害。欲杀死病毒、芽孢，应选用具有较强杀灭作用的氢氧化钠、甲醛等消毒剂；欲进行皮肤、用具的消毒或带畜空气的消毒，应选用无腐蚀、无毒性的表面活性剂类消毒剂，如苯扎溴铵、氯己定、度米芬、百毒杀等；欲进行饮水消毒，应选用容易分解的卤素类消毒剂，如漂白粉、次氯酸钙等。

（二）配制不恰当

为了增强杀菌效果或减少药物用量，可以将两种或两种以上的消毒剂配合使用，如可以使用高锰酸钾与福尔马林进行熏蒸消毒，可以将1%高锰酸钾混入1.1%盐酸溶液中，可以将氯化铵或硫酸铵与氯胺T以1∶1的比例配合使用。需要注意的是，如果配合不恰当，就容易产生物理性或化学性的配伍禁忌，严重影响消毒效果，如酸性消毒剂不能与碱性消毒剂配合使用，肥皂、合成洗涤剂等阴离子表面活性剂不能与苯扎溴铵、氯己定等阳离子表面活性剂配合使用等。

另外，消毒剂一般不能用井水稀释配制，因为普通井水中含有较多的钙、镁等离子，这些离子会与消毒剂中释放出来的离子发生化学反应，使药效降低。所以在配制消毒剂时，应尽量使用自来水或白开水。

（三）浓度不合理

有人主观地认为，消毒剂浓度越高杀菌作用越强，其实，这是一个很大的误区，事实并非如此。乙醇（酒精）的最适消毒浓度是70%~75%，低于50%或高于80%都会影响杀菌效果。另外，消毒剂的浓度调制必须符合说明书的要求和消毒目标，如同是过氧乙酸，用于环境、料槽、车辆消毒时，应配制0.5%的浓度；而用于玻璃、搪瓷、橡胶制品消毒时，应配制0.04%~0.2%的浓度。

（四）用法不合适

强酸类、强碱类、强氧化剂类消毒剂，对人畜均有很强的腐蚀性，使用这几类消毒药对地面、墙壁进行消毒后，最好再用清水冲刷一遍，然后将肉牛放进去，防止残留药液灼伤牛体（尤其是幼牛）。石灰只能加水制成石灰乳进行消毒，若直接将生石灰铺撒在干燥的地面上，不但没有消毒作用，反而会危害肉牛蹄部，使蹄部干燥开裂。熏蒸消毒时产生的气体和烟雾均对人畜有毒害作用，即使熏蒸后遗留的废气，对人畜的眼结膜、呼吸道黏膜也可能造成伤害，所以熏蒸消毒后必须将废气彻底排净，方可放进肉牛，而带牛消毒时尽量不要选择熏蒸法。

带牛消毒时，应将喷头高举，喷嘴向上喷出雾粒，雾粒可在空中悬浮一段时间后缓缓下降，除与病原体接触外，还可起到除尘、净化、除臭等作用，在夏季还有降温作用。

（五）温度不适宜

消毒剂的杀菌作用与环境温度成正比例关系，即环境温度越高，消毒剂的杀菌效力越强，一般情况下，温度每提高10℃，消毒效果将增加1倍。因此，冬季进行消毒时，应设法提高环境温度，以增强杀菌效果。以氯和碘为主要成分的消毒剂，在高温条件下，有效成分会很快消失，所以这些消毒剂不宜在高温季节使用。

（六）湿度不合适

很多牛场在进行消毒时，从不考虑控制环境中的湿度。其实，空气太干燥会影响消毒效果，如使用福尔马林溶液进行熏蒸消毒或使用过氧乙酸进行喷雾消毒时，最适相对湿度为60%～80%，如果湿度太低，应先喷水提高湿度。

（七）水质不够好

养牛场进行消毒时，如果不考虑水质问题，消毒可能就会白费功夫。因为水质的pH值与一些消毒剂的杀菌效果密切相关，如在碱性环境中，氯己定等季铵盐类消毒剂杀菌作用较好，复合碘类消毒剂则要求pH值在2～5范围内使用，但苯甲酸、过氧乙酸等酸性消毒剂必须在酸性环境中才有效。

（八）消毒时间不够

消毒没有计划，不考虑提前量，现用现消毒，仓促而行，这些行为往往导致消毒效果不好。一般情况下，消毒剂与微生物接触的时间越长，灭菌效果越好。如用石灰乳对粪便进行消毒时，石灰乳与粪便接触至少应在2小时以上；使用高锰酸钾与福尔马林对舍内空气进行熏蒸消毒时，应密闭门窗10小时。

（九）消毒前不清洁

消毒前不做清洁工作，严重影响消毒效果。因为消毒剂与粪污中的有机物（尤其是蛋白质）可结合成为不溶性的化合物，影响消毒作用的发挥，而消毒剂被大量的有机物消耗后，则会明显降低对病原体的作用浓度。因此，消毒前消除污物，既能机械性地清理掉一部分微生物，也能防止污物阻碍消毒剂与病原体接触而降低消毒效果。

（十）使用单一消毒剂

养殖场应注意轮换或交叉使用不同类型的消毒药。不同的消毒药有不同的杀菌范围，长期使用某一种或几种消毒剂，有些病原体可能无法被杀死。复合酚类消毒药对细菌、真菌、有囊膜病毒、多种寄生虫卵都具有杀灭作用，但对无囊膜病毒，如细小病毒、腺病毒、疱疹病毒等无效；季铵盐类消毒药属于阳离子表面活性剂，对无囊膜病毒消毒效果也不好。如果养殖场长期只使用复合酚类消毒药或季铵盐类消毒药，无囊膜病毒（口蹄疫病毒、圆环病毒、细小病毒等）就容易泛滥。必须使用碱类、醛类、过氧化物类、氯制剂才能确保有效杀灭无囊膜病毒。

第二节 常用的消毒设备

根据消毒方法、消毒性质不同，消毒设备也有所不同。消毒工作中，由于消毒方法的种类很多，除要根据具体消毒对象的特点和消毒要求选择适当的消毒剂外，还要了解消毒时采用的设备是否适当，操作中的注意事项等。同时还需注意，无论采取哪种消毒方式，都要做好消毒人员的自身防护。

常用消毒设备可分为物理消毒设备、化学消毒设备和生物消毒设备。

一、物理消毒设备

物理消毒灭菌技术在动物养殖和生产中具有独特的优势。物理消毒灭菌一般不改变被消毒物品的原有组分，能保持饲料和食物固有的营养价值；不产生有毒有害物质残留，不会造成被消毒灭菌物品的二次污染；一般不影响被消毒物品的形状；对周围环境的影响较小。但是，大多数物理消毒灭菌技术往往操作比较复杂，需要大量的机械设备，而且成本较高。

养牛场物理消毒主要有紫外线照射、机械清扫、洗刷、通风换气、干燥、煮沸、蒸汽消毒、火焰焚烧等。依照消毒的对象、环节等，需要配备相应的消毒设备。

（一）机械清扫、冲洗设备

机械清扫、冲洗设备主要是高压清洗机，是通过动力装置使高压柱塞泵产生高压水柱来冲洗物体表面的机器。它们能将污垢剥离、冲走，达到清洗物体表面的目的。高压清洗是世界公认最科学、经济、环保的清洁方式之一，主要用途是冲洗养殖场场地、畜禽圈舍建筑、养殖场设施设备、车辆，喷洒药剂等。

高压清洗机有冷水高压清洗机和热水高压清洗机。相比冷水清洗机，热水清洗机多了一个加热装置，利用燃烧缸把水加热。热水清洗机价格偏高且运行成本高（要用柴油）。

1. 分类

按驱动引擎来分，高压清洗机可分为电机驱动高压清洗机、汽油机驱动高压清洗机和柴油机驱动高压清洗机三大类。顾名思义，这三种清洗机都配有高压泵，不同的是它们分别采用与电机、汽油机、柴油机相连，由此驱动高压泵运作。汽油机驱动高压清洗机和柴油机驱动清洗机的优势在于它们不需要电源就可以在野外作业。

按用途来分，高压清洗机可分为家用、商用和工业用三大类。家用高压清洗机，一般压力、流量和寿命较低（一般 100 小时以内），携带轻便，移动灵活，操作简单。商用高压清洗机，对参数的要求更高，且使用次数频繁，使用时间长，一般寿命比较长。工业用高压清洗机，除了一般的要求外，往往还会有一些特殊要求，水切割就是一个很好的例子。

2. 产品原理

水的冲击力大于污垢与物体表面附着力，高压水就会将污垢剥离、冲走，达到清洗物体表面的目的。使用高压水柱清理污垢，强力水压所产生的泡沫就足以将一般污垢带走。只有很顽固的油渍才需要加入一点清洁剂。

3. 故障排除

清洗机使用过程中，难免出现故障。出现问题时，应根据不同故障现象，仔细查找原因。

（1）喷枪不喷水：一般是由入水口、进水滤清器堵塞，喷嘴堵塞或加热螺旋管堵塞造成，必要时应清除水垢。

（2）出水压力不稳，供水不足：管路破裂、清洁剂吸嘴未插入清洁剂中等原因造成空气吸入管路；喷嘴磨损；高压水泵密封漏水。

（3）燃烧器不点火燃烧：进风量不足，冒白烟；燃油滤清器、燃油泵、燃油喷嘴被脏物堵塞；电磁阀损坏；点火电极位置变化，火花太弱；高压点火线圈损坏；压力开关损坏。

高温高压清洗机出现以上问题，用户可自己查找原因，排除故障。清洗机若出现泵体漏水、曲轴箱漏油等比较严重的故障时，应将清洗机送到配件齐全、技术力量较强的专业维修部门修理，以免造成不必要的经济损失。

4. 保养方法

每次操作之后，冲洗接入清洁剂的软管和过滤器，去除洗涤剂的残留会有助于防止腐蚀；关闭连接到高压清洗机上的供水系统；扣动伺服喷枪杆上的扳机可以将软管里全部压力释放掉；从高压清洗机上卸下橡胶软管和高压软管；切断火花塞的连接导线以确保发动机不会启动（适用于发动机型）。

（1）电动型：将电源开关转到"开"和"关"的位置 4~5

次，每次 1~3 秒，以清除泵里的水。这一步骤将有助于保护泵免受损坏。

（2）发动机型：缓慢地拉动发动机的启动绳 5 次，清除泵里的水。这一步骤可以保护泵免受损坏。

（3）定期维护：每 2 个月维护一次。燃料的沉淀物会导致燃料管道、燃料过滤器和化油器的损坏，定期从贮油箱里清除燃料沉淀物可以延长发动机的使用寿命，维持发动机性能稳定；泵的防护套件是在高压清洗机不使用时用来防止其受腐蚀，避免发生过早磨损和冻结等，同时注意要给阀和密封圈涂上润滑剂，防止它们卡住。

对于电动型，维护时关闭高压清洗机；将高压软管和喷枪杆与泵断开连接；将阀接在泵防护罐上并打开阀；启动清洗机；将罐中所有物质吸入泵里；然后关闭清洗机；高压清洗机可以直接储存。

对于发动机型，维护时关闭高压清洗机；将高压软管和喷枪杆与泵断开连接；将阀接在泵防护罐上并打开阀；点火，拉动启动绳；将罐中所有物质吸入泵里；高压清洗机可以直接储存。

（4）注意事项：当操作高压清洗机时，始终需戴适当的护目镜、手套和面具，始终保持手和脚不接触清洗喷嘴；要经常检查所有的电接头，经常检查所有的液体，经常检查软管是否有裂缝；当未使用喷枪时，必须设置扳机处于安全锁定状态；在完成工作的前提下尽可能地使用最低压力来工作；在断开软管连接之前，要先释放掉清洗机里的压力；使用后要排干净软管里的水；不要将喷枪对着自己或其他人；在检查所有软管接头都已在原位锁定之前，决不要启动设备；在接通供应水并让适当的水流过喷枪杆之前，决不要启动设备；使用前将所需要的清洗喷嘴连接到喷枪杆上。

注意，不要让高压清洗机在运转过程中处于无人监管的状态。每次当你释放扳机时泵将运转在旁路模式下，如果一个泵在旁路模式下运转了较长时间后，泵里循环水的过高温度将缩短泵的使用寿命甚至损坏泵。所以，应避免使设备在旁路模式下长时间运行。

（二）紫外线灯

紫外线是一种低能量电磁波，具有较强的杀菌作用。使用一般的化学消毒剂灭活微生物需要较长的时间，而紫外线消毒仅需几秒即可达到同样的灭活效果。而且该方法运行操作简便，基建投资及运行费用也低于其他几种化学消毒方法，因此被广泛应用于畜禽养殖场消毒。

1. 紫外线灯的消毒原理

利用紫外线照射，使菌体蛋白发生光解、变性，菌体遭到破坏死亡。同时紫外线通过空气时，使空气中的氧气电离产生臭氧，加强了杀菌作用。

2. 紫外线灯的消毒方法

紫外线灯多用于空气及物体表面的消毒，紫外线波长2573 A（1 A = 10^{-10} m）。用于空气消毒，有效距离不超过 2 m，照射时间 30~60 分钟；用于物品消毒，有效距离在 25~60 cm，照射时间 20~30 分钟。从灯亮 5~7 分钟开始计时（灯亮需要预热一定时间，才能使空气中的氧气电离产生臭氧）。

3. 紫外线灯的消毒措施

（1）对空气消毒均采用的是紫外线照射，首先必须保证灯管的完好无损和正确使用，保持灯管洁净。灯管表面每隔 1~2 周应用酒精棉球轻拭一次，除去灰尘和油垢，以减少影响紫外线穿透力的因素。

（2）灯管要轻拿轻放，关灯后立即开灯，会减少灯管寿命，应冷却 3~4 分钟后再开。灯管可以连续使用 4 小时，但通风散热要好，以保持灯管寿命。

（3）应随时保持消毒室的清洁干燥，每天用消毒液浸泡后的专用抹布擦拭消毒室。用专用拖把拖地。

（4）规范紫外线灯日常监测，必须做到分室、分盏进行登记，登记本中设灯管启用日期、每天消毒时间、累计时间、执行者签名、强度监测登记，要求消毒后认真记录，使执行与记录保持一致。

（5）空气消毒时，打开所有的柜门、抽屉等。以保证消毒室所有空间的充分暴露，都得到紫外线的照射，消毒尽量无死角。

（6）在进行紫外线消毒的时候，要注意保护好被消毒人员的眼睛和皮肤，因为紫外线会损伤角膜的上皮和皮肤的上皮。不要进入正在消毒的房间，如果必须进入，最好戴上防紫外线的护目镜。

4. 使用紫外线消毒灯的注意事项

紫外灯消毒灯可用于对工作服、鞋、帽和出入人员的消毒，以及不便于用化学消毒药消毒的物品。人员进场接受紫外线消毒时间不能过长，以每次消毒 5 分钟为宜，不能让紫外线直接长期照射人的体表和眼睛。

（三）干热灭菌设备

干热灭菌法是热力消毒和灭菌常用的方法之一，它包括焚烧法、烧灼法和热空气法。

焚烧法主要用于传染病畜禽尸体、病畜垫草、病料，以及被污染的杂草、地面等的灭菌，一般直接点燃或在炉内焚烧。烧灼法是直接用火焰进行灭菌，适用于微生物实验室的接种针、接种环、试管口、玻璃片等耐热器材的灭菌。热空气法是利用干热空气进行灭菌，主要用于各种耐热玻璃器皿，如试管、吸管、烧瓶及培养皿等实验器材的灭菌。这种灭菌法是在一种特制的电热干燥器内进行的，由于干热的穿透力低，箱内温度上升到 160 ℃

后，保持 2 小时才可杀死所有的细菌及其芽孢。

1. 干热灭菌器

（1）构造：干热灭菌器也就是烤箱，一般为双层铁板制成的方形金属箱，外壁内层装有隔热的石棉板。箱底下放置大型火炉，或在箱壁中装置电热线圈。内壁上有数个孔，供流通空气用。箱前有铁门及玻璃门，箱内有金属箱板架数层。电热烤箱的前下方装有温度调节器，可以保持所需的温度。

（2）使用方法：将培养皿、吸管、试管等玻璃器材包装后放入箱内，闭门加热。当温度上升至 160～170 ℃时，保持温度 2 小时，到达时间后，停止加热，待温度自然下降至 40 ℃以下，方可开门取物，否则冷空气突然进入，易引起玻璃炸裂；且热空气外溢，往往会灼伤取物者的皮肤。一般吸管、试管、培养皿、凡士林、液状石蜡等均可用本法灭菌。

2. 火焰灭菌设备

火焰灭菌法是指用火焰直接烧灼的灭菌方法。该方法灭菌迅速、可靠、简便，适合于耐火材料（金属、玻璃及瓷器）的灭菌，不适合药品的灭菌。

所用的设备包括火焰专用型和喷雾火焰兼用型两种。专用型的特点是使用轻便，适用于大型机种无法操作的地方；便于携带，适用于室内外的小、中型面积处，方便快捷；操作容易，打气、按电门即可发动，按气门钮即可停止；全部采用不锈钢材料，机件坚固耐用。兼用型除上述特点外，还具有以下特点：一是节省药剂，可根据被使用的场所和目的不同，用旋转式药剂开关来调节药量；二是节省人工费，1 台烟雾消毒器能达到 10 台手压式喷雾器的作业效率；三是消毒彻底，消毒器喷出的直径 5～30 μm的小粒子形成雾状浸透在每个角落，可达到最大的消毒效果。

（四）湿热灭菌设备

湿热灭菌法是热力消毒和灭菌的一种常用方法，包括煮沸消毒法、高压蒸汽灭菌法和流通蒸汽灭菌法。

1. 消毒锅

消毒锅用于煮沸消毒，适用于如剪刀、注射器等金属、玻璃制品及棉织品等的消毒。该方法简单、实用、杀菌能力比较强，效果可靠，是最古老的消毒方法之一。消毒锅一般是金属容器，煮沸消毒时要求水持续沸腾 5~15 分钟，一般水温能达到100 ℃，细菌繁殖体、真菌、病毒等可立即死亡，而杀灭细菌芽孢需要的时间比较长，要 15~30 分钟，有的要几个小时。

煮沸消毒时，要注意以下几个问题：

（1）煮沸消毒前，应将物品洗净。易损坏的物品用纱布包好再放入水中，以免沸腾时互相碰撞。不透水物品应垂直放置，以利水的对流。水面应高于物品。消毒器应加盖。

（2）消毒时，应自水沸腾后开始计算时间，一般器械需 15~20 分钟。对注射器或手术器械灭菌时，应煮沸 30~40 分钟。加入 2%碳酸钠可防锈，并提高沸点（水中加入 1%碳酸钠，沸点可达 105 ℃），加速微生物死亡。各种器械煮沸消毒时间见表 1-1。

表 1-1 各种器械煮沸消毒参考时间

消毒对象	消毒参考时间（分钟）
玻璃类器材	20~30
橡胶类及电木类器材	5~10
金属类及搪瓷类器材	5~15
接触过传染病料的器材	>30

（3）对棉织品煮沸消毒时，一次放置的物品不宜过多。煮沸时应略加搅拌，以助水的对流。物品加入较多时，煮沸时间应延长到 30 分钟以上。

15

（4）消毒时，物品间勿潴留气泡；勿放入能增加黏稠度的物质。消毒过程中，水应保持连续煮沸，中途不得加入新的污染物品，否则消毒时间应从水再次沸腾后重新计算。

（5）消毒时，物品因无外包装，事后取出和放置时慎防再污染。对已灭菌的无包装医疗器材，取用和保存时应严格按无菌操作要求进行。

2. 高压蒸汽灭菌器

高压蒸汽灭菌器是一个双层的金属圆筒，两层之间盛水，外层坚固厚实，其上方有金属厚盖，盖旁附有螺旋，借以紧闭盖门，使蒸汽不能外溢，因而蒸汽压力升高，随之其温度亦相应地增高。高压蒸汽灭菌器上装有排气阀门、安全活塞，以调节蒸汽压力；有温度计及压力表，以显示内部的温度和压力；灭菌器内装有带孔的金属搁板，用以放置要灭菌物体。

高压蒸汽灭菌器的使用方法：加水至外筒内，将被灭菌物品放入内筒。盖上灭菌器盖，拧紧螺旋使之密闭。灭菌器下用煤气或电炉等加热，同时打开排气阀门，排净其中冷空气，否则压力表上所示压力并非全部是蒸汽压力，灭菌将不完全。待冷空气全部排出后（水蒸气从排气阀中连续排出时），关闭排气阀。继续加热，待压力表渐渐升至所需压力时（一般是101.53 kPa，温度为121.3 ℃），调节炉火，保持压力和温度（注意压力不要过大，以免发生意外），维持15～30分钟。灭菌时间到达后，停止加热，待压力降至零时，慢慢打开排气阀，排除余气，开盖取物。切不可在压力尚未降低为零时突然打开排气阀门，以免灭菌器中液体喷出。

高压蒸汽灭菌法为湿热灭菌法，其优点有三：一是湿热灭菌时菌体蛋白容易变性；二是湿热穿透力强；三是蒸汽变成水时可放出大量热，增强杀菌效果。凡耐高温和潮湿的物品，如培养基、生理盐水、衣服、纱布、棉花、敷料、玻璃器材、传染性污物等，都可应用本法灭菌。

目前出现的便携式全自动电热高压蒸汽灭菌器，操作简单，使用安全。

3. 流通蒸汽灭菌器

流通蒸汽消毒设备的种类很多，比较理想的是流通蒸汽灭菌器。

流通蒸汽灭菌器由蒸汽发生器、蒸汽回流罩、消毒室和支架等构成。蒸汽由底部进入消毒室，经回流罩再返回到蒸汽发生器内，这种蒸汽消耗少，只需维持较小火力即可。

使用流通蒸汽消毒时，消毒时间应从水沸腾后有蒸汽冒出时算起，消毒时间同煮沸法，消毒物品包装不宜过大、过紧，吸水物品不要浸湿后放入；因在常压下，蒸汽温度只能达到 100 ℃，维持 30 分钟只能杀死细菌的繁殖体，但不能杀死细菌芽孢和霉菌孢子，所以有时必须使用间歇灭菌法，即用蒸汽灭菌器或用蒸笼加热至约 100 ℃维持 30 分钟，每天进行 1 次，连续 3 天。每天消毒完后都必须将被灭菌的物品取出放在室温或 37 ℃温箱中过夜，提供芽孢发芽所需的条件。对不具备芽孢发芽条件的物品不能用此法灭菌。

（五）除菌滤器

除菌滤器简称滤菌器，种类很多，大多数孔径非常小，能阻挡细菌通过。一般用陶瓷、硅藻土、石棉或玻璃屑等制成。

1. 不同滤菌器的构造

（1）赛氏滤菌器：由三部分组成。上部的金属圆筒，用以盛装将要滤过的液体；下部的金属托盘及漏斗，用以接收滤出的液体；上下两部分中间放石棉滤板。滤板按孔径大小可分为三种，K 滤孔最大，供澄清液体之用；EK 滤孔较小，可滤过除菌；EK-S 滤孔更小，可阻止一部分较大的病毒通过。滤板依靠侧面附带的紧固螺旋拧紧固定。

（2）玻璃滤菌器：由玻璃制成。滤板采用细玻璃砂在一定高温下加压制成。孔径为 0.15~250 μm，分为 G1、G2、G3、G4、G5、G6 六种规格，后两种规格均能阻挡细菌通过。

（3）薄膜滤菌器：由塑料制成。滤菌器薄膜采用优质纤维滤纸，用一定工艺加压制成。孔径 200 nm，能阻挡细菌通过。

2. 滤菌器的用法

将清洁的滤菌器（赛氏滤菌器和薄膜滤菌器须先将石棉板或滤菌薄膜放好，拧牢螺旋）和滤瓶分别用纸或布包装好，用高压蒸汽灭菌器灭菌，再以无菌操作把滤菌器与滤瓶装好，并使滤瓶的侧管与缓冲瓶相连，再使缓冲瓶与抽气机相连。将待滤液体倒入滤菌器内，开动抽气机使滤瓶中压力减低，滤液则徐徐流入滤瓶中。滤毕，迅速按无菌操作将滤瓶中的滤液放到无菌容器内保存。滤器经高压灭菌后，洗净备用。

3. 滤菌器的用途

滤菌器用于除去混杂在不耐热液体（血清、腹水、糖溶液、某些药物等）中的细菌。

（六）电子消毒器

1. 电离辐射

利用 X 射线或电子辐射等穿透物品，杀死其中的微生物的低温灭菌方法，统称为电离辐射。电离辐射是低温灭菌，不发生热的交换、压力差别和扩散层干扰，所以适用于怕热的灭菌物品，具有优于化学消毒、热力消毒等其他消毒灭菌方法的特点，也是在养殖业应用广泛的消毒灭菌方法。早在 20 世纪 50 年代国外就开始应用；我国起步较晚，但随着国民经济的发展和科学技术的进步，电离辐射灭菌技术在我国制药、食品、医疗器械及海关检验等各领域广泛应用，并将越来越受到各行各业的重视，特别是在养殖业的饲料消毒灭菌和肉蛋成品的消毒灭菌应用日益广泛。

2. 等离子体消毒灭菌技术与设备

等离子体消毒灭菌技术是新一代的高科技灭菌技术，它能克服现有灭菌方法的一些局限性和不足之处，提高消毒灭菌效果。

在实际工作中，由于没有天然的等离子存在，需要人为制造，所以必须要有等离子体发生装置，即等离子发生器，它可以通过气体放电法、射线辐照法、光电离法、激光辐射法、热电离法、激波法等，使中性气体分子在强电磁场的作用下，引起碰撞解离，进而热能离子和分子相互作用，部分电子进一步获得能量，使大量原子电离，从而形成等离子体。

等离子体有很强的杀灭微生物的能力，可以杀灭各种细菌繁殖体、芽孢和病毒，也可有效地破坏致热物质。如果将某些消毒剂汽化后加入等离子体腔内，可以大大增强等离子体的杀菌效果。等离子体灭菌的温度低，在室温状态下即可对处理的物品进行灭菌，因此可以对不适于高温、高压消毒的材料和物品进行灭菌处理，如塑胶、光纤、人工晶体及光学玻璃材料、不适合用微波法处理的金属物品，以及不易达到消毒效果的缝隙角落等。采用等离子消毒灭菌技术，能在低温下很好地达到消菌灭菌处理而不会对被处理物品造成损坏。等离子消毒灭菌技术灭菌过程短且无毒性，通常在几十分钟内即可完成灭菌消毒过程，克服了蒸汽、化学或核辐射等方法使用中的不足；切断电源后产生的各种活性粒子能够在几十毫秒内消失，所以无须通风，不会对操作人员造成伤害，安全可靠；此外，等离子体灭菌还有操作简单安全、经济实用、灭菌效果好、无环境污染等优点。

等离子体消毒灭菌作为一种新发展起来的消毒方法，在应用中也存在一些需要注意的地方。如等离子体中的某些成分对人体是有害的，如 β 射线、γ 射线、强紫外光子等都可以引起生物体的损伤，因此在进行等离子体消毒时，要采用一定的防护措施并严格执行操作规程。此外，在进行等离子体消毒时，大部分气体都不会形成有毒物质，如氧气、氮气、氩气等都没有任何毒性物质残留，但氯气、溴和碘的蒸气会产生对人体有害的气体残留，使用时要注意防范。

等离子体灭菌优点很多，但等离子体穿透力差，对体积大、需要内部消毒的物品消毒效果较差；设备制造难度大，成本费用高；许多技术还不够完善，有待进一步研究。

二、化学消毒设备

（一）喷雾器

喷洒消毒、喷雾免疫时常用的是喷雾器。喷雾器有背负式喷雾器和机动喷雾器。背负式喷雾器又有压杆式喷雾器和充电式喷雾器，使用于小面积环境消毒和带牛消毒。机动喷雾器按其所使用的动力来划分，主要有电动（交流电或直流电）和气动两种，每种又有不同的型号，适用于牛舍外环境和空舍消毒。在实际应用时要根据具体情况选择合适的喷雾器。

1. 使用注意事项

（1）喷雾器消毒：固体消毒剂有残渣或溶化不全时，容易堵塞喷嘴，因此不能直接在喷雾器的容器内配制消毒剂，而是要在其他容器内配制好后经喷雾器的过滤网装入喷雾器的容器内。压杆式喷雾器容器内药液不能装的太满，否则不易打气。配制消毒剂的水温不宜太高，否则易使喷雾器的塑料桶身变形，而且喷雾时不顺畅。使用完毕，将剩余药液倒出，用清水冲洗干净，倒置，打开一些零部件，等晾干后再装好。

（2）喷雾器免疫：喷雾器免疫是利用气泵将空气压缩，然后通过气雾发生器使稀释后的疫苗形成一定大小的雾化粒子，均匀地悬浮于空气中，随呼吸进入牛体内。要求喷出的雾滴大小符合要求，而且均一，80%以上的雾滴大小应在要求范围内。喷雾过程中要注意喷雾质量，发现问题或喷雾器出现故障，应立即停止操作，并按使用说明书操作，之后要用清水洗喷雾器，让喷雾器充分干燥后，包装保存。注意防止腐蚀，不要用去污剂或消毒剂清洗容器内部。

免疫时较合适的温度是 15~25 ℃，温度再低些也可进行，但一般不要在环境温度低于 4 ℃ 的情况下进行。如果环境温度高于 25 ℃，雾滴会迅速蒸发而不能进入牛的呼吸道。如果要在高于 25 ℃ 的环境中使用喷雾器进行免疫，则可以先在牛舍内喷水至舍内空气的相对湿度提高后再进行。

喷雾时，房舍应密闭，关闭门、窗和通风口，减少空气流动。在喷雾完 15~20 分钟后再开启门窗。如选用直径为59 μm以下的喷雾器时，喷雾枪口应在牛头上方约 30 cm 处喷射，使牛体周围形成良好的雾化区，雾滴粒子不立即沉降，可在空间内悬浮适当时间。

2. 常见故障排除

喷雾器在日常使用过程中总会遇到喷雾效果不好，开关漏水或拧不动，连接部位漏水等故障，应正确排除。

（1）喷雾压力不足导致雾化不良：如果在喷雾时出现扳动摇杆15次以上，桶内气压还没有达到工作气压，养殖户应首先检查进水球阀是否被杂物搁起，导致气压不足而影响了雾化效果。此时可将进水阀拆下检查，如果有杂物，则应用抹布擦洗干净；处理后如果喷雾压力依然不足，则应检查气室内皮碗有无破损，如有破损，则需更换新皮碗；若因连接部位密封圈未安装或破损导致漏气，则应加装或更换密封圈。

（2）药液喷不成雾：喷头体的斜孔被污物堵塞是导致喷不成雾的最常见原因之一，此时可以将喷头拆下，从喷孔反向吹气，将堵塞污物清除即可；若喷孔堵塞，则可拆开清洗喷孔，但不可使用铁丝等硬物捅喷孔，防止孔眼扩大，影响喷雾质量；若套管内滤网堵塞或过水阀小球被污物搁起，应清洗滤网及清洗搁起小球的污物。

（3）开关漏水或拧不动：检查漏水原因，若开关帽未拧紧，应旋紧开关帽；若开关芯上的垫圈磨损，应更换垫圈。开关拧不动多是因为放置较久，开关芯被药剂侵蚀而黏住，应将开关放在煤油或柴油中浸泡一段时间，然后拆下清洗干净即可。

（4）连接部位漏水：检查漏水原因，若接头松动，应旋紧螺母；若垫圈未放平或破损，应将垫圈放平，或更换垫圈。

（二）气雾免疫机

气雾免疫机是一种多功能设备，用途广泛。

1. 适用范围

气雾免疫机可用于畜禽养殖业的疫苗免疫、微雾消毒、施药、降温，以及养殖场所环境卫生消毒。

2. 类型

气雾免疫机的种类有很多，有手提式、推车式、固定式等。

3. 特点

（1）直流电源动力，使用方便。

（2）免疫速度快，20分钟可完成规模万只以上牛场的免疫。

（3）多重功能，集免疫、消毒、降温、施药等功能于一身。

（4）压缩空气喷雾，雾粒均匀，直径在 20~100 μm 之间且可调，适用于不同牛龄免疫。

（5）低噪声。

（6）机械免疫、施药，省时、省力、省人工。

（7）免疫应激小，安全系数高。

4. 使用方法

（1）牛群免疫接种宜在傍晚进行，以降低牛群发生应激反应的概率，避免阳光直射疫苗。关闭牛舍的门窗和通风设备，减少牛舍内的空气流动，并将牛群圈于阴暗处。雾化器内应无消毒剂等药物残留，最好选用疫苗接种专用的器具。

（2）疫苗的配制及用量。选用不含氯元素和铁元素的清洁水溶解疫苗，并在水中打开瓶盖倒出疫苗。常用的水有去离子水和蒸馏水，不能选用生理盐水等含盐类的稀释剂，以免喷出的雾粒迅速干燥致使盐类浓度升高而影响疫苗的效力。该接种法疫苗的使用量通常是其他接种法疫苗使用量的 2 倍，配液量应根据免疫的具体对象而定。

（3）喷雾方法：将牛群赶到较长墙边的一侧，在牛群顶部 30~50 cm 处喷雾，边喷边走，至少应往返喷雾 2~3 遍后才能将疫苗均匀喷完。喷雾后 20 分钟才能开启门窗，因为一般的喷雾雾粒大约需要 20 分钟才会降落至地面。

5. 注意事项

（1）雾化粒子的大小要适中，在喷雾前可以用定量的水试喷，掌握好最佳的喷雾速度、喷雾流量和雾化粒子大小。

（2）在有慢性呼吸道疾病的牛群中应慎用气雾免疫。

（3）注意稀释疫苗用水要洁净，建议选用纯净水，这样就可以避免水质酸碱度与矿物质元素对药物的干扰与破坏，避免了药物的地区性效果差异，冲破了地域局限性。

（三）消毒液机和次氯酸钠发生器

1. 用途

消毒液机可以现用现制快速生产复合消毒液，适用于畜禽养殖场、屠宰场、运输车船、人员防护消毒，以及发生疫情的病原污染区的大面积消毒。消毒液机只需消耗食盐、水、电，操作简单，具有短时间内就可以生产出大量消毒液的能力。另外，用消毒液机电解生产的含氯消毒剂是一种无毒低刺激的高效消毒剂，不仅适用于环境消毒、带畜禽消毒，还可用于食品消毒、饮用水消毒，以及洗手消毒等防疫人员进行的自身消毒防护，对环境造成的污染很小。消毒液机的这些特点非常适用于完全彻底的防疫消毒，以及人畜共患病疫区的综合性消毒防控，并且可以减少运输、仓储、供应等环节的意外防疫漏洞。

2. 工作原理

消毒液机和次氯酸钠发生器都是以电解食盐水来生产消毒药的设备。两类产品的显著区别在于，次氯酸钠发生器是采用直流电解技术来生产次氯酸钠消毒药；消毒液机在次氯酸钠发生器的基础上采用了更为先进的电解模式 BIVT（可变进气系统）技术，生产次氯酸钠、二氧化氯复合消毒剂，其中二氧化氯高效、广谱、安全，且持续时间长，世界卫生组织 1948 年就将其列为 A1 级安全消毒剂。次氯酸钠、二氧化氯形成了协同杀菌作用，从而具有更高的杀菌效果。

3. 使用方法

（1）电解液的配制：称取食盐 500 g，一般以食用精盐为好，加碘或不加碘盐均可，放入电解桶中，向电解桶中加入 8 kg 清水（在电解桶中有 8 kg 水刻度线），用搅拌棒搅拌，使盐充分溶解。

（2）制药：确认上述步骤已经完成，把电极放入电解桶中，打开电源开关，按动选择按钮，选择工作岗位，此时电极板周围产生大量气泡，开始自动计时，工作结束后机器自动关机并声音报警。

（3）灌装消毒药：用事先准备好的容器把消毒液倒出，贴上标签，加盖后存放。

4. 使用注意事项

（1）设备保护装置：优质的消毒液机采用高科技设计了智能保护装置，当操作不当或发生意外时会自我保护，此时用户可排除故障后重新操作。

（2）定期清洗电极：由于使用的水的硬度不同，使用一段时间后，在电解电极上会产生很多水垢，应使用生产公司提供或指定的清洗剂清洗电极，一般 15 天清洗一次。

（3）防止水进入电器仓：添加盐水或清洗电极时，不要让水进入电器仓，以免损坏电器。

（4）消毒液机的放置：应在避光、干燥、清洁处放置，和所有电器一样，潮湿的空气对电路板有不利影响，降低整机的使用寿命。

（5）消毒液机性能的检测：在用户使用消毒液机一段时间后，可以对消毒液机的工作性能进行检测。检测时一是通过厂家提供的试纸进行测试，测出原液有效氯浓度；二是找检测单位按照"碘量法"对消毒液的有效氯进行测定，可更精确地测出有效氯含量，建议用户每年定期检测一次。

（四）臭氧空气消毒机

臭氧是一种强氧化杀菌剂，消毒时呈弥漫扩散方式，消毒彻底，无死角，消毒效果好。臭氧稳定性极差，常温下 30 分钟后可自行分解，因此消毒后无残留毒性，是公认的洁净消毒剂。

1. 产品用途

臭氧空气消毒机主要用于养殖场的兽医室、大门口消毒室和生产车间的空气消毒；屠宰行业的生产车间、畜禽产品的加工车间及其他洁净区的消毒。

2. 工作原理

臭氧空气消毒机是采用脉冲高压放电技术，将空气中一定量的氧电离分解后形成臭氧，并配合先进的控制系统组成的新型消毒器械。主要结构包括臭氧发生器、专用配套电源、风机和控制器等部分，一般规格为 3 g/h、5 g/h、10 g/h、20 g/h、30 g/h、50 g/h。它以空气为气源，利用风机使空气通过发生器，并在发生器内的间隙放电过程中产生臭氧。

3. 优点

（1）臭氧发生器采用板式稳电极系统，使之不受带电粒子的轰击、腐蚀。

（2）介电体采用含有特殊成分的陶瓷，它的抗腐蚀性强，可以在比较潮湿和不太洁净的环境条件下工作，对室内空气中的自然菌灭杀率达到90%以上。

由于臭氧极不稳定，其发生量及时间，要依消毒的空间内各类器械物品所占空间的比例及当时的环境温度和相对湿度而定。根据需要消毒的空气容积，选择适当的型号和消毒时间。

三、生物消毒设备

（一）生物消毒的种类

1. 抗菌植物

植物为了保护自身免受外界的侵袭，特别是微生物的侵袭，可以产生抗菌物质，并且随着植物的进化，这些抗菌物质就愈来愈局限在植物的个别器官或器官的个别部位。能抵制或杀灭微生物的植物称为抗菌植物药。目前实验已证实具有抗菌作用的植物有130多种，抗真菌的有50多种，抗病毒的有20多种。有的植物既有抗菌作用，又有抗真菌和抗病毒作用。中草药消毒剂大多是采用多种中草药提取物，主要用于空气消毒、皮肤黏膜消毒等。

2. 细菌

当前用于消毒的细菌主要是噬菌蛭弧菌。它可裂解多种细菌，如霍乱弧菌、大肠杆菌、沙门菌等，被用于水的消毒处理。此外，梭状芽孢菌、类杆菌属中的某些细菌，可用于污水、污泥的净化处理。

3. 噬菌体和质粒

一些广谱噬菌体，可裂解多种细菌，但一种噬菌体只能感染一个种属的细菌，对大多数细菌不具有吸附能力，这使噬菌体在消毒方面的应用受到很大限制。细菌质粒中有一类能产生细菌素，细菌素是一类具有杀菌作用的蛋白质，大多为单纯蛋白，有些含有蛋白质和碳水化合物，对微生物有杀灭作用。

4. 微生物代谢等产物

一些真菌和细菌的代谢产物如毒素，具有抗菌或抗病毒作用，亦可用于消毒或防腐。

5. 生物酶

生物酶来源于动植物组织提取物或其分泌物、微生物体自溶物及其代谢产物。生物酶在消毒中的应用研究源于 20 世纪 70 年代，我国在这方面的研究走在世界前列。20 世纪 80 年代起，我国就研制出溶葡萄球菌酶消毒杀菌技术。近年来，对酶的杀菌应用取得了突破，可用于杀菌的酶主要有细菌胞壁溶解酶、酵母胞壁溶解酶、霉菌胞壁溶解酶、溶葡萄球菌酶等，可用来消毒污染物品。此外，还出现了溶菌酶、化学修饰溶菌酶及人工合成肽抗菌剂等。

总体而言，绿色环保的生物消毒技术在水处理领域的应用前景广阔。研究表明生物消毒技术可以在很多领域发挥作用，如用于饮用水消毒、污水消毒、海水消毒，用于控制微生物污染的工业循环水及中水回用等领域。生物消毒技术虽然目前还没有广泛应用，但是作为一种符合人类社会可持续发展理念的绿色环保型的水处理消毒技术，它具有成本相对低廉、理论相对成熟、研究方法相对简单的优势，故应用前景广阔。

（二）生物消毒的应用

由于生物消毒的过程缓慢，消毒可靠性比较差，对细菌芽孢也没有杀灭作用，因此生物消毒技术不能达到彻底无害化。目前生物消毒主要应用在动物排泄物与污染物的消毒处理、自然水处理、污水污泥净化等，在农牧业防控疾病等方面也有一些实验性应用。

1. 生物热发酵堆肥

堆肥法是在人为控制堆肥因素的条件下，根据各种堆肥原料的营养成分和堆肥工程中微生物对混合堆肥中碳氧比、碳磷比、颗粒大小、水分含量和酸碱度等的要求，将计划中的各种堆肥材料按一定比例混合堆积，在合适的水分、通气条件下，使微生物繁殖并降解有机质，从而产生高温，杀死其中的病原菌及杂草种子，使有机物达到稳定，最终形成良好的有机复合肥。

目前常用的堆肥技术有很多种，分类也很复杂。按照有无发酵装置可分为无发酵仓堆肥系统和发酵仓堆肥系统。

（1）无发酵仓系统：主要有条垛式堆肥和通气静态垛系统。

条垛式堆肥是将原料简单堆积成窄长垛型，在好氧条件下进行分解，垛的断面常常是梯形、不规则四边形或三角形。条垛式堆肥的特点是通过定期翻堆来实现堆体中的有氧状态，使用机械或人工进行翻堆的方式进行通风。条垛式堆肥的优点是所需设备简单，投资成本较低，堆肥容易干燥，条垛式堆肥产品腐熟度高，稳定性好。缺点是占地面积大，腐熟周期长，需要大量的翻堆机械和人力。

通气静态垛系统是通过风机和埋在地下的通风管道进行强制通风供氧的系统。与条垛式堆肥相比，它能更有效地确保达到高温，杀死病原微生物和寄生虫（卵）。该系统的优点是设备投资低，能更好地控制温度和通气情况，堆肥时间较短，一般 2~3 周。缺点是由于在露天进行，容易受气候条件的影响。

（2）发酵仓系统：物料在部分或全部封闭的容器内，控制通风和水分条件，使物料进行生物降解和转化。该系统的优点是堆肥系统不受气候条件的影响；能够对废气进行统一的收集处理，防止环境二次污染，而且占地面积小，空间限制少；能得到高质量的堆肥产品。缺点是由于堆肥时间短，产品会有潜在的不稳定性，而且还需高额的投资，包括堆肥设备的投资、运行费用及维护费用。

2. 沼气发酵

沼气发酵又称厌氧消化，是在厌氧环境中微生物分解有机物最终生产沼气的过程，其产品是沼气和发酵残留物（有机肥）。沼气发酵是生物质能转化最重要的技术之一，它不仅能有效处理有机废物，降低生物耗氧量，还具有杀灭致病菌、减少蚊蝇滋生的功能。此外，沼气发酵作为废物处理的手段，不仅能节省能耗，而且还能生产优质的沼气和高效有机肥。

四、消毒防护

无论采取哪种消毒方式，都要注意消毒人员的自身防护。消毒防护，首先要严格遵守操作规程和注意事项，其次要注意消毒人员以及消毒区域内其他人员的防护。根据消毒方法的原理和操作规程，防护措施要有针对性。例如，进行喷雾消毒和熏蒸消毒就应穿上防护服，戴上眼镜和口罩；进行紫外线的直接照射消毒，室内人员都应该离开，避免直接照射；对进出养殖场人员通过消毒室进行紫外线照射消毒时，眼睛不能看紫外线灯，避免眼睛受到灼伤。

常用的个人防护用品可以参照国家标准进行选购，防护服应该配帽子、口罩和鞋套。

（一）防护服要求

防护服应做到防酸碱、防水、防寒、挡风、透气等。

1. 防酸碱

防护服应耐腐蚀，当工作完毕或离开疫区时用消毒液高压喷淋、洗涤消毒，可以达到安全防疫的效果。

2. 防水

在 1 m^2 的防水汽布料薄膜上就有 14 亿个微细孔，一颗水珠比这些微细孔大 2 万倍，因此，水珠不能穿过薄膜层而湿润布料，防水好的防护服不会被弄湿，可保证操作中的防水效果。

3. 防寒、挡风

防护服材料极小的微细孔呈不规则排列，可阻挡冷风及寒气的侵入。

4. 透气

防护服材料微孔直径应大于汗液分子 700~800 倍，汗汽可以穿透面料，即使在工作量大、体液蒸发较多时人体也感到干爽舒适。

目前先进的防护服已经在市场上销售，可按照上述标准，参照防 SARS 病毒时采用的标准选购。

（二）防护用品规格

1. 防护服

一次性使用的防护服应符合《医用一次性防护服技术要求》（GB 19082—2003）。外观应干燥、清洁、无尘、无霉斑，表面不允许有斑疤、裂孔等缺陷；针线缝合采用针缝加胶合或做折边缝合，针距要求每 3 cm 缝合 8~10 针，针次均匀、平直，不得有跳针。

2. 防护口罩

防护口罩应符合《医用防护口罩技术要求》（GB 19083—2003）。

3. 防护眼镜

防护眼镜应视野宽阔，透亮度好，有较好的防溅性能，搭配有弹力带。

4. 手套

手套要求为医用一次性乳胶手套或橡胶手套。

5. 鞋及鞋套

鞋及鞋套要求防水、防污染，如长筒胶鞋。

（三）防护用品的使用

1. 穿戴防护用品顺序

步骤 1：戴口罩。平展口罩，双手平拉推向面部，捏紧鼻夹使口罩紧贴面部；左手按住口罩，右手将护绳绕在耳根部；右手按住口罩，左手将护绳绕向耳根部；双手上下拉口边沿，使其盖至眼下和下巴。戴口罩的注意事项：佩戴前先洗手；摘戴口罩前，要保持双手洁净，尽量不要触碰口罩内侧，以免手上的细菌污染口罩；口罩每隔4小时更换1次；佩戴面纱口罩要及时清洗，并且高温消毒后晾晒，最好在阳光下晒干。

步骤2：戴帽子。戴帽子时注意双手不要接触面部，帽子的下沿应遮住耳的上沿，头发尽量不要露出。

步骤3：穿防护服。

步骤4：戴防护眼镜。注意双手不要接触面部。

步骤5：穿鞋套或胶鞋。

步骤6：戴手套。将手套套在防护服袖口外面。

2. 脱掉防护用品顺序

步骤1：摘下防护镜，放入消毒液中。

步骤2：脱掉防护服，将反面朝外，放入黄色塑料袋中。

步骤3：摘掉手套，一次性手套应将反面朝外，放入黄色塑料袋中，橡胶手套放入消毒液中。

步骤4：将手指反掏进帽子，将帽子轻轻摘掉，反面朝外，放入黄色塑料袋中。

步骤5：脱下鞋套或胶鞋，将鞋套反面朝外，放入黄色塑料袋中，将胶鞋放入消毒液中。

步骤6：摘口罩，一只手按住口罩，另一只手将口罩带摘下，放入黄色塑料袋中，注意双手不接触面部。

(四) 防护用品使用后的处理

消毒结束后，执行消毒的人员需要进行自洁处理，必要时更换防护服对其做消毒处理。有些废气的污染物包括使用后的一次性隔离衣裤、口罩、帽子、手套、鞋套等不能随便丢弃，应有一定的消毒处理方法，这些方法应该安全、简单、经济。

基本要求：污染物应装入盒或袋内，以防止操作人员接触；防止污染物接近人、鼠或昆虫；不应污染表层土壤、表层水及地下水；不应造成空气污染。污染废弃物应当严格清理检查，清点数量，根据材料性质，按可焚烧处理和不可焚烧处理分类。干性可燃污染废物进行焚烧处理，不可燃废物浸泡消毒。

（五）培养良好的防护意识和防护习惯

作为消毒人员，不仅应该熟悉各种消毒方法、消毒程序、消毒器械和常用消毒剂，还应该熟悉微生物和传染病检疫防疫知识，能够对疫源地的污染菌做出判断。

动物防疫检疫人员或消毒人员长期暴露于病原体污染的环境下，因此，从事消毒工作的人员应该具备良好的防护意识，养成良好的防护习惯，加强自身防护，防止和控制人畜共患病的发生。例如，在干热灭菌时防止燃烧；压力蒸汽灭菌时防止爆炸事故及操作人员的烫伤事故；使用气体化学消毒时，防止有毒消毒气体的泄漏，经常检测消毒环境中气体的浓度，对环氧乙烷气体还应防止燃烧、爆炸事故；接触化学消毒灭菌时，防止过敏和皮肤黏膜的伤害等。

第三节　常用的化学消毒剂

一、化学消毒剂的分类

利用化学药品杀灭传播媒介上的病原微生物，以达到预防感染、控制传染病的传播和流行的方法，称为化学消毒法。化学消毒法具有适用范围广、消毒效果好、无须特殊仪器和设备、操作简便易行等特点，是目前兽医消毒工作中最常用的方法。

用于杀灭传播媒介上病原微生物的化学药物，称为化学消毒剂。化学消毒剂的种类很多，分类方法也有多种。

（一）按杀菌能力分类

化学消毒剂按照其杀菌能力可分为高效消毒剂、中效消毒剂、低效消毒剂三类。

1. 高效消毒剂

高效消毒剂可杀灭各种细菌繁殖体、病毒、真菌及其孢子等，对细菌芽孢也有一定的杀灭作用，达到高水平消毒要求，包括含氯消毒剂、臭氧、甲基乙内酰脲类化合物、双链季铵盐等。其中可使物品达到灭菌要求的高效消毒剂又称为灭菌剂，包括甲醛、戊二醛、环氧乙烷、过氧乙酸、过氧化氢、二氧化氯等。

2. 中效消毒剂

中效消毒剂能杀灭细菌繁殖体、分枝杆菌、真菌、病毒等微生物，达到消毒要求，包括含碘消毒剂、醇类消毒剂、酚类消毒剂等。

3. 低效消毒剂

低效消毒剂仅可杀灭部分细菌繁殖体、真菌和有囊膜病毒，不能杀死结核杆菌、细菌芽孢及较强的真菌和病毒，达到消毒要求，包括苯扎溴铵等季铵盐类消毒剂、氯己定（洗必泰）等双胍类消毒剂，汞、银、铜等金属离子类消毒剂及中草药消毒剂。

（二）按化学成分分类

常用的化学消毒剂按其化学性质不同可分为以下几类。

1. 卤素类消毒剂

这类消毒剂有含氯消毒剂类、含碘消毒剂类及卤化海因类消毒剂等。

含氯消毒剂可分为有机氯消毒剂和无机氯消毒剂两类。目前常用的有二氯异氰尿酸钠及其复方消毒剂、氯化磷酸三钠、液氯、次氯酸钠、三氯异氰尿酸、氯尿酸钾、二氯异氰尿酸等。

含碘消毒剂可分为无机碘消毒剂和有机碘消毒剂，如碘附、碘酊、碘甘油、PVP碘、氯己定碘等。碘附对各种细菌繁殖体、真菌、病毒均有杀灭作用，受有机物影响大。

卤化海因类消毒剂为高效消毒剂，对细菌繁殖体、芽孢、病毒、真菌均有杀灭作用。目前国内外使用的这类消毒剂有二氯海因（二氯二甲基乙内酰脲，DCDMH）、二溴海因（二溴二甲基乙内酰脲，DBDMH）、溴氯海因（溴氯二甲基乙内酰脲，BCD-MH）。

2. 氧化剂类消毒剂

常用的有过氧乙酸、过氧化氢、臭氧、二氧化氯、酸性氧化电位水等。

3. 烷基化气体类消毒剂

这类化合物中主要有环氧乙烷、环氧丙烷和乙型丙内酯等，其中以环氧乙烷应用最为广泛，杀菌作用强大，灭菌效果可靠。

4. 醛类消毒剂

常用的有甲醛、戊二醛等。戊二醛是第三代化学消毒剂的代表，被称为冷灭菌剂，灭菌效果可靠，对物品腐蚀性小。

5. 酚类消毒剂

这是一类古老的中效消毒剂，常用的有石炭酸、甲酚皂溶液、复合酚类（农福）等。由于酚类消毒剂对环境有污染，目前有些国家限制使用酚类消毒剂。这类消毒剂在我国的应用也趋向逐步减少，有被其他消毒剂取代的趋势。

6. 醇类消毒剂

醇类消毒剂主要用于皮肤术部消毒，如乙醇、异丙醇等消毒剂。这类消毒剂可以杀灭细菌繁殖体，但不能杀灭芽孢，属中效消毒剂。近来的研究发现，醇类消毒剂与戊二醛、碘附等配伍，可以增强消毒效果。

7. 季铵盐类消毒剂

单链季铵盐类消毒剂是低效消毒剂，一般用于皮肤黏膜的消毒和环境表面消毒，如苯扎溴铵、度米芬等。双链季铵盐阳离子表面活性剂不仅可以杀灭多种细菌繁殖体，而且对芽孢有一定杀灭作用，属于高效消毒剂。

8. 二胍类消毒剂

二胍类消毒剂是一类低效消毒剂，不能杀灭细菌芽孢，但对细菌繁殖体的杀灭作用强大，一般用于皮肤黏膜的防腐，也可用于环境表面的消毒，如氯己定等。

9. 酸碱类消毒剂

常用的酸类消毒剂有乳酸、醋酸、硼酸、水杨酸等。常用的碱类消毒剂有氢氧化钠（苛性钠）、氢氧化钾（苛性钾）、碳酸钠（石碱）、氧化钙（生石灰）等。

10. 重金属盐类消毒剂

主要用于皮肤黏膜的消毒防腐，有抑菌作用，但杀菌作用不强。常用的有红汞、硫柳汞、硝酸银等。

（三）按性状分类

消毒剂按性状可分为固体消毒剂、液体消毒剂和气体消毒剂三类。

二、化学消毒剂的选择与使用

（一）选择适宜的消毒剂

化学消毒是生产中最常用的方法，但市场上的化学消毒剂种类繁多，其性质与作用不尽相同，消毒效力千差万别。所以，化学消毒剂的选择至关重要，关系到消毒效果和消毒成本，必须选择适宜的化学消毒剂。

1. 优质化学消毒剂的标准

（1）杀菌谱广，有效浓度低，作用速度快。

（2）化学性质稳定，且易溶于水，能在低温下使用。

（3）不易受有机物、酸、碱及其他理化因素的影响。

（4）毒性低，刺激性小，对人畜危害小，不残留在畜禽产品中，腐蚀性小，使用无危险。

（5）无色、无味、无嗅，消毒后易于去除残留药物。

（6）价格低廉，使用方便。

2. 适宜化学消毒剂的选择

（1）考虑病原微生物的种类和特点：不同种类的病原微生物，如细菌、细菌芽孢、病毒及真菌等，它们对消毒剂的敏感性有较大差异，即其对消毒剂的抵抗力有强有弱。消毒剂对病原微生物也有一定选择性，其杀菌、杀病毒力也有强有弱。针对病原微生物的种类与特点，选择合适的消毒剂，是消毒工作成败的关键。例如，要杀灭细菌芽孢，就必须选用高效的消毒剂，才能取得可靠的消毒效果；季铵盐类是阳离子表面活性剂，因其杀菌作用的阳离子具有亲脂性，而革兰阳性菌的细胞壁含类脂多于革兰阴性菌，故革兰阳性菌更易被季铵盐类消毒剂灭活；为杀灭病毒，应选择对病毒消毒效果好的碱类消毒剂、季铵盐类消毒剂及过氧乙酸等。同一种类病原微生物所处的不同状态，对消毒剂的敏感性也不同。同一种类细菌的繁殖体比其芽孢对消毒剂的抵抗力弱得多，生长期的细菌比静止期的细菌对消毒剂的抵抗力也低。

（2）考虑消毒对象：不同的消毒对象，对消毒剂有不同的要求。选择消毒剂时既要考虑对病原微生物的杀灭作用，又要考虑消毒剂对消毒对象的影响。不同的消毒对象选用不同的消毒药物。

（3）考虑消毒的时机：平时消毒，最好选用对大范围的细菌、病毒、霉菌等均有杀灭效果，而且是低毒、无刺激性和腐蚀性，对畜禽无危害，产品中无残留的常用消毒剂。在发生特殊传染病时，可选用任何一种高效的非常用消毒剂，因为是在短期间内应急防疫的情况下使用，所以无须考虑其对消毒物品有何影响，而是把防疫灭病的需要放在第一位。

（4）考虑消毒剂的生产厂家：目前生产消毒剂的厂家和产品种类较多，产品的质量参差不齐，效果不一，所以选择消毒剂时应注意消毒剂的生产厂家，选择生产规范、信誉度高的厂家的产品，同时要防止购买假冒伪劣产品。

（二）化学消毒剂的使用

1. 化学消毒剂的常用使用方法

（1）浸泡法：选用杀菌谱广、腐蚀性弱、水溶性消毒剂，将物品浸没于消毒剂内，在标准的浓度和时间内，达到消毒灭菌目的。浸泡消毒时，消毒液连续使用过程中，消毒有效成分不断消耗，因此需要注意有效成分浓度变化，应及时添加或更换消毒液。当使用低效消毒剂浸泡时，需注意消毒液被污染的问题，从而避免疫源性的感染。

（2）擦拭法：选用易溶于水、穿透性强的消毒剂，擦拭物品表面或动物体表皮肤、黏膜、伤口等处。在标准的浓度和时间里达到消毒灭菌目的。

（3）喷洒法：将消毒液均匀喷洒在被消毒物体上，如用5%甲酚皂溶液喷洒消毒畜禽舍地面等。

（4）喷雾法：将消毒液通过喷雾形式对物体表面、畜禽舍或动物体表进行消毒。

（5）发泡（泡沫）法：此法是自体表喷雾消毒后开发的又一新的消毒方法。所谓发泡消毒，是把高浓度的消毒液用专用的发泡机制成泡沫散布在畜禽舍内面及设施表面，主要用于水资源贫乏的地区，或为了避免消毒后的污水进入污水处理系统破坏活性污泥的活性，以及自动环境控制的畜禽舍，一般用水量仅为常规消毒法的1/10。采用发泡消毒法，对一些形状复杂的器具、设备进行消毒时，且由于泡沫能较好地附着在消毒对象的表面，故能得到较为一致的消毒效果，延长了消毒剂作用时间。

（6）洗刷法：用毛刷等蘸取消毒剂溶液在消毒对象表面洗

刷，如外科手术前术者的手用洗手刷在 0.1% 苯扎溴铵溶液中洗刷消毒。

（7）冲洗法：将配制好的消毒液冲入直肠、瘘管、阴道等部位或冲湿物体表面进行消毒。这种方法消耗大量的消毒液，一般较少使用。

（8）熏蒸法：通过加热或加入氧化剂，使消毒剂呈气体或烟雾，在标准的浓度和时间里达到消毒灭菌目的，适用于畜禽舍内物品、空气消毒，以及精密贵重仪器和不能蒸、煮、浸泡消毒的物品的消毒。环氧乙烷、甲醛、过氧乙酸以及含氯消毒剂均可用于熏蒸消毒，熏蒸消毒时环境湿度是影响消毒效果的重要因素。

（9）撒布法：将粉剂型消毒剂均匀地撒布在消毒对象表面，如含氯消毒剂可直接用药物粉剂进行消毒处理，通常用于地面消毒。消毒时，药物需要较高的湿度潮解，然后才能发挥作用。

化学消毒剂的使用方法应依据化学消毒剂的特点、消毒对象的性质及消毒现场的特点等因素合理选择。多数消毒剂既可以浸泡、擦拭消毒，也可以喷雾处理，根据需要选用合适的消毒方法。如只在液体状态下才能发挥出较好消毒效果的消毒剂，一般采用液体喷洒、喷雾、浸泡、擦拭、洗刷、冲洗等方式。对空气或空间进行消毒时，可使用部分消毒剂进行熏蒸。同样消毒方法对不同性质的消毒对象，效果往往也不同。如光滑的表面，喷洒药液不易停留，应选用冲洗、擦拭、洗刷的方法消毒。较粗糙的表面，易使药液停留，可用喷洒、喷雾消毒。消毒还应考虑现场条件。在密闭性好的室内消毒时，可用熏蒸消毒，密闭性差的则应用消毒液喷洒、喷雾、擦拭、洗刷的方法。

2. 化学消毒法的选择

（1）根据病原微生物选择：由于各种微生物对消毒因子的抵抗力不同，所以要有针对性地选择消毒方法。一般认为，微生物对消毒因子的抵抗力从低到高的顺序为亲脂病毒（乙肝病毒、流感病毒）、细菌繁殖体、真菌、亲水病毒（甲型肝炎病毒、脊髓灰质炎病毒）、分枝杆菌、细菌芽孢、朊病毒。对于一般细菌繁殖体、亲脂性病毒、螺旋体、支原体、衣原体和立克次体等，可用煮沸消毒或低效消毒剂等常规消毒方法，如用苯扎溴铵、氯己定等；对于结核杆菌、真菌等耐受力较强的微生物，可选择中效消毒剂与热力消毒法；对于抵抗力很强的细菌芽孢需采用高效消毒剂与热力、辐射的方法，如选用过氧化物类、醛类与环氧乙烷等。另外真菌孢子对紫外线抵抗力强，季铵盐类对肠道病毒无效。

（2）根据消毒对象选择：同样的消毒方法对不同性质的物品消毒效果往往不同。例如，物体表面可擦拭、喷雾，而触及不到的表面可用熏蒸，体积小的物体还可以浸泡。在消毒时，还要注意保护被消毒物品，使其不受损害，如皮毛制品不耐高温，对于食物、餐具、茶具和饮水等不能使用有毒或有异味的消毒剂消毒等。

（3）根据消毒现场选择：进行消毒的环境往往是复杂的，对消毒方法的选择及效果的影响也是多样的。如进行居室消毒，房屋密闭性好的，可以选用熏蒸消毒；密闭性差的最好用液体消毒剂处理。对物品表面消毒时，耐腐蚀的物品用喷洒的方法好，怕腐蚀的物品要用无腐蚀或低腐蚀的化学消毒剂擦拭的方法消毒。对垂直墙面的消毒，光滑表面药物不易停留，使用冲洗或药物擦拭方法效果较好；粗糙表面较易濡湿，以喷雾处理较好。进行室内空气消毒时，通风条件好的可以利用自然换气法；若通风不好，污染空气长期滞留在建筑物内的，可以使用药物熏蒸或气溶胶喷洒等方法处理。又如对空气的紫外线消毒，当室内有人或牛时只能用反向照射法（向上方照射），以免对人和牛造成伤害。

用普通喷雾器喷雾时，地面喷雾量为 200~300 mL/m²，其他消毒剂溶液喷洒至表面湿润，要湿而不流，一般用量为 50~200 mL/m²。应按照先上后下、先左后右的方法，依次进行消毒。超低容量喷雾只适用于室内，喷雾时，应关好门窗，消毒剂溶液要均匀覆盖在物品表面上。喷雾结束 30~60 分钟后，打开门窗，散去空气中残留的消毒剂。

喷洒有刺激性或腐蚀性消毒剂时，消毒人员应戴防护口罩和眼镜。所用清洁消毒工具（抹布、拖把、容器）每次使用后再用清水冲洗，悬挂晾干备用，有污染时用 250~500 mg/L 有效氯消毒液浸泡 30 分钟，用清水清洗干净，晾干备用。

（4）根据安全性选择：选用消毒方法应考虑安全性，如在人群集中的地方，不宜使用具有毒性和刺激性的气体消毒剂，在距火源较近（50 m 以内）的场所，不能使用含大量环氧乙烷的气体消毒。

（5）根据卫生防疫要求选择：在发生传染病的重点地区，要根据卫生防疫要求，选择合适的消毒方法，加大消毒剂量和消毒频次，以提高消毒质量和效率。

（6）根据消毒剂的特性选择：应用化学消毒剂时，应严格注意药物性质、配置浓度，消毒剂量和配置比例应准确，应随配随用，防止过期。应按规定保证足够的消毒时间，注意温度、湿度、pH 值，特别是有机物的性质种类及被消毒物品性质和种类对消毒的影响。

3. 化学消毒剂使用注意事项

化学消毒剂使用前应认真阅读说明书，搞清消毒剂的有效成分及含量，看清标签上的标示浓度及稀释倍数。消毒剂均以含有效成分的量表示，如含氯消毒剂以有效氯含量表示，60%二氯异氰尿酸钠为原粉中含 60%有效氯，20%过氧乙酸指原液中含 20%的过氧乙酸，5%苯扎溴铵指原液中含 5%的苯扎溴铵。对这类消毒剂稀释时不能将其当成100%计算使用浓度，而应按其实际含量计算。使用量以稀释倍数表示时，表示1份的消毒剂以若干份水稀释而成，如配制稀释倍数为1 000倍时，即在每1 L水中加1 mL消毒剂。

使用量以"%"表示时，消毒剂浓度稀释配制计算公式为：$C_1 \times V_1 = C_2 \times V_2$（$C_1$为稀释前溶液浓度，$C_2$为稀释后溶液浓度，$V_1$为稀释前溶液体积，$V_2$为稀释后溶液体积）。

应根据消毒对象的不同，选择合适的消毒剂和消毒方法，联合或交替使用，以使各种消毒剂优势互补，做到全面彻底地消灭病原微生物。

不同消毒剂的毒性、腐蚀性及刺激性均不同，如含氯消毒剂、过氧乙酸、二氧化氯等对金属制品有较大的腐蚀性，对织物有漂白作用，慎用于这种材质物品，如果使用，应在消毒后用水漂洗或用清水擦拭，以减轻对物品的损坏。预防性消毒时，应使用推荐剂量的低限。盲目、过度使用消毒剂，不仅造成浪费、损坏物品，也大量地杀死许多有益微生物，而且残留在环境中的化学物质越来越多，这些化学物质成为新的污染源，对环境造成破坏。

大多数消毒剂有效期为1年；少数消毒剂不稳定，有效期仅为数月，如有些含氯消毒剂溶液。有些消毒剂原液比较稳定，但稀释成使用液后不稳定，如过氧乙酸、过氧化氢、二氧化氯等消毒液，稀释后不能放置时间过长。有些消毒液只能现生产现用，不能储存，如臭氧水、酸性氧化电位水等。

配制和使用消毒剂时应注意个人防护，注意安全，必要时应戴防护眼镜、口罩和手套等。消毒剂仅用于物体及外环境的消毒处理，切忌内服。

多数消毒剂应在常温下于阴凉处避光保存。部分消毒剂易燃易爆，保存时应远离火源，如环氧乙烷和醇类消毒剂等。千万不要用盛放食品、饮料的空瓶灌装消毒液，如使用必须撤去原来的标签，贴上一张醒目的消毒剂标签。消毒液应放在儿童拿不到的地方，不要将消毒液放在厨房或与食物混放。万一误用了消毒剂，应立即采取紧急救治措施。

4. 化学消毒剂误用或中毒后的紧急处理

大量吸入化学消毒剂时，要迅速从有害环境撤到空气清新处，更换被污染的衣物，对手和其他暴露皮肤进行清洗，如大量接触或有明显不适的要尽快就近就诊。皮肤接触高浓度消毒剂后及时用大量流动清水冲洗，用淡肥皂水清洗，如皮肤仍有持续疼痛或刺激症状，要在冲洗后就近就诊。化学消毒剂溅入眼睛后应立即用流动清水持续冲洗不少于 15 分钟，如仍有严重的眼部疼痛、畏光、流泪等症状，要尽快就近就诊。误服化学消毒剂中毒时，成年人要立即口服牛奶 200 mL，也可服用生蛋清 3~5 个，一般还要催吐、洗胃。含碘消毒剂中毒可立即服用大量米汤、淀粉浆等。出现严重胃肠道症状者，应立即就近就诊。

三、消毒药物的使用方法

由于消毒药品和被消毒对象种类繁多，消毒药品的使用方法也是多种多样，实践中，常用的有以下几种。

（一）喷雾法

把药物装在喷雾器内，手动或机动加压使消毒液呈雾状喷出，均匀地滴落在物体表面或地面。

（二）熏蒸法

将消毒药加热或利用药品的理化特性使消毒药形成含药的蒸气。一般用于空间消毒或密闭消毒室内物品消毒，如福尔马林熏蒸消毒等。

（三）喷洒法

一般是将药物装入喷壶或直接泼洒，使消毒液均匀地洒到物体表面或地面。场地和圈舍消毒时常用此法。

（四）冲洗法

将消毒药装入密闭容器或高压枪里，可采用各种不同的压力喷洗。

（五）浸泡法

将被消费物品浸没在消毒药中一定时间。

（六）洗刷法

用毛刷等蘸取适量消毒药，在动物体表或物品表面洗刷。对金属物品洗刷消毒时应禁用腐蚀性的药品。

（七）涂擦法

用纱布蘸取消毒液在物体表面擦拭消毒，或用脱脂棉球浸湿消毒液在皮肤、黏膜伤口等处进行涂擦等。

（八）撒布法

将粉剂型消毒药均匀地撒布在消毒对象表面，如用生石灰加适量水使之松散后，撒布在潮湿地面、粪池周围及污水沟进行消毒。

（九）拌和法

对粪便、垃圾等污物消毒时，可用粉剂消毒药品与其拌和均匀，堆放一定时间，就能达到消毒目的，如对粪便进行消毒可将漂白粉与粪便按1：5的比例拌和均匀。

四、影响消毒效果的因素

消毒效果受许多因素的影响，了解和掌握这些因素，可以正确指导消毒工作，提高消毒效果；反之，处理不当，只会影响消毒效果，导致消毒失败。影响消毒效果的因素很多，概括起来主要有以下几个方面。

（一）消毒剂的种类

针对所要消毒的微生物特点，选择恰当的消毒剂很关键，如果要杀灭细菌芽孢或非囊膜病毒，则必须选用灭菌剂或高效消毒剂，也可选用物理灭菌法，才能取得可靠的消毒效果，若使用酚制剂或季铵盐类消毒剂则效果很差。季铵盐类是阳离子表面活性剂，有杀菌作用的阳离子具有亲脂性，杀革兰阳性菌和囊膜病毒效果较好，但对非囊膜病毒就无能为力了。甲基紫对葡萄球菌的效果特别强。热对结核杆菌有很强的杀灭作用，但一般消毒剂对其作用要比对常见细菌繁殖体的作用差。所以为了取得理想的消毒效果，必须根据消毒对象及消毒剂本身的特点科学地进行选择，采取合适的消毒方法使其达到最佳消毒效果。

（二）消毒剂的配方

良好的配方能显著提高消毒剂的效果。如用 70% 乙醇配制季铵盐类消毒剂比用水配制穿透力强，杀菌效果更好；苯酚若制成甲苯酚的肥皂溶液就可杀死大多数繁殖体微生物；超声波和戊二醛、环氧乙烷联合应用，具有协同效应，可提高消毒效力；另外，用具有杀菌作用的溶剂，如甲醇、丙二醇等配制消毒液时，常可增强消毒效果。当然，消毒剂之间也会产生拮抗作用，如酚类不宜与碱类消毒剂混合；阳离子表面活性剂不宜与阴离子表面活性剂（肥皂等）及碱类物质混合，它们彼此会发生中和反应，产生不溶性物质，从而降低消毒效果；次氯酸盐和过氧乙酸会被硫代硫酸钠中和。因此，消毒药不能随意混合使用，但可考虑选择几种产品轮换使用。

（三）消毒剂的浓度

任何一种消毒药的消毒效果都取决于其与微生物接触的有效浓度，同一种消毒剂的浓度不同，其消毒效果也不一样。大多数消毒剂的消毒效果与其浓度成正比，但也有些消毒剂，随着浓度的增大消毒效果反而下降。各种消毒剂受浓度影响的程度不同，每一种消毒剂都有它的最低有效浓度，要选择有效而又对人畜安全并对设备无腐蚀的杀菌浓度。消毒液浓度并不是越高越好，浓度过高，一是浪费；二会腐蚀设备；三还可能对牛造成危害。另外，有些消毒药浓度过高反而会使消毒效果下降，如酒精在75%时消毒效果最好。消毒液用量方面，在喷雾消毒时按30 mL/m³为宜，用量太大会导致舍内过湿，用量小又达不到消毒效果。一般应灵活掌握，在牛群发病、温暖天气等情况下应适当加大用量，而天气冷、肉牛育雏后期用量应减少。

（四）作用时间

消毒剂接触微生物后，要经过一定时间后才能杀死病原，只有少数能立即产生消毒作用，所以要保证消毒剂有一定的作用时间，消毒剂与微生物接触时间越长消毒效果越好，接触时间太短往往达不到消毒效果。被消毒物上微生物数量越多，完全灭菌所需时间越长。此外，大部分消毒剂在干燥后就失去消毒作用，溶液型消毒剂在溶液中才能有效地发挥作用。

（五）温度

一般情况下，消毒液温度高，药物的渗透能力会增强，消毒效果较好，消毒所需要的时间也可以缩短。实验证明，消毒液温度每提高10 ℃，杀菌效力增加1倍，但配制消毒液的水温不超过45 ℃为好。一般温度按等差级数增加，则消毒剂杀菌效果按几何级数增加。许多消毒剂在温度低时，反应速度缓慢，影响消毒效果，甚至不能发挥消毒作用。如福尔马林在室温15 ℃以下用于消毒时，即使用其有效浓度，也不能达到很好的消毒效果；但室温在20 ℃以上时，则消毒效果很好。因此，在熏蒸消毒时，需将舍温提高到20 ℃以上，才有较好的效果。

（六）湿度

湿度对许多气体消毒剂的作用有显著影响。这种影响来自两方面：一是消毒对象的湿度，它直接影响微生物的含水量。如用环氧乙烷消毒时，细菌含水量太多，则需要延长消毒时间；细菌含水量太少，消毒效果亦明显降低。二是消毒环境的相对湿度。

每种气体消毒剂都有其适宜的相对湿度范围，如甲醛以相对湿度大于60%为宜；用过氧乙酸消毒时要求相对湿度不低于40%，以60%~80%为宜；熏蒸消毒时需将舍内湿度提高到60%~70%，才有效果。直接喷洒消毒剂干粉处理地面时，需要有较高的相对湿度，使药物潮解后才能发挥作用，如生石灰单独用于消毒是无效的，须洒上水或制成石灰乳等。而紫外线消毒时，相对湿度增高，反而影响穿透力，不利于消毒。

（七）酸碱度（pH 值）

酸碱度可从两方面影响消毒效果：一是对消毒药的作用，酸碱度变化可改变其溶解度、离解度和分子结构；二是对微生物的影响，病原微生物的适宜 pH 值在 6~8，过高或过低的酸碱度都有利于杀灭病原微生物。酚类、次氯酸等是以非离解形式起杀菌作用，所以在酸性环境中杀灭微生物的作用较强，碱性环境就差。在偏碱性时，细菌带负电荷多，有利于阳离子型消毒剂作用；而对阴离子消毒剂来说，酸性条件下消毒效果更好些。新型的消毒剂常含有缓冲剂等成分，可以减少酸碱度对消毒效果的直接影响。

（八）表面活性和稀释用水的水质

非离子表面活性剂和大分子聚合物可以降低季铵盐类消毒剂的作用；阴离子表面活性剂会影响季铵盐类的消毒作用。因此在用表面活性剂消毒时应格外小心。由于水中金属离子（如 Ca^{2+} 和 Mg^{2+}）对消毒效果也有影响，所以，在稀释消毒剂时，必须考虑稀释用水的硬度问题。如季铵盐类消毒剂在硬水环境中消毒效果不好，最好选用蒸馏水进行稀释。一种好的消毒剂应该能耐受各种不同的水质，不管是硬水还是软水，消毒效果都不受影响。

（九）污物、残料和有机物的存在

灰尘、残料等都会影响消毒液的消毒效果，对料槽、饮水器等用具消毒时，一定要先清洗再消毒，不能清洗消毒一步完成，否则污物或残料会严重影响消毒效果，使消毒不彻底。

消毒现场通常会遇到各种有机物，如血液、血清、培养基成分、分泌物、脓液、饲料残渣、泥土及粪便等，这些有机物的存在会严重干扰消毒剂消毒效果。因为有机物覆盖在病原微生物表面，妨碍消毒剂与病原直接接触而延迟消毒反应，以至于对病原杀不死、杀不全。部分有机物可与消毒剂发生反应生成溶解度更低或杀菌能力更弱的物质，甚至产生的不溶性物质反过来与其他组分一起对病原微生物起到机械保护作用，阻碍消毒过程的顺利进行。同时有机物消耗部分消毒剂，降低了对病原微生物的作用浓度。如蛋白质能消耗大量的酸性或碱性消毒剂，阳离子表面活性剂等易被脂肪、磷脂类有机物所溶解吸收。因此，在消毒前要先清洁再消毒。当然各种消毒剂受有机物影响程度有所不同。在有机物存在的情况下，氯制剂消毒效果显著降低，季铵盐类、过氧化物类等消毒作用也明显地受有机物影响，但烷基化类、戊二醛类及碘附类消毒剂则受有机物影响比较小。对大多数消毒剂来说，当受到有机物影响时，需要适当加大处理剂量或延长作用时间。

（十）微生物的类型和数量

不同类型的微生物对消毒剂的敏感性不同，而且每种消毒剂都有各自的特点，消毒时应根据具体情况科学地选用消毒剂。

为便于消毒工作的进行，往往将病原微生物对杀菌因子抗力分为若干级以作为选择消毒方法的依据。过去，在致病微生物中多以细菌芽孢的抗力最强，分枝杆菌其次，细菌繁殖体最弱。但根据近年来对微生物抗力的研究，微生物对化学因子抗力的排序依次为：感染性蛋白因子（牛海绵状脑病病原体）、细菌芽孢（炭疽杆菌、梭状芽孢杆菌、枯草杆菌等芽孢）、分枝杆菌（结核杆菌）、革兰阴性菌（大肠杆菌、沙门菌等）、真菌（念珠菌、曲霉菌等）、无囊膜病毒（亲水病毒）或小型病毒（腺病毒等）、革兰阳性菌繁殖体（金黄色葡萄球菌、绿脓杆菌等）、囊膜病毒（亲脂病毒等）或中型病毒（疱疹病毒、流感病毒等）。其中，抗力最强的不再是细菌芽孢，而是最小的感染性蛋白因子（朊粒）。因此，在选择消毒剂时，应根据这些新的排序加以考虑。

目前所知，对感染性蛋白因子（朊粒）的灭活有 3 种效果较好的方法：一是长时间的压力蒸汽处理，132 ℃（下排气），30 分钟或 134~138 ℃（预真空），18 分钟；二是浸泡于 1 mol/L 氢氧化钠溶液作用 15 分钟，或含 8.25% 有效氯的次氯酸钠溶液作用 30 分钟；三是先浸泡于 1 mol/L 氢氧化钠溶液内作用 1 小时后，以121 ℃压力蒸汽，处理 60 分钟。杀芽孢类消毒剂目前公认的主要有戊二醛、甲醛、环氧乙烷、氯制剂和碘附等。苯酚类制剂、阳离子表面活性剂、季铵盐类等消毒剂对畜禽常见囊膜病毒有很好的消毒效果，但其对无囊膜病毒的效果就很差。无囊膜病毒必须用碱类、过氧化物类、醛类、氯制剂和碘附类等高效消毒剂才能确保有效杀灭。

消毒对象的病原微生物污染数量越多，则消毒越困难。因此，对被严重污染物品或高危区域，如孵化室及伤口等破损处应加强消毒，加大消毒剂的用量，延长消毒剂作用时间，并适当增加消毒次数，这样才能达到良好的消毒效果。

五、消毒过程中存在的误区

养牛户在消毒过程中存在许多误区，致使消毒达不到理想效果。常见消毒误区主要表现在以下几点。

（一）未发生疫病可以不进行消毒

消毒的主要目的是杀灭传染源的病原体。传染病的发生主要有三个基本环节：传染源，传播途径，易感动物。在畜禽养殖中，有时没有疫病发生，但外界环境存在传染源，传染源会释放病原体，病原体就会通过空气、饲料、饮水等途径，入侵易感牛群，引起疫病发生。如果没有及时消毒，净化环境，环境中的病原体就会越积越多，达到一定程度时，就会引起疫病的发生。因此，未发生疫病地区的养殖户更应进行消毒，防患于未然。

（二）消毒前环境不进行彻底清扫

由于养殖场存在大量的有机物，如粪便、饲料残渣、畜禽分泌物、体表脱落物、鼠粪、污水或其他污物，这些有机物中藏匿有大量病原体，这会消耗或中和消毒剂的有效成分，严重降低消毒剂对病原体的作用浓度，所以说彻底清扫是有效消毒的前提。这里要引起大家注意的是，就清扫消毒在清除病原中的重要程度来看，清扫占70%，消毒只占30%。也就是说，要重视清扫，要清扫之后才消毒。

（三）消过毒牛群就不会再得传染病

尽管进行了消毒，但并不一定就能收到彻底的消毒效果，这与选用的消毒剂品种、消毒剂质量及消毒方法有关。即使已经彻底规范消毒后，短时间内很安全，但许多病原体仍可以通过空气、飞禽、老鼠等媒介传播，养殖动物自身不断污染环境，也会使环境中的各种致病微生物大量繁殖。所以必须定时、定位、彻底、规范消毒，同时结合有计划地免疫接种，才能做到牛只不得病或少得病。

（四）消毒剂气味越浓、效果越好

消毒效果的好坏，主要和它的杀菌能力、杀菌谱有关。目前市场上一些好的消毒剂没有什么气味，如季铵盐络合碘溶液、聚维酮碘、聚醇醚碘、过硫酸盐等；相反有些气味浓、刺激性大的消毒剂，存在着消毒盲区，且气味浓、刺激性大的消毒剂对牛只呼吸道、体表等有一定的伤害，反而易引起呼吸道疾病。

（五）长期固定使用单一消毒剂

长期固定使用单一消毒剂，细菌、病毒也可能对此会产生抗药性；同时由于杀菌谱的宽窄，可能不能杀灭某种致病菌，使其大量繁殖，因此最好用几种不同类型的消毒剂轮换使用。

（六）饮水消毒的误区

饮水消毒实质是把饮水中的微生物杀灭，以控制牛体内的病原微生物。如果任意加大消毒药物的浓度或让牛长期饮用，除可引起牛只急性中毒外，还可杀死或抑制肠道内的正常菌群，对牛只健康造成危害，所以饮水消毒要严格控制配比浓度和饮用时间。

（七）带牛喷雾消毒的误区

随着规模化养牛的不断发展，带牛消毒已成为规模化牛场常规的生物安全防控措施之一。但在实际应用过程中，牛场存在很多带牛消毒的误区，如果操作不当，不但不会降低疫病风险，反而会损害牛群健康。下面列举了几个常见的牛场带牛消毒误区，期望引起大家的重视。

1. 带牛消毒就是将牛舍中的病原微生物全部杀死

从"带牛消毒"的字面意义上理解，很容易让大家认为，带牛消毒就是要将牛生存环境中的病原微生物全部杀死，但牛是生命体，生命体喜欢的是自然、清新的环境，而自然环境中最重要的组成部分就是无处不在的微生物。生命体如果脱离微生物环境，就像生活在沙漠或真空里，很难长期生存。由于规模化牛场的饲养密度大，牛舍内环境质量非常差，各种有害微生物的数量严重超标。有数据显示，在正常无疫情的情况下，密闭式牛舍在寒冷季节和温暖季节舍内空气中细菌浓度分别是舍外空气的1 100倍和500 倍，半开放式牛舍空气中的细菌浓度是舍外的110~580 倍。因此带牛消毒的目的是要降低环境中病原微生物的数量，使其不能够对牛群的健康造成危害，而不是要将牛舍中的所有病原微生物全部杀死。在实际生产应用中，我们也能认识到，不论多么高效的消毒剂，都不能100%的杀灭环境中的所有微生物，也不可能24 小时连续进行带牛消毒。所以，牛场应该正确认识带牛消毒的目的，避免陷入误区。

牛场带牛消毒的目的除了降低舍内病原微生物的数量外，还应包括降低舍内有害气体的含量。特别是牛场冬季时为了保温，牛舍内的氨气、二氧化碳、硫化氢以及悬浮颗粒物含量大幅增加，这些有害物质会破坏牛的呼吸道屏障，增加呼吸道疾病及其他疾病发病概率。所以牛场在选择消毒剂时还应考虑到消毒剂的空气清新作用。比如可以选择弱酸性的消毒剂，中和舍内的氨气。中药消毒剂一般选用具有芳香、化浊、辟秽作用的中药，提取物的 pH 值多在 6 左右，除了可以中和舍内氨气，还具有芳香、化浊的作用，可以明显改善牛舍内空气质量。

2. 带牛消毒应选择杀菌效果最好的消毒剂

市面上消毒剂的种类非常繁多，牛场在选择消毒剂时，不但要看消毒剂的杀菌效果，还要看其对牛体自身造成损害的程度。比如强酸、强碱类的过氧乙酸和氢氧化钠，对牛的皮肤、呼吸道黏膜会造成严重的损伤；戊二醛对眼睛、皮肤、黏膜有强烈的刺激作用，吸入可引起喉炎、支气管炎、化学性肺炎、肺水肿等；季铵盐类消毒剂长期使用会使皮肤表皮老化，通过皮肤进入机体后产生慢性中毒并积聚，难于降解。从严格意义上来说，所有的化学消毒剂都会对牛体自身造成损害，特别是对牛呼吸道黏膜造成损伤，只是损害的程度有所不同。因此，牛场在选择带牛消毒剂时除了看杀菌效果，还要看消毒剂的毒性，应选择既可以杀灭病原微生物，又不会对牛群健康造成损害的纯中药消毒剂。中药消毒剂在除菌率方面完全可以达到化学消毒剂的效果，由于其取材为纯中药植物，毒副作用远远低于化学消毒剂。中药消毒剂中的某些成分还具有镇静、止咳、平喘的作用，同时对牛呼吸道黏膜有很好的保护作用。

3. 带牛消毒频率随意调整

很多牛场认为，既然消毒不能够将牛舍中的病原微生物全部杀死，就没有必要经常消毒，只是每月象征性地消毒1次，或者听到外面有传染病疫情时再进行消毒，其实这些做法是非常错误的。牛群每天都通过呼吸、粪尿向体外排出大量的病原体，我们必须通过消毒来降低环境中致病微生物的数量，如果任由环境中病原微生物繁殖，当其超过牛群自身的抵抗能力时，就会造成牛群发病。所以规模化牛场应该每两天带牛消毒1次，至少做到2次/周，这样才能确保环境中的病原微生物不会对牛群健康造成严重影响。北方有些牛场的保温设施比较落后，舍内温度较低，这种情况下带牛消毒不但会降低舍内温度，同时会增加舍内湿度。这时牛场应采用灵活的应对措施，比如选择在中午温暖的时候进行消毒；在过道地面铺撒白灰，以降低舍内湿度；选择具有挥发性的中药消毒剂悬挂到舍内；适当降低带牛喷雾频率等。

带牛消毒是牛场生物安全防控工作的重要措施之一，只有认清带牛消毒的作用，选择合适的消毒剂，才能起到事半功倍的效果。随着国家对环境保护要求的逐年提高，化学消毒剂对土壤、地下水的污染已经引起国家有关部门的高度重视。纯中药的植物消毒剂在消毒效果方面完全可以达到化学消毒剂的标准，对牛群几乎没有毒副作用，对环境的影响也很小，是牛场带牛消毒剂的首选。同时，纯中药的植物消毒剂在保护牛呼吸道黏膜方面有其独特的优势，具有镇静、止咳、平喘的作用，可以明显降低牛呼吸道疾病及其他疾病的发病率，是未来绿色消毒剂的发展方向。

（八）消毒浓度越高，消毒效果越好

消毒浓度是决定消毒剂杀菌（毒）力的首要因素，但不是唯一因素，也不是浓度越高越好，如96%以上酒精不如70%酒精的杀菌效果好。影响消毒效果的因素很多，要根据不同的消毒对象和消毒目的选择不同的消毒剂，选择合适的浓度和消毒方法等。消毒剂对动物都或多或少有影响，浓度越高对动物越不安全，因此搞好消毒工作的同时还应时刻关注动物的安全。

六、常用化学消毒剂

20 世纪 50 年代以来，世界上出现了许多新型化学消毒剂，逐渐取代了一些古老的消毒剂。碘释放剂、氯释放剂、长链季铵盐、双长链季铵盐、戊二醛、二氧化氯等都是 20 世纪 50~70 年代逐渐发展起来的。进入 20 世纪 90 年代，消毒剂在类型上没有重大突破，但组配复方制剂增多。国际市场上消毒剂商品名目繁多。美国人医与兽医用的消毒剂品名达 1 400 多种，但其中 92% 是由 14 种成分配制而成的。我国消毒剂市场发展也很快，消毒剂的商品名已达 50~60 种，但按成分分类只有 7~8 个种类。

（一）醛类消毒剂

醛类消毒剂是使用最早的一类化学消毒剂。这类消毒剂抗菌谱广、杀菌作用强，具有杀灭细菌、芽孢、真菌和病毒的作用，性能稳定、容易保存和运输、腐蚀性小，而且价格便宜，广泛应用于畜禽舍的环境、用具、设备的消毒，尤其对疫源地芽孢消毒。近年来，利用醛类与其他消毒剂的协同作用以减少或消除其刺激性，提高其消毒效果和稳定性，而研制出以醛类为主要成分的复方消毒。由广东农业科学院兽医研究所研制的长效清（主要成分为甲醛和三羟甲基硝基甲烷）就是一种复方甲醛制剂，对各类病原体有快速杀灭作用，消毒池内可持续效力达 7 天以上。

1. 甲醛

甲醛又称蚁醛，有刺激性臭味，久置发生浑浊，易溶于水和醇，在水中有较好的稳定性。37%~40% 的甲醛溶液称为福尔马林。甲醛制剂主要有福尔马林和多聚甲醛（91%~94% 甲醛），适用于环境、笼舍、用具、器械、污染物品等的消毒。常用的方法为喷洒、浸泡、熏蒸。一般以 2% 的福尔马林消毒器械，浸泡 1~2 小时。5%~10% 福尔马林溶液喷洒畜禽舍环境，或每立方米空间用福尔马林 25 mL、水 12.5 mL，加热（或加等量高锰酸钾）

熏蒸 12~24 小时后开窗通风。甲醛对眼睛和呼吸道有刺激作用，消毒时穿戴防护用具（口罩、手套、防护服等），熏蒸时人员、动物不可停留于消毒空间。

2. 戊二醛

戊二醛为无色挥发性液体，其主要产品有碱性戊二醛、酸性戊二醛和强化中性戊二醛。其杀菌性能优于甲醛 2~3 倍，高效、广谱，可快速杀灭细菌繁殖体、细菌芽孢、真菌、病毒等微生物，适用于器械、污染物品、环境、粪便、圈舍、用具等的消毒。使用本品消毒时可采取浸泡、冲洗、清洗、喷洒等方法。2%的碱性水溶液用于消毒诊疗器械，用熏蒸法消毒物体表面。2%的碱性水溶液杀灭细菌繁殖体及真菌需 10~20 分钟，杀灭芽孢需 4~12 小时，杀灭病毒需 10 分钟。使用戊二醛消毒灭菌后的物品应用清水及时去除残留物质；保证足够的浓度（不低于 2%）和作用时间；灭菌处理前后的物品应保持干燥。本品对皮肤、黏膜有刺激作用，亦有致敏作用，应注意操作人员的保护。注意防腐蚀。可以带动物使用，但空气中最高允许浓度为 0.05 mL/m³。戊二醛在 pH 值小于 5 时最稳定，在 pH 值为 7~8.5 时杀菌作用最强，可杀灭金黄色葡萄球菌、大肠杆菌、肺炎双球菌和真菌，作用时间只需 1~2 分钟。兽医诊疗中不能加热消毒的诊疗器械均可采用戊二醛消毒（浓度为 0.125%~2.0%）。本品对环境易造成污染，英国现已停止使用。

（二）卤素及含卤化合物类消毒剂

此类消毒剂主要有含氯消毒剂（包括次氯酸盐及各种有机氯消毒剂）、含碘消毒剂（包括碘酊、碘仿及各种不同载体的碘附）和海因类卤化衍生物消毒剂。

1. 含氯消毒剂

含氯消毒剂是指在水中能产生具有杀菌作用的活性次氯酸的一类消毒剂，包括传统使用的无机含氯消毒剂，如次氯酸钠

（10%～12%）、漂白粉（25%）、粉精（次氯酸钙为主，80%～85%）、氯化磷酸三钠（3%～5%）等；以及有机含氯消毒剂，如二氯异氰尿酸钠（60%～64%）、三氯异氰尿酸（87%～90%）、氯铵T（24%）等。

由于无机氯制剂的性质不稳定、难储存、强腐蚀等缺点，近年来国内外研究开发出性质稳定、易储存、低毒、含有效氯达60%～90%的有机氯，如二氯异氰尿酸钠、三氯异氰尿酸、三氯异氰尿酸钠、氯异氰尿酸钠等，均为世界卫生组织公认的消毒剂。随着畜牧养殖业的飞速发展，以二氯异氰尿酸钠为原料制成的多种类型的消毒剂已得到了广泛地开发和利用。国内同类产品有优氯净（河北）、百毒克（天津）、威岛牌消毒剂（山东）、菌毒净（山东）、得克斯消毒片（山东）、氯杀宁（山西）、消毒王（江苏）、宝力消毒剂（上海）、万毒灵、强力消毒灵等，有效氯含量为40%、20%、10%等多种规格。

含氯消毒剂的优点是广谱、高效、价格低廉、使用方便，对细菌、芽孢和多种病毒均有较好的灭菌能力，其杀菌效果取决于有效氯的含量，含量越高，杀菌力越强。含氯消毒剂在低浓度时即可有效地杀灭牛结核分枝杆菌、肠杆菌、肠球菌、金黄色葡萄球菌。含氯复合制剂对各种病毒，如口蹄疫病毒、牛传染性水疱病病毒等具有较强的杀灭作用。含氯消毒剂的缺点是在养殖场应用时受有机物、还原物质和pH值的影响大，在pH值为4时，杀菌作用最强；pH值为8以上，可失去杀菌活性。受日光照射易分解，温度每升高10℃，有效杀菌时间可缩短50%～60%。含氯消毒剂的广泛使用也带来了环境保护问题，有研究表明有机氯对人畜有致癌作用。

（1）漂白粉：又称含氯石灰、氯化石灰。白色颗粒状粉末，主要成分是次氯酸钙，含有效氯25%～32%，在一般保存过程中，有效氯每月可减少1%～3%。本品杀菌谱广，作用强，对细菌、芽孢、病毒等均有效，但不持久。漂白粉干粉可用于湿地面和人、畜排泄物的消毒，其水溶液用于厕舍、畜栏、饲槽、车辆、饮水、污水等消毒。饮水消毒用 0.03%～0.15% 溶液，喷洒、喷雾用 5%～10% 乳液，也可以用干粉撒布。用漂白粉配制水溶液时应先加少量水，调成糊状，然后边加水边搅拌配成所需浓度的乳液使用，或静置沉淀，取澄清液使用。漂白粉应保存在密闭容器内，放在阴凉、干燥、通风处。漂白粉对织物有漂白作用，对金属制品有腐蚀性，对组织有刺激性，操作时应做好防护。

漂粉精为白色粉末，比漂白粉易溶于水且稳定，成分为次氯酸钙，含杂质少，有效氯含量 80%～85%。使用方法、范围与漂白粉相同。

（2）次氯酸钠：无色至浅黄绿色液体，存在铁时呈红色，含有效氯 10%～12%，为高效、快速、广谱消毒剂，可有效杀灭各种微生物，包括细菌、芽孢、病毒、真菌等。饮水的消毒，每立方米水加药 30～50 mg，作用 30 分钟；环境消毒，每立方米水加药 20～50 g 搅匀后喷洒、喷雾或冲洗；食槽、用具等的消毒，每立方米加药 10～15 g，搅匀后刷洗并作用 30 分钟。本品对皮肤、黏膜有较强的刺激作用。水溶液不稳定，遇光和热都会加速分解，避光密封保存有利于其稳定性。

（3）氯胺 T：化学名为对甲基苯磺酰氯胺钠。荷兰英特威公司在我国注册的这种消毒剂，商品名为海氯（halamide）。消毒作用温和持久，对组织刺激性和受有机物影响小。0.5%～1% 溶液，用于食槽、器皿消毒；3% 溶液，用于排泄物与分泌物消毒；0.1%～0.2% 溶液用于黏膜、阴道、子宫冲洗；1%～2% 溶液，用于创伤消毒；饮水消毒，每立方米用 2～4 mg。与等量铵盐合用，可显著增强消毒作用。

（4）二氯异氰尿酸钠：又称优氯净，商品名为抗毒威。白色晶体，性质稳定，含有效氯 60%~64%。本品广谱、高效、低毒、无污染、储存稳定、易于运输、水溶性好、使用方便、使用范围广，为氯化异氰脲酸类产品的主导品种。20 世纪 90 年代以来，二氯异氰尿酸钠在剂型和用途方面已出现了多样化，由单一的水溶性粉剂，发展为烟熏剂、溶液剂、烟水两用剂（如得克斯消毒散）。烟碱、强力烟熏王等就是综合了国内现有烟雾消毒剂的特点，发挥其烟雾量大及扩散渗透力强的优势，从而达到杀菌快速、全面的效果。二氯异氰尿酸钠能有效地快速杀灭各种细菌、真菌、芽孢、霉菌、霍乱弧菌，可用于养殖业各种用具的消毒，乳制品业的用具消毒；对乳牛的乳头进行浸泡，可防止由链球菌或葡萄球菌感染引起的乳腺炎；还可用于兽医诊疗场所、用具、垃圾和空间消毒，以及化验器皿、器具的无菌处理和物体表面消毒；预防鱼类由细菌、病毒、寄生虫等所引起的疾病。饮水消毒，每立方米水用药 10 mg；环境消毒，每立方米加药 1~2 g，搅匀后喷洒或喷雾地面、厩舍；粪便、排泄物、污物等消毒，每立方米水加药 5~10 g，搅匀后浸泡 30~60 分钟；食槽、用具等消毒，每立方米水加药 2~3 g，搅匀后刷洗作用 30 分钟；非腐蚀性兽医用品消毒，每立方米加药 2~4 g，搅匀后浸泡 15~30 分钟。可带畜、禽喷雾消毒。本品水溶液不稳定，有较强的刺激性，对金属有腐蚀性，对纺织品有损坏作用。

（5）三氯异氰尿酸：白色结晶粉末，微溶于水，易溶于丙酮和碱溶液，是一种高效的消毒杀菌漂白剂，含有效氯 89.7%。具有强烈的消毒杀菌与漂白作用，其效率高于一般的氯化剂，特别适合于水的消毒杀菌。在水中溶解后，水解为次氯酸和氰尿酸，无二次污染，是一种高效、安全的杀菌消毒和漂白剂。用于饮用水的消毒杀菌处理及畜牧、水产、传染病疫源地的消毒杀菌。

2. 含碘消毒剂

含碘消毒剂包括碘及以碘为主要杀菌成分制成的各种制剂，常用的有碘、碘酊、碘甘油、碘附等。常用于皮肤、黏膜消毒和手术器械的灭菌。

（1）碘酒：又称碘酊，是一种温和的碘消毒剂溶液，兽医上使用一般配成5%（W/V）溶液。常用于免疫、注射部位、外科手术部位皮肤以及各种创伤或感染的皮肤或黏膜消毒。

（2）碘甘油：含有效碘1%，常用于鼻腔黏膜、口腔黏膜，以及幼畜的皮肤和母畜的乳房皮肤消毒和清洗脓腔。

（3）碘附：由于碘水溶性差、易升华、分解，对皮肤黏膜有刺激性和较强的腐蚀性等缺点，限制了其在畜牧兽医上的应用。因此，20世纪70~80年代国外发明了一种碘释放剂，我国称碘附，即将碘附载在表面活性剂（非离子、阳离子及阴离子）、聚合物（聚乙烯吡咯烷酮，PVP）、天然物（淀物、糊精、纤维素）等载体上，其中以非离子表面活性剂最好。1988年瑞士汽巴–嘉基公司打入我国市场的雅好生（IOSAN）就是以非离子表面活性剂为载体的碘附。目前，国内已有多个厂家生产同类产品，如爱迪伏、碘福（天津）、爱好生（湖南）、威力碘、碘附（北京）、爱得福、消毒劲、强力碘及美国打入我国市场的百毒消等。百毒消具有获世界专利的独特配方，有"零缺点消毒剂"的美称，多年来一直是全球畜牧行业首选的消毒剂。南京大学化学系研制成功的固体碘附，即PVPI，在山东、江苏、深圳均有厂家生产，商品名为安得福、安多福。碘附高效、快速、低毒、广谱，兼有清洁剂的作用。对各种细菌繁殖体、芽孢、病毒、真菌、结核分枝杆菌、螺旋体、衣原体及滴虫等有较强的杀灭作用。饮水消毒，每立方米水加5%碘附0.2 g，即可饮用；黏膜消毒，用0.2%碘附溶液直接冲洗阴道、子宫、乳室等；清创处理，用浓度0.3%~0.5%碘附溶液直接冲洗创口，清洗伤口分泌物、腐败组织；也可以用于临产前母畜乳头、会阴部位的清洗消毒。碘附要求在 pH 值 2~5 范围内使用，如 pH 值为 2 以下则对金属有腐蚀作用。碘附灭菌浓度为 10 mL/L（1 分钟），常规消毒浓度为 15~75 mg/L。碘附易受碱性物质及还原性物质影响，日光也能加速碘的分解，因此用于环境消毒受到限制。

3. 海因类卤化衍生物消毒剂

二甲基海因（5，5-二甲基乙内酰脲，DMH）的卤化衍生物均有很好的杀菌作用，对病毒、藻类和真菌也有杀灭作用。常用的有二氯海因、二溴海因、溴氯海因等，其中以二溴海因效果最好。该类消毒剂应储存在阴凉、干燥的环境中，严禁与有毒、有害物品混放，以免污染。

（1）二溴海因（DBDMH）：为白色或淡黄色结晶粉末，微溶于水，溶于氯仿、乙醇等有机溶剂，在强酸或强碱中易分解，干燥时稳定，有轻微的刺激气味。本品是一种高效、安全、广谱杀菌消毒剂，具有强烈地杀灭细菌和芽孢的效果，且具有杀灭水体不良藻类的功效。可广泛用于畜禽、水产养殖场所及用具、饮水、水体的消毒。一般消毒，250~500 mg/L，作用 10~30 分钟；特殊污染消毒，500~1 000 mg/L，作用 20~30 分钟；诊疗器械用 1 000 mg/L，作用 1 小时；饮水消毒，根据水质情况，加溴量 2~10 mg/L；用具消毒，用 1 000 mg/L，喷雾或超声雾化 10 分钟，作用 15 分钟。

（2）二氯海因（DCDMH）：为白色结晶粉末，微溶于水，溶于多种有机溶剂与油类，在水中加热易分解，工业品有效氯含量 70%以上，气味比三氯异氰尿酸或二氯异氰尿酸钠小得多，其消毒最佳 pH 值为 5~7，消毒后残留物可在短时间内生物降解，对环境无任何污染。主要作为杀菌、灭藻剂，可有效杀灭各种细菌、真菌、病毒、藻类等，广泛用于水产养殖、水体、器具、环境、工作服及动物体表的消毒杀菌。

（3）溴氯海因（BCDMH）：为淡琥珀色结晶粉末，可进一步加工成片剂，气味小，微溶于水，稍溶于某些有机溶剂，干燥时稳定，吸潮时易分解。本产品主要用作水处理剂、消毒杀菌剂等，具有高效、广谱、安全、稳定的特点，能强力杀灭真菌、细菌、病毒和藻类。在水产养殖中也有广泛的运用。使用本品后，能改善水质，使水中氨、氮下降，溶解氧上升，维护浮游生物优良种群，且残留物短期内可生物降解完全，无任何污染。使用本品时不受水体 pH 值和水质肥瘦影响，且具有缓释性，有效性持续时间长。

（三）氧化剂类消毒剂

此类消毒剂具有强氧化能力，各种微生物对其十分敏感，可将所有微生物杀灭，是一类广谱、高效的消毒剂，特别适合饮水消毒。氧化类消毒剂主要有过氧乙酸、过氧化氢、臭氧、二氧化氯、酸性氧化电位水、高锰酸钾等。它们的特点是消毒后在物品上不留残余毒，由于化学性质不稳定须现用现配，且因其氧化能力强，高浓度时可刺激、损害皮肤黏膜，腐蚀物品。

1. 过氧乙酸

过氧乙酸是一种无色或淡黄色的透明液体，易挥发、分解，有很强的刺激性醋酸味，易溶于水和有机溶剂。市售有一元包装和二元包装两种规格。一元包装可直接使用；二元包装是指由 A、B 两个组分别包装的过氧乙酸消毒剂，A 液为处理过的冰醋酸，B 液为一定浓度的过氧化氢溶液。临用前一天，将 A 和 B 按 A：B = 10：8（质量比）或 12：10（体积比）混合后摇匀，第二天过氧乙酸的含量高达 18%～20%。若温度在 30 ℃左右，混合后 6 小时浓度可达 20%，使用时按要求稀释用于浸泡、喷雾、熏蒸消毒。配制液应在常温下 2 天内用完，4 ℃下使用不得超过 10 天。

过氧乙酸常用于被污染物品或皮肤消毒，用 0.2%～0.5%过氧乙酸溶液，喷洒或擦拭表面，保持湿润，消毒30分钟后，用清水擦净。手、皮肤消毒，用0.2%过氧乙酸溶液擦拭或浸洗1~2分钟。在无动物环境中可用于空气消毒，用0.5%过氧乙酸溶液，每立方米20 mL，气溶胶喷雾，密闭消毒30分钟；或用15%过氧乙酸溶液，每立方米7 mL，置瓷或玻璃器皿内，加入等量的水，加热蒸发，密闭熏蒸（室内相对湿度在60%~80%），2小时后开窗通风。用于带牛消毒时，不要直接对着牛头部喷雾，防止伤害牛的眼睛。车、船等运输工具内外表面和空间，可用0.5%过氧乙酸溶液喷洒至表面湿润，作用15~30分钟。温度越高杀菌力越强，但温度降至-20 ℃时，仍有明显杀菌作用。过氧乙酸稀释后不能放置时间过长，须现用现配，因其有强腐蚀性，较大的刺激性，配制、使用时应戴防酸手套、防护镜，严禁用金属制容器盛装。成品消毒剂须避光4 ℃保存，容器不能装满，严禁暴晒。在搬运、移动时，应注意小心轻放，不要拖拉、摔碰、摩擦、撞击。

2. 过氧化氢

过氧化氢又称双氧水，为强腐蚀性、微酸性、无色透明液体，深层时略带淡蓝色，能与水以任何比例混合，具有漂白作用。可快速灭活多种微生物，如致病性细菌、细菌芽孢、酵母、真菌孢子、病毒等，并分解成无害的水和氧。气雾用于空气、物体表面消毒，溶液用于饮水器、饲槽、用具、手等消毒。畜禽舍空气消毒时使用1.5%~3%过氧化氢喷雾，每立方米20 mL，作用30~60分钟，消毒后进行通风。10%过氧化氢可杀灭芽孢。温度越高杀菌力越强；空气的相对湿度在20%~80%时，湿度越大，杀菌力越强，相对湿度低于20%，杀菌力较差；浓度越高杀菌力越强。过氧化氢有强腐蚀性，避免用金属制容器盛装；配制、使用时应戴防护手套、防护镜，须现用现配；成品消毒剂避光保存，严禁暴晒。

3. 臭氧

臭氧是一种强氧化剂，具有广谱杀灭微生物的作用，溶于水时杀菌作用更为明显，能有效地杀灭细菌、病毒、芽孢、包囊、真菌孢子等，对原虫及其卵囊也有很好的杀灭作用，还兼有除臭、增加畜禽舍内氧气含量的作用，用于空气、水体、用具等的消毒。饮水消毒时，臭氧浓度为 0.5~1.5 mg/L，水中余臭氧量 0.1~0.5 mg/L，维持 5~10 分钟可达到消毒要求；在水质较差时，用 3~6 mg/L。国外报告称，臭氧对病毒的灭活程度与臭氧浓度高度相关，而与接触时间关系不大。随温度的升高，臭氧的杀菌作用加强。但与其他消毒剂相比，臭氧的消毒效果受温度影响较小。臭氧在人医上已广泛使用，但在兽医上则是一种新型的消毒剂。在常温和空气相对湿度82%的条件下，臭氧对在空气中的自然菌的杀灭率为96.77%，对物体表面的大肠杆菌、金黄色葡萄球菌等的杀灭率为99.97%。臭氧的稳定性差，有一定腐蚀性，受有机物影响较大，但使用方便、刺激性低、作用快速、无残留污染。

4. 二氧化氯

二氧化氯在常温下为黄绿色气体或红色爆炸性结晶，具有强烈的刺激性，对温度、压力和光均较敏感。20 世纪 70 年代末期，美国 Bio-Cide 国际有限公司找到一种方法将二氧化氯制成水溶液，这种二氧化氯水溶液就是百合兴，被称为稳定性二氧化氯。该消毒剂为无色、无味、无臭、无腐蚀作用的透明液体，是目前国际上公认的高效、广谱、快速、安全、无残留、不污染环境的第四代灭菌消毒剂。美国环境保护部门在 20 世纪 70 年代就进行过反复检测，证明其杀菌效果比一般含氯消毒剂高 2.5 倍，而且在杀菌消毒过程中还不会使蛋白质变性，对人、畜、水产品无害，无致癌、致突变性，是一种安全可靠的消毒剂。该消毒剂被美国食品药品监督管理局和美国环境保护署批准广泛应用于工农业生产、畜禽养殖、动物的卫生防疫中。目前，发达国家已将二氧化氯应用到几乎所有需要杀菌消毒领域，被世界卫生组织列为 A1 级高效安全灭菌消毒剂，是世界粮农组织推荐使用的优质环保型消毒剂，正在逐步取代醛类、酚类、氯制剂类、季胺类，为一种高效消毒剂。国外 20 世纪 80 年代在畜牧业上推广使用，国内已有此类产品生产、出售，如氧氯灵、超氯（菌毒王）等。

本品适用于畜禽活动场所的环境、场地、栏舍、饮水及饲喂用具等方面消毒，能杀灭各种细菌、病毒、真菌等微生物，目前尚未发现能够抵抗其氧化性而不被杀灭的微生物。本品兼有去污、除腥、除臭的功能，是养殖行业理想的灭菌消毒剂，现已较多地用于奶牛场、家禽养殖场的消毒。用于环境、空气、场地、笼具喷洒消毒，浓度为 200 mg/L；禽畜饮水消毒，0.5 mg/L；饲料防霉，每吨饲料用浓度 100 mg/L 的消毒液 100 mL，喷雾；笼具、动物体表消毒，200 mg/L，喷雾至种蛋微湿；牲畜产房消毒，500 mg/L，喷雾至垫草微湿；预防各种细菌、病毒传染，500 mg/L，喷洒；烈性传染病及疫源地消毒，1 000 mg/L，喷洒。

5. 酸性氧化电位水

本品是由日本于 20 世纪 80 年代中后期发明的，是高氧化还原电位（+1100 mV）、低 pH 值（2.3～2.7）、含少量次氯酸（溶解氯浓度 20～50 mg/L）的一种新型消毒水。我国在 20 世纪 90 年代中期引进了酸性氧化电位水，我国第一台酸性氧化电位水发生器已由清华紫光研制成功。酸性氧化电位水最先应用于医药领域，以后逐步扩展到食品加工、农业、餐饮、旅游、家庭等领域。酸性氧化电位水杀菌谱广，可杀灭一切病原微生物（细菌、芽孢、病毒、真菌、螺旋体等）；作用速度快，数十秒完全灭活细菌，使病毒完全失去抗原性；使用方便，取之即用，无须配制；无色、无味、无刺激；无毒、无害、无任何毒副作用，对环境无污染；价格低廉；对易氧化金属（铜、铝、铁等）有一定腐蚀性，对不锈钢和碳钢无腐蚀性，因此浸泡器械时间不宜过长；在一定程度上受有机物的影响，因此，清洗创面时应大量冲洗或直接浸泡，消毒时最好事先将被消毒物用清水洗干净；稳定性较差，遇光和空气及有机物可还原成普通水（室温开放保存 4天；室温密闭保存 30 天；冷藏密闭保存可达 90 天），最好近期配制使用；储存时最好选用不透明、非金属容器；应密闭、遮光保存，40 ℃以下使用。

6. 高锰酸钾

高锰酸钾又称锰酸钾或灰锰氧，是一种强氧化的消毒药，它能氧化微生物体内的活性基，可有效杀灭细菌繁殖体、真菌、细菌芽孢和部分病毒。实际应用中常配成 0.1%～0.2%浓度，用于牛的皮肤、黏膜消毒，主要是对临产前母牛乳头、会阴以及产科局部消毒。

（四）烷基化气体消毒剂

本品是一类主要通过对微生物的蛋白质、DNA 和 RNA 的烷基化作用而将微生物灭活的消毒灭菌剂。对各种微生物均可杀灭，包括细菌繁殖体、芽孢、分枝杆菌、真菌和病毒，杀菌力强，对物品无损害。主要包括环氧乙烷、乙型丙内酯、环氧丙烷、溴化甲烷等，其中环氧乙烷应用比较广泛，其他在兽医消毒上应用不广。

环氧乙烷在常温常压下为无色气体，具有芳香的醚味，当温度低于 10.8 ℃时，气体液化。环氧乙烷液体无色透明，极易溶于水，遇水产生有毒的乙二醇。环氧乙烷可杀灭所有微生物，而且细菌繁殖体和芽孢对环氧乙烷的敏感性差异很小；穿透力强，对大多数物品无损害，属于高效消毒剂。常用于皮毛、塑料、医疗器械、用具、包装材料、畜禽舍、仓库等的消毒或灭菌，而且对大多数物品无损害。杀灭细菌繁殖体，每立方米空间用 300～

400 g，作用 8 小时；杀灭污染霉菌，每立方米空间用 700~950 g，作用 8~16 小时；杀灭细菌芽孢，每立方米空间用 800~1 700 g，作用 16~24 小时。环氧乙烷气体消毒时，最适宜的相对湿度是 30%~50%，温度以 40~54 ℃为宜，不应低于 18 ℃，消毒时间越长，消毒效果越好，一般为 8~24 小时。

消毒过程中注意防火防爆，防止消毒袋、柜泄漏，控制温、湿度，不用于饮水和食品消毒。工作人员发生头晕、头痛、呕吐、腹泻、呼吸困难等中毒症状时，应立即移离现场，脱去污染衣物，注意休息、保暖，加强监护。如环氧乙烷液体沾染皮肤，应立即用大量清水或 3% 硼酸溶液反复冲洗。皮肤症状较重或不缓解者，应去医院就诊。眼睛被污染者，用清水冲洗 15 分钟后用四环素可的松眼膏点眼。

（五）酚类消毒剂

酚类消毒剂为一种最古老的消毒剂，19 世纪末出现的商品名为来苏儿的消毒剂，就是酚类消毒剂。目前国内兽医消毒用酚类消毒剂的代表品种，是 20 世纪 80 年代我国从英国引进的复合酚类消毒剂——农福。国内也出现了许多类似产品，如菌毒敌（湖南）、农富复合酚（陕西）、菌毒净（江苏）、菌毒灭（广东）、畜禽安等。这些产品的有效成分是烷基酚，是从煤焦油中高温分离出的焦油酸，焦油酸中含的酚是混合酚类，所以又称复合酚。由广东省农业科学院兽医研究所研制的消毒灵是国内第一个符合农福标准的复合酚消毒药。这类消毒剂适用于禽舍、畜舍环境消毒，对各种细菌灭菌力强，对带膜病毒具有灭活能力，但对结核分枝杆菌、芽孢、无囊膜病毒（口蹄疫病毒）和霉菌杀灭效果不理想。酚类消毒剂受有机物影响小，适用于养殖环境消毒。酚类消毒剂的 pH 值越低，消毒效果越好，遇碱性物质则影响效力。由于酚类化合物有气味滞留，对人畜有毒，不宜用于养殖期间消毒，对畜禽体表消毒也受到限制。

1. 苯酚

苯酚又称石炭酸，为带有特殊气味的无色或淡红色针状、块状或三棱形结晶，可溶于水或乙醇。性质稳定，可长期保存。可有效杀灭细菌繁殖体、真菌和部分亲脂性病毒。用于物体表面、环境和器械浸泡消毒，常用浓度为 3%～5%。本品具有一定毒性和不良气味，不可直接用于黏膜消毒，能使橡胶制品变脆变硬，对环境有一定污染。近年来，由于许多安全、低毒、高效的消毒剂问世，苯酚这种古老的消毒剂已很少应用。

2. 甲酚皂溶液

甲酚皂溶液又称来苏儿，黄棕色至红棕色黏稠液体，为甲醛、植物油、氢氧化钠的皂化液，含甲酚 50%。可溶于水及醇溶液，能有效杀灭细菌繁殖体、真菌和大部分病毒。1%～2%溶液，用于手、皮肤，消毒 3 分钟，目前已较少使用；3%～5%溶液，用于器械、用具、畜禽舍地面、墙壁消毒；5%～10%溶液，用于环境、排泄物及实验室废弃细菌材料的消毒。本品对黏膜和皮肤有腐蚀作用，需稀释后应用。因其杀菌能力相对较差，且对人畜有毒，有气味滞留，有被其他消毒剂取代的趋势。

3. 复合酚

复合酚是一类新型、广谱、高效、无腐蚀的消毒剂，国内同类商品较多，主要用于环境消毒。常规预防消毒稀释配比为 1：300，病原污染的场地及运载车辆可用 1：100 喷雾消毒。严禁与碱性药品或其他消毒液混合使用，以免降低消毒效果。

（六）季铵盐类消毒剂

季铵盐类消毒剂为阳离子表面活性剂，具有除臭、清洁和表面消毒的作用。季铵盐类消毒剂的发展已经历了五代。第一代是洁尔灭；第二代是在洁尔灭分子结构上加烷基或氯取代基；第三代为第一代与第二代混配制剂，如日本的 Pacoma、韩国的 Save 等；第四代为苯氧基苄基铵；第五代是双长链二甲基铵。早期有台湾派斯德生化有限公司的百毒杀（主剂为溴化二甲基二癸基铵），北京的敌菌杀，国外商品有 Deciquam222、Bromo-Sept50、以色列 ABIC 公司的 Bromo-Sept 百乐水等。后期又发展氯盐，即氯化二甲基二癸基铵，日本商品名为 Astop（DDAC），欧洲商品名为 Bardac。国内也已有数种同类产品，如畜禽安、铵福、K 西安（天津）、瑞得士（山西）、信得菌毒杀（山东）、1210 消毒剂（北京、山西、浙江）等。

季铵盐类消毒剂性能稳定，pH 值在 6~8 时，受 pH 值变化影响小，碱性环境能提高药效，还有低腐蚀、低刺激性、低毒等特点，对有机质及硬水还有一定抵抗力。早期季铵盐对病毒灭活力差，但是双长链季铵盐除对各种细菌有效外，对某些病毒也有良好的杀灭效果，但季铵盐对芽孢及无囊膜病毒（如口蹄疫病毒等）效力差。此类消毒剂的配伍禁忌多，使用范围受限制。季铵盐类消毒剂如果与其他消毒剂科学组成复方制剂，可弥补上述不足，形成一种既能杀灭细菌又能杀灭病毒的安全无刺激性的复方消毒制剂。目前，季铵盐类多复合戊二醛，制成复合消毒剂，从而克服了季铵盐的不足，在兽医上有广泛的应用前景。

1. 苯扎溴铵

苯扎溴铵又称新洁尔灭或溴苄烷铵，为淡黄色胶状液体，具有芳香气味，极苦，易溶于水和乙醇，溶液无色透明，性质较稳定，价格低廉，市售产品的浓度为 5%。

0.05%~0.1% 的水溶液，用于手术前洗手消毒、皮肤和黏膜消毒；0.15%~2% 水溶液，用于畜禽舍空间喷雾消毒；0.1% 水溶液，用于种蛋消毒等。本品现配现用，确保容器清洁，不可用作器械消毒，不宜作污染物品、排泄物的消毒。

度米芬又称消毒宁，为白色或微黄色的结晶片剂或粉剂，味微苦而带皂味，能溶于水或乙醇，性能稳定，其杀菌范围及用途与苯扎溴铵相似。

2. 百毒杀

百毒杀为双链季铵盐类消毒剂。双长链季铵盐代表性化合物主要有溴化二甲基二癸基铵（百毒杀）和氯化二甲基二癸基铵（1210消毒剂），毒性低，无刺激性，无不良气味，推荐使用剂量对人、畜禽绝对无毒，对用具无腐蚀性，消毒力可持续10~14天。饮水消毒，预防量按有效药量10 000~20 000倍稀释；疫病发生时可按5 000~10 000倍稀释。畜禽舍及环境、用具消毒，预防消毒按3 000倍稀释，疫病发生时按1 000倍稀释。牛体喷雾消毒、种蛋消毒可按3 000倍稀释。孵化室及设备可按2 000~3 000倍稀释喷雾消毒。

（七）醇类消毒剂

醇类消毒剂具有杀菌作用，随着分子量的增加，杀菌作用增强，但分子量过大水溶性降低，反而难以使用，实际工作中应用最广泛的是乙醇。

1. 乙醇

乙醇又称酒精，为无色透明液体，有较强的酒气味，在室温下易挥发、易燃。可快速、有效地杀灭多种微生物，如细菌繁殖体、真菌和多种病毒，但不能杀灭细胞芽孢。市售的医用乙醇浓度，按质量计算为92.3%（W/W），按体积计算为95%（V/V）。乙醇最佳使用浓度为70%（W/W）或75%（V/V）。

配制75%（V/V）乙醇方法：取一适当容量的量杯（筒），量取95%（V/V）乙醇75 mL，加蒸馏水至总体积为95 mL，混匀即成。配制70%（W/W）乙醇方法：取一容器，称取92.3%（W/W）乙醇70 g，加蒸馏水至总重量为92.3 g，混匀即成。

乙醇常用于皮肤消毒、物体表面消毒、皮肤消毒脱碘、诊疗器械和器材擦拭消毒。近年来，较多使用70%（W/W）乙醇与氯已定、苯扎溴铵等复配的消毒剂，有明显的增强作用。

2. 异丙醇

异丙醇为无色透明易挥发可燃性液体，具有类似乙醇与丙酮的混合气味，其杀菌效果和作用机制与乙醇类似，杀菌效力比乙醇强，但毒性比乙醇高，只能用于物体表面及环境消毒。可杀灭细菌繁殖体、真菌、分枝杆菌及病毒，但不能杀灭细菌芽孢。常用 50%～70%（V/V）水溶液擦拭或浸泡 5～60 分钟。国外常将其与氯乙定配伍使用。

（八）胍类消毒剂

此类消毒剂中，氯己定（洗必泰）已得到广泛的应用。近年来，国外又报道了一种新的胍类消毒剂，即盐酸聚六亚甲基胍消毒剂。

1. 氯己定

氯己定又称洗必泰，为白色结晶粉末，无臭但味苦，微溶于水和乙醇，溶液呈碱性。杀菌谱与季铵盐类相似，具有广谱抑菌作用，对细菌繁殖体、真菌有较强的杀灭作用，但不能杀灭细菌芽孢、结核分枝杆菌和病毒，其性能稳定、无刺激性、腐蚀性低、使用方便，是一种用途较广的消毒剂。0.02%～0.05% 水溶液，用于饲养人员、手术前洗手消毒，浸泡 3 分钟；0.05% 水溶液，用于冲洗创伤；0.01%～0.1% 水溶液，可用于冲洗阴道、膀胱等。氯己定（0.5%）在乙醇（70%）作用及碱性条件下灭菌效力增强，可用于术部消毒，但有机质、肥皂、硬水等会降低其活性。配制好的水溶液最好 7 天内用完。

2. 盐酸聚六亚甲基胍

本品为白色无定形粉末，无特殊气味，易溶于水，水溶液无色至淡黄色。对细菌和病毒有较强的杀灭作用，作用快速，稳定性好，无毒、无腐蚀性，可降解，对环境无污染。用于饮水、水体消毒、除藻及皮肤黏膜和环境消毒，一般浓度为 2 000～5 000 mg/L。

（九）其他化学消毒剂

1. 乳酸

乳酸是一种有机酸，为无色澄清或微黄色的黏性液体，能与水或醇任意比例混合。本品对伤寒杆菌、大肠杆菌、葡萄球菌及链球菌具有杀灭和抵制作用。黏膜消毒浓度为 200 mg/L，空气熏蒸消毒为 1 000 mg/L。

2. 醋酸

醋酸为无色透明液体，有强烈酸味，能与水或醇任意比例混合，其杀菌和抑菌作用与乳酸相同，但比乳酸弱，可用于空气消毒。

3. 氢氧化钠

氢氧化钠为碱性消毒剂的代表产品。浓度为 1% 时，主要用于玻璃器皿的消毒；2% ~ 5% 时，主要用于环境、污物、粪便等的消毒。本品具有较强的腐蚀性，消毒时应注意防护，消毒 12 小时后用水冲洗干净。

4. 生石灰

生石灰又称氧化钙，为白色块状或粉状物，加水后产热并形成氢氧化钙，呈强碱性，是消毒力好、无不良气味、价廉易得、无污染的消毒药。使用时，加入相当于生石灰重量 70% ~ 100% 的水，即生成疏松的熟石灰，即氢氧化钙，只有这种离解出的氢氧根离子具有杀菌作用。本品可杀死多种病原菌，但对芽孢无效，常用 20% 石灰乳溶液进行环境、圈舍、地面、垫料、粪便及污水沟等的消毒。生石灰应干燥保存，以免潮解失效；石灰乳应现用现配，最好当天用完。

有的场、户在入场或畜禽入口池中，堆放厚厚的干石灰，让鞋踏过，这起不到消毒作用。也有的场、户使用放置时间过久的熟石灰消毒，但因熟石灰已吸收了空气中的二氧化碳，成了没有氢氧根离子的碳酸钙，已完全丧失了杀菌消毒作用，所以也不能使用。有的将石灰粉直接撒在舍内地面上，或上面再铺一薄层垫料，这样常灼伤幼牛的蹄，或因牛舔食而灼伤口腔及消化道。有的将石灰直接洒在牛舍内，致使石灰粉尘大量飞扬，牛吸入呼吸道内，引起咳嗽、打喷嚏等一系列症状，人为地造成了呼吸道疾病。

第四节 消毒效果的检测与强化消毒效果的措施

一、肉牛场消毒效果的检测

肉牛场消毒的目的是消灭被各种带菌动物排泄于外界环境中的病原体，切断疾病传播链，尽可能地减少发病概率。消毒效果受到多种因素的影响，包括消毒剂的种类和使用浓度、消毒时的环境条件、消毒设备的性能等。因此，为了掌握消毒的效果，以保证最大限度地杀灭环境中的病原微生物，防止传染病的发生和传播，必须对消毒对象进行消毒效果的检测。

（一）消毒效果检测的原理

在喷洒消毒液或经其他方法消毒处理前后，分别用灭菌棉棒在待检区域取样，并置于一定量的生理盐水中，再以10倍稀释法稀释成不同倍数。然后分别取定量的稀释液，置于加有固体培养基的培养皿中，培养一段时间后取出。进行细菌菌落计数，比较消毒前后细菌菌落数，即可得出细菌的消除率。根据结果判定消毒效果的好坏。

消除率＝（消毒前菌落数－消毒后菌落数）/消毒前菌落数×100%

（二）消毒效果检测的方法

1. 地面、墙壁和顶棚消毒效果的检测

（1）棉拭子法：未经任何处理前和消毒后，用灭菌棉拭子

（棉棒）蘸取灭菌生理盐水分别对禽舍地面、墙壁、顶棚进行 2 次采样，采样点至少为 5 块相等面积（3 cm×3 cm）。用高压灭菌过的棉棒蘸取含有中和剂（使消毒药停止作用）的 0.03 mol/L 的缓冲液，在试验区事先划出的 3 cm×3 cm 的面积内轻轻滚动涂抹，然后将棉棒放在生理盐水管中（若用含氯制剂消毒时，应将棉棒放在 15% 的硫代硫酸钠溶液中，以中和剩余的氯），然后投入灭菌生理盐水中。振荡后将洗液样品接种在普通琼脂培养基上，置于 37 ℃ 恒温箱培养 18~24 小时后进行菌落计数。

（2）影印法：将 50 mL 注射器去头并灭菌，无菌分装普通琼脂制成琼脂柱。分别对牛舍地面、墙壁、顶棚各采样点进行未经任何处理前和消毒剂消毒后 2 次影印采样，并用灭菌刀切成高度约 1 cm 厚的琼脂柱，正置于灭菌平皿中，于 37 ℃ 恒温箱中培养 18~24 小时后进行菌落计数。

2. 空气消毒效果的检测

（1）平皿暴露法：将待检房间的门窗关闭好，取普通琼脂平板 4~5 个，打开盖子后，分别放在房间的四角和中央，暴露 5~30 分钟，具体时间根据空气污染程度而定。取出后放入 37 ℃ 恒温箱培养 18~24 小时，计算生长菌落。消毒后，再按上述方法在同样地点取样培养，根据消毒前后的细菌数的多少，即可按上述公式计算出空气的消毒效果，但该方法只能捕获直径大于 10 μm 的病原颗粒，对体积更小、流行病学意义更大的传染性病原颗粒很难捕获，故准确性差。

（2）液体吸收法：先在空气采样瓶内放 10 mL 灭菌生理盐水或普通肉汤，抽气口上安装抽气唧筒，进气口对准欲采样的空气，连续抽气 100 L，抽气完毕后分别吸取其中液体 0.5 mL、1 mL、1.5 mL，分别接种在培养基上培养。按此法在消毒前后各采样 1 次，即可测出空气的消毒效果。

（3）冲击采样法：用空气采样器先抽取一定体积的空气，

然后强迫空气通过狭缝直接高速冲击到缓慢转动的琼脂培养基表面，经过培养，比较消毒前后的细菌数。该方法是目前公认的标准空气采样法。

（三）结果判定

如果细菌减少了 80% 以上为良好，减少了 70%～80% 为较好，减少了 60%～70% 为一般，减少了 60% 以下则为消毒不合格，需要重新消毒。

二、奶牛场消毒效果的检测

奶牛场消毒效果检测的主要对象是紫外线消毒室、挤奶间空气及设备、奶牛乳头、牛舍环境等。主要采用现场生物学检测方法及流行病学评价方法。

（一）消毒效果的现场生物学检测方法

1. 空气消毒效果检测

检测对象：紫外线消毒间、挤奶间、牛舍等。

检测方法：平板沉降法。

检测指标：计数平板上的菌落。

操作步骤：在消毒前后，如室内面积 $\leqslant 30\ \mathrm{m}^2$，于对角线上取 3 点，即中心一点，两端各一点；室内面积 $>30\ \mathrm{m}^2$ 时，于四角和中央取 5 个点。每点在距墙 1 m 处放置一个直径为 9 cm 的普通营养琼脂平板，将平板盖打开倒放在平板旁，暴露 15 分钟后盖上盖。立即置于 37 ℃恒温培养箱培养 24 小时，计算平板上菌落数，并按下式计算空气中的菌落数：

空气中的菌落总数（$\mathrm{cfu/m}^3$）$= 5\,000\,N/AT$

式中：A 为平板面积（cm^2）；T 为平板暴露的时间（分钟）；N 为平板上平均菌落数（cfu）。根据消毒前后被测房间空气中的细菌总数变化，判断消毒是否有效。

2. 奶牛乳房及乳头消毒效果检测

（1）细菌菌落总数检测：按常规方法进行乳房及乳头清洗与消毒；待挤完奶后，用浸有灭菌生理盐水的灭菌棉拭子（棉棒）在奶牛乳头及周围 5 cm×5 cm 处深擦 2 次；剪去操作者手接触的部分，将棉拭子投入装有 5 mL 采样液（灭菌生理盐水）的试管内立即送检。将采样管用力振打 80 次，用无菌吸管吸取 1 mL 待检采样液，加入灭菌的平皿内，加入已灭菌的 45～48 ℃ 的普通营养琼脂 15 mL。边倾注边摇匀，待琼脂凝固后置 37 ℃ 培养箱培养 24～48 小时，计算菌落总数。

菌落的计算方法：

乳房细菌菌落总数（cfu/cm²）=（平板上的菌落数×采样液稀释倍数）/采样面积（cm²）

（2）金黄色葡萄球菌检测：吸取采样液 0.1 mL，接种于营养肉汤中，于 37 ℃ 培养 24 小时，再用接种环划线接种于血平板，37 ℃ 培养 24 小时，观察有无金黄色、圆形凸起、表面光滑、不透明、周围有溶血环的菌落，并对典型菌落做涂片革兰染色镜检，如发现革兰染色阳性呈葡萄状排列球菌时，可初步判为阳性。

3. 奶牛乳头药浴液中细菌含量检测

奶牛乳头药浴是挤奶过程中的必须环节，而检测药浴杯中药液的细菌含量，是确定药浴效果的重要指标。

（1）采样方法：采取换液前使用中的药溶液 1 mL，加入 9 mL 含有相应中和剂的普通肉汤采样管中混匀。含氯、碘消毒液，可在肉汤中加入 0.1%硫代硫酸钠；洗必泰、季铵盐类消毒液，需在肉汤中加入 3%的吐温 80，用于中和被检样液中的残效作用。

（2）检测方法：采用平板涂抹法。用灭菌吸管吸 0.2 mL 药浴液分点滴于 2 个普通琼脂平板上，用灭菌棉拭子涂布均匀，一个平板置 20 ℃培养 7 天，观察有无真菌生长；另一个平板置 37 ℃培养 72 小时，观察细菌生长情况。必要时可做金黄色葡萄球菌的分离（方法同上）。

4. 挤奶设备及环境表面消毒效果监测

检测对象：挤奶器内鞘、挤奶杯、挤奶用毛巾、工作服、胶靴、挤奶间、牛舍及工作人员进入牛场的消毒走道表面。

（1）采样方法：棉拭子采样法与奶牛乳房采样方法相同。压印采样法用于消毒毛巾的检测，可用一张直径为 4 cm 浸有无菌生理盐水的滤纸，在被采样毛巾或物体表面压贴 10~20 分钟，将贴有样品的滤纸一面贴于普通营养琼脂平皿表面，停留 5~10 分钟后揭去滤纸，将平板置 37 ℃培养 24 小时。

（2）检测方法：细菌菌落总数检测方法同奶牛乳房检测方法相同，其采样面积（cm²）可估测。对于奶牛乳房炎感染率较高的牛场，有必要在检测物体表面细菌总数的同时，进行特殊病原体（以金黄色葡萄球菌为准）的分离。

（二）消毒效果的流行病学评价方法

一种消毒方法运用于牛场牛群后，其消毒效果的好坏不仅体现在消毒前后环境、牛体、物体表面的微生物含量，更直接地体现在对某种感染性疫病的预防中，即采用消毒措施是否可以使牛群减少感染或少发生疾病，这种减少和对照组（消毒方法更换以前）相比有无显著性差异，进而计算出使用消毒剂后对某种疾病的保护率和效果指数，从而得出该消毒方法或消毒液有无使用价值的结论。

采用何种疾病作为判定指标，应根据消毒对象不同而定。用于挤奶过程中的消毒的评价，以奶牛乳房炎（包括临床型和隐性乳腺炎）的感染情况作为判定消毒效果的指标；用于犊牛舍、犊牛奶桶、产房环境消毒时，以犊牛下痢、肺炎的发病率作为判定消毒效果的指标。

评价方法包括通过对实施消毒或改变消毒方法前后某种疾病的现况调查（描述性调查）和实验对照性调查两种常用方法。各牛场可根据本场技术力量、管理水平及各种条件选择不同的评价方法。

三、强化消毒效果的措施

（一）制定合理的消毒程序并认真实施

在消毒操作过程中，影响消毒效果的因素很多，如果没有一个详细、全面的消毒计划并严格落实，消毒的随意性大，就不可能收到良好的消毒效果。

1. 消毒计划（程序）

消毒计划（程序）的内容应该包括消毒的场所或对象，消毒的方法，消毒的时间、次数，消毒药的选择、配比稀释、交替更换，消毒对象的清洁卫生及清洁剂或消毒剂的使用等。

2. 执行控制

消毒计划落实到每一个饲养管理人员，严格按照计划执行并要监督检查，避免随意性和盲目性；要定期进行消毒效果检测，通过肉眼观察和微生物学的监测，以确保消毒的效果，有效减少或清除病原体。

（二）选择适宜的消毒剂和适当的消毒方法

详见本章第三节有关内容。

（三）职业防护与生物安全

无论采取哪种消毒方式，都要注意消毒人员的自身防护。消毒防护首先要严格遵守操作规程和注意事项，其次要注意消毒人员及消毒区域内其他人员的防护。防护措施要根据消毒方法的原理和操作规程有针对性地实施。例如，进行喷雾消毒和熏蒸消毒就要穿上防护服，戴上眼镜和口罩；进行紫外线的照射消毒，室内人员都应该离开，避免直接照射。在干热灭菌时防止燃烧；压力蒸气灭菌时防止爆炸事故及操作人员的烫伤事故；使用气体化学消毒时，防止有毒消毒气体的泄漏，经常检测消毒环境中气体的浓度，环氧乙烷气体还应防止燃烧、爆炸事故；接触化学消毒剂时，防止过敏和皮肤黏膜损伤等。对进出牛场的人员通过消毒室进行紫外线照射消毒时，眼睛不能看紫外线灯，避免眼睛被灼伤。常用的个人防护用品可以参照国家标准进行选购，防护服应配帽子、口罩、鞋套，并做到防酸碱、防水、防寒保暖、挡风、透气。

第五节 养牛场的消毒规程

一、环境消毒

（一）空气消毒

空气消毒有 3 种方法：经常通风换气；紫外线照射，一般室内消毒如消毒室、手术室、更衣室等都可用紫外光灯消毒；化学消毒，利用化学试剂进行喷雾或者熏蒸，最常用的是甲醛气体消毒。熏蒸应在密闭的条件下进行，且作用时间足够长。不得在舍内有动物的情况下采用喷雾消毒。

（二）水消毒

牛场应给牛群提供水质良好的清洁饮水。夏季炎热时为防止水中病原微生物污染，可于水中加入 0.02% 的次氯酸钠或百毒杀。冬季应提供加温清洁水，防止饮用冰冻水而发生消化道疾病。

（三）土壤消毒

土壤消毒主要采用物理和化学方法，疏松土壤可让土壤充分接受阳光照射，这样可以杀灭大量病原菌；也可用一些化学消毒剂进行喷洒消毒，如用 5%~10%漂白粉澄清液、4%甲醛溶液等。

（四）粪便及废弃物消毒

粪便及废弃物可用发酵池法和堆积法消毒。发酵池法多用于稀粪和废弃物的处理，将稀粪和废弃物倒入不渗漏的发酵池内，发酵处理 1~3 个月后取出用作肥料；堆积法用于较干的粪便和废弃物，将干粪和废弃物按要求堆积盖好，发酵 1~3 个月后取出亦可用作肥料。

（五）牛舍环境消毒

牛舍环境消毒重点是地面、墙壁、空气。牛舍应设专为奶牛休息的牛床，冬季铺设垫草或细沙。牛舍地面应每天清除粪便、污水及被污染垫草，保持通风、干燥、清洁。夏季每隔一个月对舍内地面进行一次喷雾消毒；已使用了 2 年以上的牛舍，应每年对离地面 1.5 m 的墙壁用 20%石灰乳粉刷一次。

（六）挤奶间的消毒

挤奶间是病原微生物易于滋生的场所，是奶牛场重点消毒部位。每次挤奶结束后用高压清洗机冲洗地面，必要时可在水中加入 0.2%百毒杀或次氯酸钠；每周对挤奶间进行一次空气消毒，可用 0.2%百毒杀或 0.2%次氯酸钠喷雾。消毒时避免消毒剂污染牛奶。

（七）饲料存放处

应定期对饲料存放处进行清扫、洗刷和药物消毒。

二、车辆、人员和器具的消毒

（一）车辆消毒

各种车辆进入牛场生产区时必须进行消毒。牛场门口应设专用消毒池，其大小为长 5 m×宽 3 m×深 0.3 m，内加 2%氢氧化钠或 10%石灰乳或 5%漂白粉。并定期更换消毒液。进入冬季后，可改用喷雾消毒，消毒液为 0.5%的百毒杀或次氯酸钠，重点是车轮的消毒。

（二）人员消毒

在紧急防疫期间，禁止外来人员进入生产区参观。人员必须经消毒后方可进入牛场。牛场应备有专用消毒服、帽、胶靴、紫外线消毒间、喷淋消毒及消毒走道。根据国家卫生部颁布的《消毒技术规范》，紫外线消毒间室内悬吊式紫外线消毒灯安装数量不少于 1.5 W/m³、吊装高度距离地面1.8~2.2 m，连续照射时间不少于 30 分钟（室内应无可见光进入）。紫外线消毒主要用于空气消毒，不适合人员体表消毒。进入牛场人员在紫外线消毒间更换衣服、帽及胶靴后进入专为消毒鞋底的消毒走道，走道地面铺设草垫或塑料胶垫，内加 0.5%次氯酸钠，消毒液的容积以药浴能浸满鞋底为准。有条件的牛场在人员进入生产区前最好做一次体表喷雾消毒，所用药液为 0.1%百毒杀。

（三）器具消毒

一些日常用具（饲喂用具、料槽、饲料车、配种用具、挤奶设备等）可用 0.1%苯扎溴铵或 0.2%~0.5%过氧乙酸消毒。车辆、奶桶等先用清水冲洗干净，小件工具放入 3%氢氧化钠中浸泡 1~2 天，再用清水冲洗。无法浸泡时，用 3%氢氧化钠溶液刷洗 3 次，然后在牛舍熏蒸消毒时放入舍内一起熏蒸。

挤奶设备重点是挤奶器的内鞘及挤奶杯的消毒。采用 0.2%百毒杀或 0.2%次氯酸钠溶液浸泡 30 分钟，再用 85 ℃以上热水冲洗。挤奶杯每天消毒一次，挤奶器内鞘每周清洗一次。

牛场使用的各种手术器械、注射器、针头、输精枪、开膣器等必须按常规消毒方法严格消毒；免疫注射时，应保证每头奶牛更换一个针头，防止由于针头传播奶牛无浆体病。

三、牛体消毒

（一）牛体表消毒

在我国应用于体表的消毒剂有 0.1%苯扎溴铵、0.1%过氧乙酸等。牛体的消毒效果受消毒剂、喷雾粒子的大小、喷雾距离等因素的影响。刷拭也是保持牛体清洁的较好方法，最好在挤奶前刷拭牛体，每天1~2次。

（二）奶牛乳房及乳头消毒

做好挤奶中的消毒是控制奶牛乳房炎的最主要的技术手段。挤奶员必须保持个人卫生，指甲勤修、工作服勤洗、挤奶操作时手臂用0.1%百毒杀溶液消毒。挤奶前先进行奶牛乳房及乳头的清洗与消毒。

（1）用专门的容器收集头三把牛奶。

（2）用含0.2%次氯酸钠、水温为50℃左右消毒热水浸泡的毛巾擦洗乳头及乳头括约肌，再用另一条消毒毛巾擦干乳头并进行按摩。

（3）待奶挤干后，用0.5%~1%碘附或0.3%~0.5%洗必泰对每个乳头药浴30秒，冬季应在药浴后擦干乳头，或在药浴液中加入油剂，或在药浴后涂擦少量药用凡士林，防止乳头冻伤。消毒乳房用的毛巾应每天用0.5%漂白粉溶液煮沸消毒，经高压灭菌后备用。

（三）母牛产犊期的消毒

怀孕母牛在分娩前应在其所处地面铺设干净垫草，并进行乳房及乳头的擦洗消毒；犊牛出生后，脐带断端用2%碘酊消毒；要及时给犊牛吃上初乳，为犊牛准备的专用奶桶每次使用时要用热水冲洗干净。做好上述消毒工作是减少犊牛大肠性腹泻的重要环节。

（四）蹄部消毒

蹄部可应用物理消毒法和化学消毒法进行消毒。物理消毒法是指及时将奶牛蹄上的污物清除掉，保持蹄壁及蹄叉清洁，为了防止蹄壁破裂，可涂上凡士林油润滑；定期将过长蹄尖削去，每年春、秋两季修蹄。化学消毒法是指每隔1~2个月对奶牛的蹄部进行 1 次药浴，方法是在奶牛舍的门口设消毒池，池内放入配制好的消毒液（一般为 4%硫酸铜溶液），药液的深度以淹没奶牛蹄部为宜，让奶牛在出入牛舍时自行消毒。

四、发生疫病时的紧急消毒

当牛群发生某种传染病时，应将发病牛只隔离，病牛停留的环境用 2%～4%氢氧化钠溶液喷洒消毒，粪便中加入生石灰处理后用密闭编织袋清除；死亡病牛应深埋或焚烧处理，运送病死牛的工具应用 2%氢氧化钠溶液或 5%漂白粉冲洗消毒；病牛舍用 0.5%过氧乙酸喷雾进行空气消毒。

第二章　牛场的防疫

第一节　建立科学的牛场防疫体系

随着养牛业的不断发展及养牛规模的不断扩大，养牛场与外界自然经常、广泛、多渠道的交往，为疾病的传入提供了可能，病原体一旦传入就会造成疾病的流行，给养牛生产带来巨大的损失。免疫程序、防疫消毒制度、体内外寄生虫的驱除制度的建立、疫病检疫检验、粪便处理和病死牛无害化处理等尤为重要，养牛场只有采取综合性预防措施，才能有效地降低疾病的危害。牛场应制定严格的防疫体系预防传染病的发生。

一、牛场防疫制度的建立

（一）坚持自繁自养

牛场或养牛户要有计划地实行本场繁殖本场饲养，尽量避免从外地买牛从而带进传染病。

（二）新引进牛检疫

新引进牛一定要从非疫区购买。购买前须经当地兽医部门检疫，签发检疫证明书。对购入的牛进行全身消毒和驱虫后，方可引入场内。进场后，仍应隔离于 200～300 m 以外的地方，继续观察至少 1 个月，进一步确认健康后，再并群饲养。

检疫按《中华人民共和国动物防疫法》中的有关规定执行，即引入种牛和奶牛时，必须对口蹄疫、结核病、布鲁氏菌病、蓝舌病、地方流行型牛白血病、副结核病、牛传染性胸膜肺炎、牛传染性鼻气管炎和黏膜病进行检疫；引入役用牛和育肥牛时，必须对口蹄疫、结核病、布鲁氏菌病、副结核病和牛传染性胸膜肺炎进行检疫。

（三）建立完善的防疫制度

1. 严格管理人员和物品

谢绝无关人员进入养牛场，必须进入者，须换鞋和穿戴工作服、帽。场外车辆、用具等不准进入场内。出售牛、牛奶一律在场外进行。不从疫区和自由市场上购买草料。本场工作人员进入生产区，也必须更换工作服和鞋帽。饲养人员不得串牛舍，不得借用其他牛舍的用具和设备。场内职工不得私自饲养牲畜或鸡、鸭、鹅、猫、狗等动物。患有结核病和布鲁氏菌病的人不得饲养牲畜。不允许在生产区内宰杀或解剖牛，不准把生肉带入生产区或牛舍，不得用未经煮沸的残羹剩饭喂牛。

2. 严格执行消毒制度

在传染病和寄生虫病的防疫措施中，通过消毒杀灭病原体，是预防和控制疫病的重要手段。由于各种传染病的传播途径不同，所采取的措施也不尽一致。对通过消化道传播的疫病，以对饲料、饮水及饲养管理用具进行消毒为主；对通过呼吸道传播的疫病，则以对空气消毒为主；对由节肢动物或啮齿动物传播的疫病，应以杀虫灭鼠来达到切断传播途径的目的。

平时要建立定期消毒制度，每年春、秋结合转饲、转场，对牛舍、场地和用具设备进行一次全面大清扫、大消毒；以后牛舍每周消毒1次，厩床每天用清水冲洗，土面厩床要清粪、勤垫圈。产房每次产犊都要消毒。进出车辆必须消毒（图2-1）。

图2-1　车辆消毒

图2-2　牛场门口消毒池

3. 消毒池

养牛场门口要设置消毒池（图2-2），消毒药水要定期更换，保持有效浓度。一切人员、车辆进出门口时，必须从消毒池上通过。

4. 消灭老鼠和蚊蝇等吸血昆虫

老鼠和蝇、蚊、虻、蠓、蚋、螨等吸血昆虫，可能传播牛的多种传染病和寄生虫病。所以，应结合日常卫生工作，使灭鼠、灭蝇、灭虫工作常态化，尽量减少和阻断疫病的传播。

二、牛场的防疫计划

牛病种类很多，这些疾病严重影响养牛业的发展，造成的经济损失较大。为了预防和消灭牛的疫病，促进养牛业的发展，保障人的身体健康，必须坚决贯彻国务院颁布的《家畜家禽防疫条例》，坚持预防为主的方针，使饲养管理科学化，防疫卫生制度化、经常化，以提高科学养牛水平。

有计划地对健康牛群进行预防接种，可以有效地降低相应的传染病侵害。为达到预防接种的预期效果，必须掌握本地区传染病的种类及其发生季节、流行规律，了解牛群的生产、饲养、管理和流动等情况，根据需要制订相应的免疫计划，适时地进行预防接种。此外，在引入或输出牛群、施行外科手术之前，在发生复杂创伤之后等，应进行临时性预防注射。对疫区内尚未发病的动物，必要时可做紧急预防接种，但要注意观察，及时发现被激化的病牛。

牛养殖场防疫计划应当包括常发传染病的防控计划、寄生虫病的防控计划、奶牛的乳房保健、奶牛的蹄部保健、消毒计划等。国家标准化养殖小区示范创建活动要求养殖场应将防疫计划和消毒防疫制度在规定工作岗位张贴上墙，并应有详细规范的记录，这些均有利于评价防疫计划的有效性和合理性。对于不同养殖场，防疫计划内容会有差异，但肉牛业主应了解当地主要流行的疾病，分类并按照其重要性进行排序，然后针对性地制订相应的防疫计划。

（一）传染病的防控计划

1. 日常预防控制措施

（1）牛场应建围墙和防疫沟：生产区和生活区要分开，生产区门口设置消毒室（内有紫外线等消毒设施）和消毒池，消毒池内放置 2%~3% 氢氧化钠溶液或 0.2%~0.5% 过氧乙酸等药物，药物定期更换，以保持有效浓度。

（2）严格控制非生产人员进入生产区：如有必要，经同意后，应更换工作服、鞋帽，经消毒后方可进入。不准携带动物、畜产品、自行车等入场。

（3）牛场工人应保持个人卫生：上班应穿清洁的工作服，戴工作帽，及时修剪指甲。每年至少进行一次体格健康检查，凡检出有结核、布鲁氏菌病者，应及时调离牛场。

（4）生产区管理：不准解剖尸体，不准养猫、狗及家禽等。

（5）保持牛场环境卫生：保持牛场卫生的良好状态，运动场内无污泥、砖石、积水及粪尿。保持牛舍干净整洁卫生，牛舍地面、牛槽每天清扫、冲洗，实行每周定期消毒一次。做到夏防暑、冬防寒，及时杀灭蚊蝇。每年春秋两季各进行一次全场全面大消毒。

（6）粪便无害化处理：奶牛粪便可集中发酵后作肥料或进行无害化处理，并经常检查粪便中有无寄生虫及其卵。

（7）免疫接种：每年春季对牛群注射炭疽芽孢疫苗；春、秋两季进行口蹄疫和流行热疫苗防疫注射。

采用结核菌素试验，按农业部颁发的《动物检疫操作规程》，每年春、秋两季各1次，进行结核病常规检疫。可疑牛经2个月后用同样方法在原部位进行重新试验。检验时，在颈部另一侧同时注射禽型菌素做对比试验，以区别出是否是结核病牛。两次检验都呈可疑反应者，判为结核阳性牛。凡检验出的阳性结核牛，一律淘汰。

每年春季进行布鲁氏菌病的检疫。先经虎红平板凝集初筛，试验阳性者进行试管凝集试验。试管凝集试验出现阳性凝集者判为阳性，出现可疑者，经3~4周重新采血检验，如仍为可疑反应，应判为阳性。凡阳性反应牛一律淘汰。

严格控制牛只进场，凡调入牛只，必须有兽医法定单位的检疫证书并进行结核、布鲁氏菌病的检疫；入场前还必须进行防疫隔离，经确认健康无病者，方可进场。

（8）积极采取疫病扑灭措施：牛场一旦发现传染疫情，应立即（24小时内）上报有关兽医行政部门，并对牛场采取防疫封锁措施，及时隔离病畜，并对未出现症状牛群进行紧急防疫注射，严格控制人、畜、车辆流动。病、死畜应按兽医卫生要求进行无害化处理。待疫情解除后，牛场经全面终末大消毒，并报上级有关部门，方可解除封锁。

2. 制订切实可行的传染病免疫计划

详见第三章有关内容。

3. 发现病牛时应采取的措施

发现牛发病，如流口水、发烧、几头牛先后发病等情况，疑为传染病时，应及时隔离病牛并尽快报告乡镇兽医站诊断。病因不明或自己不能确诊时应采取病料送有关部门检测。确诊为传染病后，要立即采取措施对全部奶牛进行检疫，病牛隔离治疗或者淘汰，对假定健康牛进行紧急预防接种或药物预防。对病牛污染的场地、器具及其他污染物进行彻底消毒，对病牛吃剩的草料、粪便、垫草进行焚烧处理。病牛及可疑病牛的牛奶、肉、内脏、皮张需经兽医检验，进行无害化处理或者焚烧、深埋。

（二）寄生虫病的防控计划

目前牛寄生虫病的流行在逐渐增加，特别是肝片吸虫、球虫等所引起的感染，在许多牛场都有发生。寄生虫病对牛的危害性因地区和季节不同而有所不同。因此，必须在认真调查疫情的基础上，拟定出最适合当地牛群预防和驱虫的防控规划。

1. 重视放牧和饲料卫生管理

一是严禁夏季在疫区有蜱的小丛林放牧和有钉螺的河流中下游饮水，以免感染焦虫病和血吸虫病；二是严禁收购肝片吸虫病流行疫区的水生饲料（如水花生）作为牛的粗饲料。

2. 定期检查防疫工作

一是夏、秋季各进行 1 次检查疥癣、虱子等体外寄生虫的工作；二是 6~9 月在流行焦虫病的疫区定期进行牛群体表检查，重点做好灭蜱工作；三是根据肝片吸虫的发病规律，定期进行计划性驱虫，9 月停喂青草，12 月进行药物驱虫，严重感染区可在翌年的 6 月增加一次驱虫；四是春季对犊牛群进行球虫病的普查工作，发现病牛及时驱虫。

3. 驱虫程序

（1）肝片吸虫：4~6 月龄犊牛用左旋咪唑、肝蛭净和芬苯达唑。配种前 30 天驱虫 1 次，用药同上。产后 20 天驱虫 1 次，用哈罗松或蝇毒灵。

（2）球虫：磺胺二甲嘧啶，剂量为 140 mg/kg 体重，口服，1 天 2 次，连服 3 天。氨丙啉，每天 20~50 mg/kg 体重，连服5~6 天。莫能霉素，每吨饲料加入 16~33 g。拉萨洛素用量为 112 mg/kg体重。

（三）奶牛的乳房保健

1. 挤乳卫生管理

（1）挤乳员应保持相对固定，避免频繁调动。

（2）挤乳前将牛床打扫清洁，牛体刷拭干净。

（3）挤乳前，挤乳员双手要清洗干净。有疫情时，要用 0.1%过氧乙酸溶液洗涤。

（4）清洗乳房时先用 200~300 mg/kg 有机氯溶液清洗，再用 50 ℃温水彻底洗净乳房。水要勤换，每头牛要固定一条毛巾，洗涤后用干净毛巾擦干乳房。

（5）乳房洗净后应按摩使其膨胀。手工挤乳采用拳握式，开始用力宜轻，速度稍慢，逐渐加快速度，每分钟挤压 80~100 次；机器挤乳，真空压力应控制在 0.047~0.051 MPa，搏动控制在每分钟 60~80 次，防止空挤。

（6）无论机器挤奶或手工挤奶，当挤乳完毕，用3%~4%次氯酸钠液或 0.5%~1%碘附浸泡乳头。

（7）先挤健康牛，后挤病牛；乳腺炎患牛，要用手挤，不能机挤。

（8）挤出头两把乳检查乳汁状况，乳腺炎乳应收集于专门的容器内，集中处理。

（9）洗乳房用毛巾、奶具，使用前后必须彻底清洗。洗涤时先用清水冲洗，后用温水冲洗，再用 0.5%热碱水洗，最后用清水洗。橡胶制品清洗后用消毒液浸泡。

（10）挤乳器每次用后均要清洗消毒：每周用氢氧化钠溶液

彻底消毒一次（0.25%氢氧化钠溶液煮沸15 min或用5%氢氧化钠溶液浸泡，后干燥备用）。

2. 隐性乳腺炎监测

（1）每天检查乳房，如发现损伤要及时治疗。临床型乳腺炎要在兽医的监督下及时治疗，对有可能传播的重病牛立即隔离。

（2）泌乳牛每年3、6、9、11月进行隐性乳腺炎监测，凡阳性反应在"++"以上的乳区超过15%时，应对牛群及各挤乳环节做全面检查，找出原因，制定相应解决措施。对反复发病，1年发病5次以上，长期不愈，产奶量低的慢性乳腺炎病牛，以及某些特异病菌引起的耐药性强、医治无效的病牛，要及时淘汰。

（3）干乳前10天进行隐性乳腺炎监测，对阳性反应在"++"以上牛只及时治疗，干乳前3天内再监测一次，阴性反应牛才可停乳。

（4）干奶后1周及产犊前周，每天坚持用广谱杀菌剂对乳头浸泡或喷雾乳头数秒。奶牛停奶时，每个乳区注射1次抗菌药物。

（5）每次监测应详细记录。

3. 控制乳房感染与传播的措施

（1）乳牛停乳时，每个乳区注射1次抗菌药。

（2）产前、产后乳房膨胀较大的牛只，不准强制驱赶起立或急走，蹄尖过长及时修整，防止发生乳房外伤。有吸吮癖的牛应从牛群中挑出。

（3）临床型乳腺炎病牛应隔离饲养，奶桶、毛巾专用，用后消毒。病牛的乳消毒后废弃，对病牛及时合理治疗，病牛痊愈后再回群。

（4）及时治疗胎衣不下、子宫内膜炎、产后败血症等疾病。

（5）对久治不愈、慢性顽固性乳腺炎病牛，应及时淘汰。

（6）乳房卫生保健应在兽医人员具体参与下实施。

（四）奶牛的蹄部保健

蹄病在奶牛疾病中发生率较高，据统计占牛病总发病率的9%以上，严重时可导致发病奶牛的废弃，因此，蹄部的卫生保健不应忽视。

1. 保证环境卫生

保持牛舍、运动场地面的平整、干净、干燥，及时清除粪便和污水。

2. 保持奶牛蹄部清洁

夏季可用清水每日冲洗，清洗后用4%硫酸铜溶液喷洒浴蹄，每周喷洒1~2次；冬季可改用干刷洁蹄，浴蹄次数可适当减少。浴蹄是预防蹄病的重要卫生措施。浴蹄效果较好的溶液是福尔马林液，取福尔马林3~5 L加水100 L，温度保持在15 ℃以上，此外，硫酸铜溶液也可作为浴液。装浴液的容器宽度约75 cm，长3~5 m，深约15 cm，溶液深应达到10 cm。浸浴后在干燥的地方停留0.5小时，效果更佳。

3. 定期修蹄

每年应修蹄两次。修蹄工作应由经培训的专业人员进行。

4. 及时治疗

对患有肢蹄病的奶牛应及时治疗，促使其尽快痊愈。同时，应给予平衡的全价饲料，以满足奶牛对各种营养成分的需求。禁止用患有肢蹄病的公牛配种。

第二节 完善牛场的隔离卫生设施

一、科学选择场址和规划布局

（一）牛场场址的正确选择

牛场场址的选择要按照牛的生活习性、生理特点，根据生产需要和经营规模，因地制宜，对地势、地形、土质、水源及周围环境等进行多方面选择。

1. 地势、地形

建设牛场场址要选择地势高燥、平坦、背风向阳、有适当坡度、排水良好、地下水位低的场所。在山区坡地建场，应选择在坡地平缓、向南或向东南倾斜的地方，并且要避开风口，有利于阳光照射，通风透光，四周没有大的树木或其他建筑遮挡，以保证自然通风顺畅（图2-3）。地势高燥、平坦可使牛场环境保持干燥、温暖，有利于牛体温的调节，减少疾病的发生。场地向阳可获得充足阳光来杀灭某些病原微生物，有利于维生素 D 的合成，促进钙、磷代谢，预防佝偻病和软骨病，促进生长发育。

图2-3 牛场建设示意图

2. 土质

土质对牛的健康、管理和生产性能有很大影响，牛场场地的土壤要求透水性、透气性好，吸湿、吸温、导热性小，质地均匀、抗压性强。沙壤土（图2-4、图2-5）是最理想的建场土壤，符合牛场土壤要求的一切条件，而且沙壤土热容量大，地温稳定，膨胀性小，有利于牛体健康。

图2-4　牛场沙壤场地（1）　　　　图2-5　牛场沙壤场地（2）

3. 水源

水是养牛生产必需的条件。牛场选址要考虑有充足的水源，而且水源周围环境条件好、没有污染源、水质良好、取用方便、符合畜禽饮用水标准，同时还要注意水中所含微量元素的成分与含量，特别要避免被工业、微生物、寄生虫等污染的水源，确保人畜安全与健康。

4. 周围环境

牛场场址要选择交通便利、水电供应充足可靠，噪声水平白天不超过90 db，夜间不超过50 db 的地方。同时考虑当地饲料饲草的生产供应情况，以便就近解决饲料饲草的采购问题。还要考虑环境卫生，既不造成对周围社会环境的影响，又要防止牛场受周围环境，如化工厂、屠宰场、制革厂等企业的污染。规模牛场应位于居民区的下风口，并至少距离200～300 m。

（二）牛场的规划布局

牛场的布局应根据方便生产、利于生活、便于场内交通、利于防疫卫生等原则进行整体规划和合理布局。

1. 场区的规划原则

（1）合理使用土地：在满足牛舍环境卫生及方便生产管理的前提下，尽量少占土地，尤其是耕地。

（2）科学规划排污设施：牛场规划必须考虑排污措施，即牛粪、尿的无害化处理。

（3）预留发展空间：预留一定的空间，为牛场以后发展创造条件。

2. 牛场的分区

牛场按功能一般分为四个区，即生活区、管理区、生产区、病畜及粪污处理区。分区应结合地形、地势及主风向等因素进行科学安排。

（1）生活区：包括职工宿舍、餐厅，以及技术培训、生活娱乐设施。应建设在牛场上风和地势较高的地段，这样可不受牛场粪污及噪声的影响，保证生活区良好的环境卫生。

（2）管理区：包括日常办公、业务洽谈等场所，负责全场的生产管理、生产资料的供应、产品的销售及对外的联系。外来人员只能在管理区内活动。

（3）生产区：生产区是养牛场的核心区和生产基地，包括各种牛舍、饲料仓库、饲料加工调制用房、草料堆放储藏场地等。饲料供应、储藏、加工调制及与之有关的建筑物，其位置的确定必须兼顾饲料由场外运入、再运到牛舍两个环节。牧草堆放的位置应设在生产区下风口，并与建筑物保持较远的距离，以利于安全防火。

（4）病畜及粪污处理区：粪污处理区应设在牛场最边缘的下风向，处于地势最低处，与生产区保持一定距离，既要便于粪污从牛舍运出，又要便于运到田间施用。

3. 牛场的布局

根据场区规划，搞好牛场布局（图2-6），可改善场区环境，科学组织生产，提高劳动生产率。要按照牛群组成和饲养工艺来确定各作业区的最佳生产联系，科学合理地安排各类建筑物的位置配备。根据兽医卫生防疫要求和防火安全规定，保持场区建筑物之间的距离。将有关兽医防疫和易发生火灾的建筑物安排在场区下风向，并远离职工生活区和生产区。

图2-6 牛场布局

功能相同或相近的建筑物，要尽量紧凑安排，以便流水作业。场内道路和各种运输管线要尽可能缩短，牛舍要平行整齐排列，泌乳牛舍要与挤奶间、饲料调制间保持最近距离。

场内各类建筑和作业区之间要规划好道路，饲道与运粪道不交叉。路旁和奶牛舍四周搞好绿化，种植灌木、乔木，夏季可防暑遮阴，还可调节小气候。

二、合理设计牛舍和配套隔离卫生设施

（一）牛舍的设计

根据饲养方式的不同，牛舍的建设类型也不同。牛舍是控制牛饲养环境的重要设施，设计牛舍时必须根据牛的生物学特性和饲养管理及生产上的要求，为牛创造最佳的生产环境。现代牛舍

建设设计应考虑以下几方面：牛舍方位、隔热性能、冬季保温、防潮能力及通风换气。牛舍朝向以南向为好，彩钢保温夹心板具有保温隔热、防火防水、安装拆卸方便等特点，可以作为牛舍屋顶和墙体的材料。

根据开放程度不同，牛舍可分为全开放式牛舍、半开放式牛舍和全封闭式牛舍。

全开放式牛舍（图2-7），即外围护结构全开放的牛舍，只有屋顶、四周无墙、全部敞开的牛舍，又称棚舍。这种牛舍结构简单、施工方便、造价低廉，已被广泛应用。在我国中北部气候干燥的地区应用效果较好。弊端是只能遮阳、避雨雪，不能形成稳定的牛舍小气候，人为控制性和操作性不好，不具备很好的强制吹风和喷水降温功能，蚊蝇防治效果较差。

半开放式牛舍（图2-8），即具备部分外围护的牛舍，常见的是东、西、北三面有墙，南面敞开或有半截墙，这种牛舍冬暖夏凉，经济适用。

全封闭式牛舍（图2-9、图2-10），即外围护健全的牛舍，上有顶棚，四周有墙，靠门窗的启闭和机械通风，降温和保温效果良好，应用极为广泛，缺点是建筑成本高。

图2-7 全开放式牛舍

图2-8 半开放式牛舍

图 2-9　全封闭式牛舍内部

图 2-10　全封闭式牛舍外部

（二）配套隔离卫生设施

牛舍内除主要设施牛床、牛栏、颈枷、食槽、喂料通道、清粪通道、粪尿沟及排污设施外，还必须有一套配套设施，保证牛健康、安全、高效生产。牛舍的配套设施包括防疫设施、运动场、凉棚、补饲槽、饮水槽、兽医室、人工授精室、粪尿污水池、贮粪场、青贮窖等。牛舍及其配套设施见图 2-11。

图 2-11　牛舍及其配套设施

1. 防疫设施

（1）隔离沟（墙）：在疫情严重的地区，大型育肥场周围应设隔离沟。隔离沟宽不少于 6 m，沟深不少于 3 m，水深不少于 1 m，最好为有源水，以防止病原微生物传播。育肥场周围应设隔离墙，以控制闲杂人员随意进入生产区。一般隔离墙高不少于

3 m，要把生产区、办公生活区、饲料存放加工区、粪场等场所隔离开，避免相互干扰。

（2）消毒池（室）：外来车辆进入生产区必须经过消毒池，严防把病原微生物带入场内。消毒池宽度应大于一般卡车的宽度，一般为 2.5 m 以上，长度为 4~5 m，深度为 15 cm，池沿采用 15°斜坡，并设排水口。消毒室是为外来人员进入生产区消毒用的，消毒室大小应根据可能的外来人员数量设置。一般为列车式串联两个小间，各 5~8 m²，其中一个为消毒室，内设小型消毒池和紫外线灯。紫外线灯悬高 2.5 m，悬挂 2 盏，使每立方米功率不少于 1 W，另一个为更衣室。外来人员应在更衣室换上罩衣、长筒雨鞋后方可进入生产区。

（3）隔离舍：隔离舍用于隔离外购牛或本场已发现的、可疑为患传染病的牛。以上两种牛应在隔离牛舍观测 10~15 天。隔离牛舍床位数计算方法：年均存栏数/存栏周期的 2 倍（以月计）。例如，计划肉牛 3 个月出栏，规划圈存肉牛数为 200 头，则隔离牛舍牛床位数应为 200/（3×2）≈33 个；若计划肉牛 8 个月出栏，则隔离牛舍牛床位数为 200/（8×2）=12.5≈13 个。隔离牛舍应在生产区的下风向 50 m 以外。

2. 运动场

运动场是牛自由运动和休息的地方，一般设在牛舍南面，也可设在牛舍两侧（图 2-12）。一般面积为牛舍面积的 3~4 倍，要求平坦、干燥，有一定的坡度，中间高四周低，以利于排水，周围设排水沟。运动场可采用一半水泥地面、一半泥土地面，中间设隔离栏，土质地面干燥且开放。运动场内还应建立补饲槽和饮水槽，便于补饲粗饲料和及时供应饮水。运动场中央最好建有凉棚，利于夏季防暑，高度一般为 3.5 m 或更高一点；凉棚材料以草顶遮阴效果最好，现代材料以夹带隔热材料的双层彩钢板较好。

图 2-12　运动场

3. 兽医室和人工授精室

兽医室和人工授精室应建在生产区较中心部位，便于及时了解、发现牛群发病或发情情况。精液处理间应与消毒室、药房分开，以免影响精子的活力。

4. 粪污处理设施

（1）堆肥场：堆肥场地一般应由粪便储存池、堆肥场地及成品堆肥存放场地等组成。采用间歇式堆肥处理时，粪便储存池的有效体积应按至少能容纳 6 个月粪便产生量来计算。养牛场内应建立收集堆肥渗滤液的储存池；应考虑防渗漏措施，不得对地下水造成污染；应配置防雨淋设施和雨水排水系统。

（2）储存池：储存池的总有效容积应根据储存期确定。储存期不得低于当地农作物生产用肥的最大间隔时间和冬季封冻期或雨季最长降雨期，一般不得小于 30 天的排放总量。储存池应具有防渗漏功能，不得污染地下水。容易侵蚀的部位，应采取防腐蚀措施。储存池应配备防止降雨（水）进入的措施。储存池宜配置排污泵。有条件和投资能力的牛场，可根据实际情况修建沼气池或建设沼气站。

三、加强牛舍环境控制

环境质量监控是对环境中某些有害因素进行检查和测量，是牛场环境质量管理的重要环节之一，目的是了解被监控环境受污染状况，及时发现污染问题，采取有效措施，保持牛场内良好的环境，利于牛的生长发育，充分发挥生产潜力，保证高产、稳产。环境控制包括对气温、湿度、气流、光辐射及其他环境因素等的控制。

（一）环境温度

牛是恒温动物，环境温度对牛机体影响最大，牛通过机体热调节适应环境温度的变化。奶牛生产的最适宜的环境温度为 9 ~ 16 ℃，犊牛为 13 ~ 15 ℃，环境温度高或低于牛的适宜温度都会给牛生长发育和生产力的发挥带来不良影响。奶牛是怕热不怕冷的动物，高温环境会提高牛的代谢率，促使牛大量散发体热。一般外界温度高于 20 ℃，奶牛就会有热应激反应，严重影响牛体健康；但低温环境会使牛散热过多、代谢失调，不利于牛正常生产。防暑、降温对牛生产尤为重要。

（二）空气湿度

在一般温度条件下，空气湿度对牛体热调节没有影响，但在高温和低温环境中，空气湿度对牛体热调节产生作用。一般湿度越大，体温调节范围越小。高温高湿会导致牛体热散发受阻、体温升高、机能失调、呼吸困难，形成热害、最后致死，是最不利于奶牛生产的环境。低温高湿会增加奶牛体热散发，使奶牛体温下降、生长发育受阻，导致饲料报酬降低，增加生产成本。另外，高湿环境还为各类病原微生物及各种寄生虫繁殖发育提供了良好的条件，使牛发病率上升。一般空气湿度在 55% ~ 85% 时对奶牛没有不良影响，高于 90% 则会造成危害，所以奶牛生产上要尽量避免高湿环境。

（三）气流（风）

牛体周围冷热空气不断对流，带走牛体所散发的热量，起到降温作用。炎热季节，加强通风换气，有助于防暑降温，并可排出牛舍中的有害气体，改善牛舍环境卫生状况。奶牛舍标准温度、湿度和气流可参考表2-1。

表2-1　奶牛舍标准温度、湿度和气流

舍别	温度/℃	相对湿度/%	风速/（m/s）
成年母牛舍	10	80	0.3
犊牛舍	15	70	0.2

（四）光照（日照、光辐射）

阳光中的红外线对动物有热效应，阳光中的紫外线具有强大的生物学效应，能促进牛体对钙的吸收，还具有消毒效应，有强力杀菌作用。紫外线还可促进血液中红细胞、白细胞数量增加，提高机体抗病能力。所以冬季应增加光照时间，利于牛体防寒；夏季应采取遮阴措施，加强防暑，防止热射病（中暑）的发生。

（五）其他环境因素

大气环境，尤其是牛舍内小气候环境中的有害气体、尘埃、微生物和噪声会对牛健康产生不良影响，轻者引起慢性中毒，使其生长缓慢、体质减弱、抗病力降低、生产力下降；重者会导致患病，甚至死亡。因此加强牛舍通风换气，改善舍内环境卫生非常重要。牛舍中有害气体标准含量见表2-2，牛场空气环境质量标准见表2-3。

表2-2　牛舍中有害气体标准含量

舍别	二氧化碳/%	氨/（mg/m³）	硫化氢/（mg/m³）	一氧化碳/（mg/m³）
成年母牛舍	0.25	20	10	20
犊牛舍	0.15~0.25	10~15	5~10	5~15

表 2-3　牛场空气环境质量标准

项目	场区	牛舍
氨气/（mg/m^3）	5	20
硫化氢/（mg/m^3）	2	8
二氧化碳/（mg/m^3）	750	1 500
可吸入颗粒物（标准状态）/（mg/m^3）	1	2
总悬浮颗粒物（标准状态）/（mg/m^3）	2	4
恶臭（稀释倍数）	50	70

第三节　加强牛场的卫生管理

一、牛场饮水的卫生管理

（一）保证水源安全卫生

场区内应有足够的生产用水，水压和水温均应满足生产要求，水质应符合《生活饮用水卫生标准》（GB 5749—2006）的规定。如需配备贮水设施，应有防污染措施，并定期清洗、消毒。场区内应具有能承受足够大负荷的排水系统，并不得污染供水系统。

牛场的水源应避开农药厂、化工厂、屠宰场等，以防受污染。水源最好是自来水。无自来水时，选井水、河水为水源的，须对水进行沉淀、消毒后方可饮喂。一般每立方米水加 6~10 g 漂白粉或用 0.2 g 百毒杀处理即可。选井水时，最好是深井水，水井应加盖密封，防止污物、污水进入。放牧的牛最好对水质进行监测。硬度过大的饮水一般可采取煮沸的方法降低其硬度。高氟地区饮水中氟含量过高时，可在饮水中加入硫酸铝、氧化镁降低氟含量。

（二）保证饮水器具卫生

饮水器具应保持清洁卫生，每天冲刷，定期消毒，尤其夏季更应注意保持清洁卫生，防止微生物滋生、水质变质。注意，运动场上的水槽卫生不能忽视。

（三）场内供水设备

1. 水井

养牛场内水井应选在污染最少的地方；若井水已被污染，可采取过滤法去掉悬浮物，用凝结剂去掉有机物，用紫外线净水器杀灭微生物。若用氯制剂和初生态氧杀灭微生物，则对瘤胃消化不利。如果水中矿物微量元素过量，可采用离子交换法或吸附法除去微量元素。

2. 水塔

养牛场水塔应建在牛场中心。牛场用水范围在 100 m 时，水塔高度以不低于 5 m 为宜；牛场用水范围达到 200 m 时，水塔高度应不低于 8 m。水塔的容积，应不少于全场 12 小时的用水量。高寒地区的水塔应做防冻处理。养牛场也可配备相应功率的无塔送水器。供水主管道的直径以满足全场同时用水的需要为度。

（四）饮用水消毒

饮用水的洁净程度直接影响到牛的健康，也会影响到牛肉的品质和养牛场的经济效益。养牛场要根据实际情况，制订切实可行的饮用水消毒计划并将责任落实到人，以确保牛用上洁净、符合卫生要求的饮水。饮用水的消毒非常关键，常用方法有如下几种。

1. 二氯异氰脲酸钠消毒法

用二氯异氰脲酸钠粉消毒饮用水，一般要求消毒 30 分钟后余氯不低于 0.3 mg/L，生产实际中可视水源水质不同，适当调整二氯异氰脲酸钠的用量。

以消毒威为例（含有效氯 30%）。若使用非常洁净的井水，水中几乎不含有机质和病原微生物，对有效氯的消耗较少，每吨水中添加 2～3 g 消毒威，水中有效氯浓度达到 0.6～0.9 mg/L，余氯浓度即可符合国家标准；若使用已经消毒的自来水，按国家标准在出水口余氯不得低于 0.05 mg/L，故也需要采用跟洁净井水一样的消毒处理措施；若使用池塘水、河水等含有机质等杂质较多的地表水，携带的病原微生物可能较多，必须先经过净化处理，经沉淀、除去杂质后，再在每吨水中加入 4～15 g 消毒威，使水中有效氯浓度达到 4 mg/L，即可达到良好的消毒效果，供牛饮用。

消毒威的添加量是否适宜，可采用以下简单的判断方法：加入消毒威处理饮用水 10 分钟后，以手蘸水，能闻到轻微的氯嗅味则表明添加量合适。加入消毒威的量不宜太多，太多则氯在水中残留较多，导致饮用水口感不好并有难闻的气味，影响牛饮用。

使用二氯异氰脲酸钠（消毒威）时，应先将其用适量水溶解，再倒入水中，以保证消毒剂在水中分散均匀。

2. 二氧化氯消毒法

二氧化氯是一种广谱、高效、速效、低毒的消毒剂，是目前世界卫生组织认定的唯一 A1 级安全消毒剂，是城市直饮水消毒广泛采用的消毒剂，同样也适用于养牛场的饮水消毒。

以绿力消为例（含二氧化氯 8%）。若使用井水、自来水，每吨水中可添加绿力消 3～5 g；若使用池塘水、河水等地表水，同样需先经过净化处理，沉淀、除去杂质后，再加入绿力消进行消毒，一般以每吨水加入绿力消 6～15 g 为宜。若每吨水中加入 15 g 绿力消，水中二氧化氯浓度为 1.2 mg/L，即使是中度污染的水源，也可达到良好的消毒效果。

绿力消加入稍微过量，不会产生难闻的气味，但使用时应先用适量水将其活化使之产生二氧化氯。如果不经活化直接加入大量水中，其中的亚氯酸盐不能转化为二氧化氯，将会影响绿力消的消毒效果。

3. 碘制剂消毒法

碘制剂也是常用的饮用水消毒剂。碘制剂的特点是碘酸所含的碘对病毒有良好的杀灭能力，且在水中易被消耗，不会产生三氯甲烷等副产物，且所含表面活性剂具有持久抑菌能力。

以碘酸为例（碘酸总含量 15%）。井水、自来水等洁净水源，每吨水中添加碘酸 50 g；地表水（池塘水、河水等）经净化处理后视水质状况可适当加量，以每吨水中添加 100 ~ 200 g 为宜。

二、牛场饲料的卫生管理

牛场所使用的饲料，要严格按照《饲料卫生标准》（GB 13078—2001）的要求生产和应用。各种饲草应干净、无杂质，不霉烂变质。各种饲料收购和储藏应符合《饲料卫生标准》（GB 13078—2001）的规定。

（一）饲料储藏设施

1. 草料仓库

草料仓库的大小，可根据饲养规模、粗饲料的储存方式、日粮的精粗比、容重等因素确定。一般情况下，切碎玉米秸的容重为 50 kg/m³。在已知容重情况下，结合饲养规模、采食量大小，对草库大小做出粗略估计。用于储存切碎粗饲料的草库应建得高一些，一般要求 5 ~ 6 m 高；草库的窗户离地面也应高一些，至少应在 4 m 以上。用切草机切碎后的草料，可直接喷入草库内。新鲜草要经过晾晒后再切碎，不然会发霉。草库应设防火门，外墙上设有消防用具。草料仓库距下风向建筑物应大于 50 m。

2. 饲料加工间

养牛场的饲料加工车间应包括原料库、成品库、饲料加工间等。原料库的大小应能储存牛场 10～30 天所需的各种原料，成品库可略小于原料库。库房内应宽敞、干燥、通风良好。室内地面应高出室外 30～50 cm，库内以水泥地面为宜。房顶要具有良好的隔热、防水性能；窗户要高，门、窗合适，不但能采光通风，还能防鼠。整体建筑要注意防火。

3. 青贮窖（池）

青贮窖（池）的容积，可以根据饲养规模和采食总量而定。青贮饲料的贮备量，可按每头牛每天 20 kg 计算，以满足 10～12 个月的需要为度。青贮窖（池）应按 500～600 kg/m³ 的容量进行设计。

（二）饲料卫生管理

饲料在保存期间一定要做好防淋、防潮、防霉、防虫、防鼠、防鸟等工作。饲料要分类保存，饲料原料一定要控制好保存条件，潮湿多雨季节，尤其要注意饲料成品的保存，晴天要经常翻晒。无论何时，成品饲料以及饲料原料都应远离鼠药、农药、化肥等各种有毒有害物质。不同用途的饲料要分类保存，不能混淆、掺杂。

饲料发霉大多是由于空气中过高的湿度引起的，因此，原料防霉首先要控制好库房空气湿度。一般情况下，霉菌的生长需要大约 75% 左右的相对湿度，在 80%～100% 的相对湿度条件下，霉菌生长尤其迅速。储存精饲料，要求仓库内的相对湿度必须低于 70%。大型仓储基地除使用干燥防霉外，还可以使用低温防霉、气调防霉、射线防霉、防霉剂防霉等先进防霉技术。但如果将仓库内氧气浓度控制在 2% 以下，或者将二氧化碳浓度增高到 40% 以上，或者仓库温度可以进行人工控制或自动控制，在这样的条件之下，霉菌都不容易繁殖，就可以不使用防霉剂。一般情况下，气温越高，湿度越大，储存时间越长，就越需要使用防霉剂。

牧草保存不善，也会发霉变质，尤其是夏秋季堆垛时遭遇连阴雨天气，草垛的中心和底部常生长大量真菌，春季养牛饲喂这部分草料，就会出现中毒症状。引起牛中毒的真菌主要是镰刀菌毒素。镰刀菌可以寄生在稻草、麦秸、甘薯秧、花生秧、多种牧草等草料上。因此，草垛要及时翻晒，保持干燥。取用草垛底部的牧草时，要注意检查，尤其是春雨绵绵时节，更需细心，发现结块霉烂的草料，应及早抛弃。

三、牛场空气的卫生管理

（一）牛场空气质量差的后果

牛舍内空气质量好时，牛就会安静地卧下，通畅的呼吸促进牛的安静反刍和安静休息；如果牛舍里空气污浊，能闻到有浓重的氨气的味道，说明舍内空气质量出现问题。冬季从屋顶上往下滴水，墙上或玻璃上有结雾，北方沿海地区发现屋顶上会结冰，严寒地区发现地面上结冰，这些都是因为室内湿度太高，没有进行良好的通风。解决方法是采用风机进行强制通风，每头牛每分钟的通风面积是 4.85 m^2；还可进行自然通风，就是传统的方式。夏天可以安装风机、喷淋、喷雾系统，根据室内的温度调整，这是不可缺少的管理。牧场的管理人员应该经常到牛舍里面看通风情况，是否有结冰、结雾。夏季牛舍通风不良时，牛舍内则会闷热潮湿。一旦牛舍通风不良，牛舍内的有害气体特别是氨气大量蓄积，牛舍内气味增大，严重时人进去会咳嗽流泪。长此以往，会减缓肉牛的生产速度，降低奶牛的奶产量，缩短奶牛的寿命，对牛体质及饲养员的健康产生影响。

（二）牛场空气质量差的根本原因是通风差

造成牛舍通风不良的原因很多，但总体上可以分为牛场选址和规划设计管理不合理两个方面。

在牛场选址时，若选择地势较低且周围有其他建筑遮挡的地区，不能保障气流畅通，则会出现通风不良现象。除此以外，牛场的规划设计若没有做到结合牛场所在地的气候特征，没有做到选择合适的牛舍样式，在自然通风不能满足要求时没有配备相应的机械通风设备，牛舍的通风口大小计算不精确，牛舍间隔距离不合适等因素，都会使牛舍通风效果大打折扣。

牛舍设计和管理除要考虑防止牛冻问题，还要考虑牛粪结冰的问题。现在的牛舍是有卷帘的，大家有一个误区就是冬天把卷帘放下来，正确的做法应是暴风雪来临的时候把卷帘放下来，暴风雪过后再把卷帘升起来。每年牛因为热气而死亡的有成百上千，但是由于冷空气、冷应激影响到牛健康的很少。在北方也是同样的道理，冬天应该更考虑通风，然后防止地面结冰。现在很多牧场都给犊牛舍加设保温措施，但是同时影响了通风。如果牧场设置了沼气装置，可以用它产生的热量给地面加地暖，防止地面结冰。很少见一头牛由于冷应激而死亡，但有很多牛因为热应激而死亡。

有研究表明，与寒冷相比，热应激使奶牛血清中的孕酮水平明显上升，乳腺炎与胎衣不下的发病率会分别提高 9.42% 和 23.33%。此外，热应激易导致奶牛体内的维生素 C、维生素 E 和维生素 A 不足，同时还会增加奶牛对维生素的需求量，故容易导致奶牛患上维生素缺乏症，导致奶牛所产的原奶品质降低。

（三）保证牛场空气质量，做好保温的同时适度通风

牛粪是产生氨气的主要来源，一头 500 kg 重的奶牛每天呼出的水汽高达 9 kg，水汽量非常大。把牛养在一个大箱子里，不通风，就像把人装在车里面，湿气会很大。到了冬天这些湿气就会在牛舍的墙上、玻璃上、地面上结雾、结冰。因此，要保持舍内空气新鲜，在做好保温的同时，适度通风。

牛舍的选址是保证自然通风发挥作用的关键。牛舍应该建在四周没有树木或其他建筑遮挡，并且地势较高的地方，以保证气

流通畅。树木、塔、高大作物或其他建筑物在顺风方向对气流的阻断距离是它们本身高度的5～10倍。如果要在有这类障碍物的地方建造使用自然通风系统牛舍的话，则从各个方向都至少要与这些障碍物相距23 m。

牛场规划及牛舍设计要合理。为缓解风向变化对牛舍通风的影响，还必须确定牛舍间最小间隔距离。上风向牛舍长度超过24 m时，保持较大的牛舍间距是必要的。出于防火考虑，通常牛舍的建筑间隔应该为23 m，特别是主建筑物和综合建筑物。

当环境温度高于牛体温时，不可通过单纯地加大通风量或喷雾方式来进行降温，而是应该将通风和喷淋两者结合起来进行。

对机械通风设备要定期进行维护，提高机械通风设备的使用率。很多牛场在实际运行中，不按照当初设计者的设计方案进行，夏季该开风机时不开，有的甚至将机械通风设备废弃，冬季敞开的通风面积不够等，都导致牛舍的通风不畅，这样不规范的现象应该避免。除此之外，对已损坏设备应做到及时更换，以保障牛舍内所有设备都会达到良好运行的效果。最后，牧场管理人员应根据外界气候环境状况和特殊情况，及时调整牛舍通风降温的方案。

四、牛场的杀虫和灭鼠

（一）杀虫

很多节肢动物如蚊、蝇、虻、蜱等，都是畜禽疫病和某些人畜共患病的重要传播媒介，因此杀虫在预防和扑灭畜禽疫病、人畜共患病方面具有重要意义。牛场必须重视杀虫和灭鼠，及时消灭疫病传播媒介。

1. 杀虫的种类

牛场的杀虫可分为预防性杀虫和疫源地杀虫，其操作要求都是一样的，只是时间上有所区别。

（1）预防性杀虫：预防性杀虫是指在平时为了预防疫病的发生，而采取的经常性的杀虫措施。按照媒介昆虫的生物学和生态学特点，以消灭滋生地为重点。搞好畜舍内卫生和环境卫生，填平废弃沟塘，排除积水，堵塞树洞，改修或修建符合卫生要求的畜舍、畜圈和厕所，发动群众开展经常性的扑灭，有计划地使用药物杀虫等，以控制和消灭媒介昆虫。

（2）疫源地杀虫：疫源地杀虫是指在发生虫媒疫病时，在疫源地对有关媒介昆虫所采取的较严格彻底的杀虫措施，以达到控制疫病传播的目的。

2. 杀虫的方法

在杀虫方法上，牛场的杀虫分为物理杀虫法、化学杀虫法和生物杀虫法。生产实际上，为达到最好的效果，往往各种方法综合使用。

（1）物理杀虫法：常见的有捕捉法（人工手工捕捉并杀死）、沸水法（用沸水或蒸汽浇烫车船、畜舍、用具、衣物上的昆虫，或煮沸衣物杀死昆虫）、火烧法（用火烧昆虫聚居的废物，以及墙壁、用具等的缝隙）、干热法（用100~160 ℃的干热空气杀灭用具和其他物品上的昆虫及虫卵）、紫外线法（用紫外线灭蚊灯在夜间诱杀成蚊）。

（2）化学杀虫法：化学杀虫需要使用杀虫剂。杀虫剂的作用方式有胃毒作用、触杀作用、熏杀作用、内吸作用。胃毒作用是让节肢动物摄入混有胃毒剂（如敌百虫）食物，药物在其肠道内分解而产生毒性使之中毒死亡。触杀作用是通过直接接触虫体，经其体表穿透到体内而使之中毒死亡，或将其气门闭塞使之窒息而死。熏杀作用是使昆虫吸入药物而死亡，但对发育阶段无呼吸系统的节肢动物不起作用。内吸作用是将药物喷于土壤或植物上，药物被植物根、茎、叶表面吸收，并分布于整个植物体，昆虫在吸食含药物的植物组织或汁液后，中毒死亡。常用杀虫剂使用方法见表 2-4。

表 2-4　常用杀虫剂一览表

类别	化学名	商品名	使用浓度	使用方法
拟除虫菊酯类	溴氰菊酯	兽用倍特	25 mg/L	残留喷洒
	氯氰菊酸	灭百可	2.5%	残留喷洒
	氰戊菊醋	速灭杀丁	10~40 mg/L	残留喷洒
有机磷类	敌百虫		1%~3%	喷洒
	敌敌畏		0.1 mL/m^2	喷洒
	二嗪农	新农、螨净	1∶1 000	喷洒
	倍硫磷	百治屠	0.25%	喷洒
脒类和氨甲基酸酯类	双甲脒	特敌克	0.05%	喷洒
	甲萘威	西维因	2 g/m^2	残留喷洒
	残杀威		2 g/m^2	残留喷洒
新型杀虫剂		加强蝇必净	100 g/40 m^2	涂抹在 13 cm×10 cm 大小的 10~30 个部位上，溶解后浇灌于粪便表层
		蝇蛆净	20 g/20 m^2	

（3）生物杀虫法：利用昆虫的病原体、雄虫绝育技术及昆虫的天敌等方法来杀灭昆虫。生物杀虫既能有效杀灭昆虫，又不会对环境造成危害，是今后重点发展的方向。生物杀虫的途径很多，可利用某种病原体感染昆虫，使其降低寿命或死亡；也可应用辐射使雄性昆虫绝育，然后释放，以减少该种昆虫的繁殖数量；或者使用大量激素，抑制昆虫的变态或脱皮，造成昆虫死亡等。

（二）灭鼠

鼠类不但偷吃粮食、糟蹋饲料，还传播多种疫病，是重要的传播媒介和传染源，对养殖业危害很大。灭鼠对减少饲料浪费和防止疫病的传播具有重要意义。灭鼠的方法主要有以下几种。

1. 生态灭鼠（防鼠）法

生态的方法就是以破坏老鼠的生活环境从而降低鼠类数量为主要途径的灭鼠防鼠措施，是最常用的积极而重要的防鼠灭鼠方法。包括：捣毁隐蔽场所和安装防鼠设备；经常检查养牛场环境，发现鼠洞及时堵塞；保持牛舍及周围环境的整洁，及时清除环境垃圾和牛舍内的饲料残渣。将饲料保存在鼠类不能进入的仓库内，这样使鼠类既无藏身之处，又难以得到食物，其繁殖和活动就会受到一定的限制，数量可能降低到最低水平。建筑牛舍、仓库、房舍时，在墙壁、地面、门窗等设施构造上，均应考虑防鼠问题。在发生某些以鼠类为储存宿主的疫病地区，为防止鼠类窜入，必要时可在房舍周围挖防鼠沟或筑防鼠墙。

2. 器械灭鼠法（物理灭鼠法）

器械灭鼠是指利用捕鼠器械，以食物作诱饵诱捕（杀）鼠类，或用堵洞、灌洞、挖洞等措施捕杀鼠类的方法。

3. 药物灭鼠法（化学灭鼠法）

药物灭鼠效果最好，各地广泛采用。常用的方法有毒饵法、熏蒸法。毒饵法是当前应用较广泛的一种灭鼠方法。常用的经口毒饵药物有磷化锌、毒鼠磷、安妥、灭鼠安、杀鼠灵、敌鼠钠盐等。各种灭鼠药的配制及使用方法见表2-5。

熏蒸灭鼠法是利用经呼吸道吸入毒气而消灭鼠类的方法，养殖场采用相对较少。常用化学熏蒸剂和各种烟剂，用以消灭船舱、火车厢、仓库、冷库、货栈、下水道及鼠洞内等的鼠类。常用的药物有二氧化硫和烟剂。

二氧化硫一般通过燃烧硫黄得到。二氧化硫在常温下为无色气体，其毒力不强，但渗透力颇强，刺激性很大。按每 100 m^3 空间用硫黄 100 g 燃烧灭鼠。通常只用于消灭仓库、船舱或下水道中的鼠类。

灭鼠烟剂由灭鼠药、助燃剂和燃料等配制而成。目前灭鼠烟剂的配方很多，可就地取材，因地制宜，选择配方自制。烟剂对人畜无害。常用的有闹羊花烟剂、羊粪末烟剂等。闹羊花烟剂配方：闹羊花（全草）粉末 60 g，硝酸钠或硝酸钾 40 g，混匀即成。羊粪末烟剂配方：羊粪末 60 g，硝酸钠 40 g，混匀即成。制成的烟剂可根据需要量装入纸筒内，用时将其点燃后放入鼠洞，再用土堵塞洞口。烟剂的用量：黑线姬鼠等小型鼠类每洞用 10～20 g，沙鼠每洞 30～40 g，黄鼠及兔鼠每洞 40～60 g，旱獭每洞 300～500 g。

表2-5　常用灭鼠毒饵的配制和使用方法

药剂名称	毒饵浓度/%	毒饵配制方法	用法	注意事项
磷化锌	家鼠2～3，野鼠3～10	通常配制成黏附毒饵。以配制 10 kg 2%毒饵为例：取米饭 9.8 kg，加磷化锌 0.2 kg，搅拌均匀即成，谷粒毒饵的配制参见"毒鼠磷"	室内：每 15 m² 投放毒饵 1～2 堆 野外：在道路、田埂两侧等距（5～10 m）和洞旁放谷粒毒饵，每堆 1～2 g	1. 本药毒力强，应注意人畜安全 2. 长期使用时，出现鼠拒食，应与其他药物交替使用
毒鼠磷	0.5～1	以配制 10 kg 0.5%毒饵为例：取毒鼠磷 50 g，加 25 g 淀粉或滑石粉稀释；再取大米 9.7 kg，加植物油 250 g 拌匀；然后将稀释的药粉分批加到油拌大米中拌匀即成	适用于室内及野外。用法参见"磷化锌"，每堆投放谷粒毒饵 0.5～1.0 g	本药毒力强，尚无解毒方法，使用时应特别注意

药剂名称	毒饵浓度/%	毒饵配制方法	用法	注意事项
安妥	1~3	以配制 10 kg 1%谷粒毒饵为例：取安妥 100 g，加 200 g 淀粉或滑石粉稀释；再取 9.7 kg 大米，加植物油 250 g 拌匀；然后把稀释的药粉分次加入油拌大米中，搅拌均匀即成	适用于室内及野外。参见"磷化锌"	对小家鼠毒力较弱；易产生拒食和耐药性，应与其他化学药剂交替使用
杀鼠灵	0.025~0.05	以配制 10 kg 0.05%谷粒毒饵为例：取杀鼠灵 5 g，加 295 g 淀粉或滑石粉稀释；再取 9.7 kg 大米，加植物油拌匀；然后把稀释的药粉分次加入油拌大米中，搅拌均匀即成	适用于室内。用法参见"磷化锌"。室内用谷粒毒饵连投 3 天，每堆 3 g。第1、2 天被吃去的毒饵，在第 2、3 天予以补充	
敌鼠钠盐	家鼠 0.025~0.05，野鼠 0.2~0.3	以配制 10 kg 0.05%谷粒毒饵为例：取敌鼠钠盐 5 g，加到 2 kg 开水中使之完全溶解，搅匀后再加入大米浸毒饵泡，反复搅拌，待将水吸干后取出晾干即成	适用于室内及野外。用法参见"磷化锌"。室内用 0.025%~0.05%连投 3 天，每堆 3 g，第1、2 天被吃去的毒饵，第2、3 天应予以补充；野外用 0.2%~0.3%毒饵，一次投放，每堆 1 g 以上	1. 本药作用慢，不适用于处理疫区 2. 一般须多次投毒饵，投毒饵数量也较多

五、牛场废弃物的处理

(一)固体粪便处理

1. 自然腐熟堆肥

该方法是指采用传统的手工操作和自然堆积方式,在好氧条件下,微生物利用粪便中的营养物质在适宜的碳氮比、温度、通气量和 pH 值等条件下大量生长繁殖,通过微生物的发酵作用,高温杀死粪尿中的疫源微生物、寄生虫及虫卵,把对环境有潜在危害的有机质转变为无害的有机肥料的过程,同时达到脱水、灭菌的目的。在这种自然腐熟堆肥的过程中,有机物可由不稳定状态,转化为稳定的富含氮、磷、钾及其他微量元素腐殖质物质,肥效得到提升。自然腐熟堆肥的方法,是将粪便经过简单处理,堆成长 10~18 m、宽 2~5 m、高 1.5~2 m 的长方形粪垛,在 20 ℃、15~20 天的腐熟期内,将垛堆翻倒 1~2 次,静置堆放 3~5 个月,即可完全腐熟。这是处理牛粪的传统方法,其成本低廉,处理方式简单,但是时间长,占地面积大,如果控制不好,容易污染水体。

2. 人工生物发酵

在粪便中加入微生物复合活菌和辅料,搅拌均匀,控制水分含量在 55%~65% 的范围内,然后将湿粪迅速装入池中踏实,用塑料膜封严,在厌氧条件下发酵。一般气温在 5~10 ℃需要 10~15 天,气温在 10~20 ℃需要 6~10 天,超过 20 ℃需要 3~5 天。

3. 利用昆虫分解

先将粪便与秸秆残渣混合后堆沤腐熟,再将其按一定厚度铺平,然后放入蚯蚓、蝇、蜗牛或蛆等昆虫,让其在粪堆中生长繁殖,最终达到既能处理粪便又能生产动物蛋白质的目的。经过处理后的粪便残渣富含无机养分,是种植业的好肥料;同时,还可产生大量动物蛋白,效益显著。试验证明,每平方米培养基的粪便可收获鲜蚯蚓 1.5 万~2 万条，重量 30~40 kg。

4. 自然干燥

在晴天，将鲜粪摊在塑料布上或直接摊在水泥地上，经常翻动，利用太阳光对粪便进行干燥杀菌，需 30~40 天完成干燥过程。此法投资小、易操作、成本低，是肉牛养殖场最常用的粪便处理方法。但自然干燥法也有不少缺点，那就是受天气及季节影响大，对环境污染大，占地面积大，处理规模小，生产效率低，不能彻底灭菌等。

5. 机械干燥

机械干燥法需要借助相应的机械设备，以加快粪便的干燥过程。目前使用的机械设备有干燥机和微波设备。

干燥机多为回转式滚筒，可将高达 70%~80% 含水量的粪便直接烘干至 13% 的安全储藏水分。一般将粪便加入干燥机后，在滚筒内抄板器翻动下，粪便均匀分散并与热空气充分接触。这种方法干燥速度明显加快，且不受季节、时间影响，能连续、大批量生产，干燥效率高，灭菌除臭效果好，能保留牛粪中的养分，同时达到除去杂草种子、减少环境污染等效果。干燥机干燥法占地面积小、操作简单、便于保养，缺点是一次性投入大、能耗大、处理粪便时易产生恶臭。

微波干燥是将牛粪倒入大型微波设备，在微波产生的热效应作用下，牛粪中的水分蒸发，达到干燥、灭菌的效果。微波干燥的缺点是对原料含水量要求高、能耗大，投资、处理成本高。

（二）污水处理

养殖场污水处理的方法，一般是先固液分离，然后再进行厌氧处理或好氧处理。

1. 固液分离

养牛场排放出来的废水中固体悬浮物含量高，相应的有机物含量也比较高。固液分离，可使液体部分的污染物负荷量大大降低。固液分离还可防止较大的固体物进入后续处理环节，防止设备的堵塞损坏等。此外，在厌氧消化处理前进行固液分离，也能增加厌氧消化运转的可靠性，减小厌氧反应器的尺寸及所需的停留时间。

固液分离技术一般包括筛滤、离心、过滤、浮除、沉降、沉淀、絮凝等工序。目前，我国已有成熟的固液分离技术和相应的设备，其设备类型主要有筛网式、卧式离心机、压滤机、水力旋流器、旋转锥形筛和离心盘式分离机等。

2. 厌氧处理

厌氧处理技术成为养殖场粪污处理中不可缺少的关键技术。对于养殖场的高浓度的有机废水，采用厌氧消化工艺，可在较低的运行成本下，有效地去除大量的可溶性有机物，而且能杀死传染病菌，有利于养殖场的防疫。

厌氧消化即沼气发酵技术，已被广泛地应用于养殖场废物处理中。我国已成为世界上拥有沼气装置数量最多的国家之一。在过程建设上虽然也有失败的例子，但这一技术不失为解决畜禽粪便污水无害化和资源化问题最有效的技术方案。畜禽粪便和养殖场产生的废水是有价值的资源，经过厌氧消化处理，既可以实现无害化，同时还可以回收沼气和有机肥料。因此，建设沼气工程将是中小型养殖场污水治理的最佳选择，肉牛养殖场更是如此。

3. 好氧处理

好氧处理是指利用好氧微生物处理养牛场废水，可分为天然好氧处理和人工好氧处理两大类。

天然好氧生物处理是利用天然的水体和土壤中的微生物来净化废水，主要有水体净化和土壤净化两种。水体净化主要有氧化塘（好氧塘、兼性塘、厌氧塘）和养殖塘等；土壤净化主要有土地处理（慢速渗滤、快速渗滤、地面漫流）和人工湿地等。这种方法不仅基建费用低，动力消耗少，而且对难以生化降解的有机物、氮、磷等营养物和细菌的去除率往往高于常规处理。天然好氧生物处理的主要缺点是占地面积大和处理效果易受季节影响。

人工好氧生物处理是采取人工强化供氧以提高好氧微生物活力的废水处理方法。该方法主要有活性污泥法、生物滤池法、生物转盘法、生物接触氧化法、序批式活性污泥法（SBR）、厌氧/好氧法（A/O）及氧化沟法等。一般接触氧化法和生物转盘处理效果优于活性污泥法，中等规模的养牛场可选择这种方法。

（三）病死牛无害化处理

牛场的病死畜无害化处理主要是指对病牛尸体、其组织脏器、污染物和排泄物等消毒后用深埋或焚烧等方法进行无害化处理的方式，目的是防制病原体传播。

1. 深埋

（1）选择地点：选择地点应地势高燥，远离牛场（100 m以上）、居民区（1 000 m以上）、水源、泄洪区、草原及交通要道，避开岩石地区，位于主导风向的下方，不影响农业生产，避开公共视野。

（2）挖坑：使用挖掘机、装卸机、推土机、平路机和反铲挖土机等，修建掩埋坑，掩埋坑的大小取决于机械、场地和所需掩埋物品的多少。深度2~7 m，应保证被掩埋物的上层距离地表1.5 m以上。宽度应能让机械平稳地水平填埋处理，长度则应由填埋尸体的多少来定。坑的容积大小一般不小于动物总体积的2倍。

（3）掩埋：在坑底撒漂白粉或生石灰，用量可根据掩埋尸体的量确定（$0.5~2 \text{ kg/m}^2$）。掩埋尸体量大的应多加，反之可少加或不加。动物尸体先用10%漂白粉上清液喷雾（200 mL/m^2），作用2小时。将处理过的动物尸体投入坑内，使之侧卧，并将污染的土层和运尸体时的有关污染物如垫草、绳索、饲料和其他物品等一起入坑。先用 40 cm 厚的土层覆盖尸体，然后再放入未分层的熟石灰或干漂白粉 20~40 g/m² （2~5 cm 厚），然后覆土掩埋，平整地面，覆盖土层厚度不应少于 1.5 m。

掩埋场应标志清楚，并得到合理保护。应对掩埋场地进行必要的检查，以便在发现渗漏或其他问题时及时采取相应措施，在场地可被重新开放载畜之前，应对无害化处理场地再次复查，以确保对牲畜安全。复查应在掩埋坑封闭后 3 个月进行。

（4）注意事项：石灰或干漂白粉切忌直接覆盖在尸体上，因为在潮湿的条件下熟石灰会减缓作用；任何情况下都不允许人到坑内去处理动物尸体。掩埋工作应在现场督察人员的指挥、控制下，严格按程序进行，所有工作人员在工作开始前必须接受培训。

2. 焚烧

该方法费钱费力，只有在不适合用掩埋法处理尸体时采用。焚化可采用的方法有柴堆火化、焚化炉和焚烧窑等，这里主要介绍常用的柴堆火化法。

（1）选择地点：应远离居民区、建筑物、易燃物品，上面不能有电线、电话线，地下不能有自来水、燃气管道，周围有足够的防火带，位于主导风向的下方，避开公共视野。

（2）准备火床：

1）"十"字坑法：按"十"字形挖两条坑，其长、宽、深分别为 2.6 m、0.6 m、0.5 m，在两坑交叉处的坑底堆放干草或木柴，坑沿横放数条粗湿木棍，将尸体放在架上，在尸体的周围及上面再放些木柴，然后在木柴上倒些柴油，并压以砖瓦或铁皮。

2）单坑法：挖一条长、宽、深分别为 2.5 m、1.5 m、0.7 m 的坑，将取出的土堆堵在坑沿的两侧。坑内用木柴架满，坑沿横架数条粗湿木棍，将尸体放在架上，以后处理同上。

3）双层坑法：先挖一条长、宽各 2 m、深 0.75 m 的大沟，在沟的底部再挖一长 2 m、宽 1 m、深 0.75 m 的小沟，在小沟沟底铺以干草和木柴，两端各留出 18~20 cm 的空隙，以便吸入空气，在小沟沟沿横架数条粗湿木棍，将尸体放在架上，以后处理同上。

（3）焚烧：把尸体横放在火床上，尸体背部向下、头尾交叉，尸体放置在火床上后，可切断四肢的伸肌腱，以防止在燃烧过程中，肢体伸展。当尸体堆放完毕且气候条件适宜时，用柴油浇透木柴和尸体。用煤油浸泡的破布引火，保持火焰的持续燃烧，在必要时要及时添加燃料。焚烧结束后，掩埋燃烧后的灰烬，表面撒布消毒剂。填土高于地面，场地及周围消毒，设立警示牌，查看。

（4）注意事项：点火前所有车辆、人员和其他设备都必须远离火床，点火时应顺风向点火。进行自然焚烧时应注意安全，须远离易燃易爆物品，以免引起火灾造成人员伤亡。运输器具应当消毒。焚烧人员应做好个人防护。焚烧工作应在现场督察人员的指挥、控制下，严格按程序进行，所有工作人员在工作开始前必须接受培训。

3. 发酵

此法是将尸体抛入专门的尸体发酵池内，利用生物方法将尸体发酵分解，以达到无害化处理的目的。

（1）选择地点：选择远离住宅、动物饲养场、草原、水源及交通要道的地方。

（2）建发酵池：池深 9~10 m，直径 3 m，池壁及池底用不透水材料制作。池口高出地面约 30 cm；池口做一个盖，盖平时落锁；池内有通气管。尸体堆积于池内，当堆至距池口 1.5 m 处时，再用另一个池。此池封闭发酵，夏季不少于 2 个月，冬季不少于 3 个月，待尸体完全腐败分解后，可以挖出用作肥料，两池轮换使用。

第四节　牛场的驱虫

由于肉牛采食粗饲料、牧草等而经常接触地面，因此，消化道内易感染各种线虫，体外也易感染虱、螨、蜱、蝇蛆等寄生虫。牛的机体轻度到中度感染寄生虫后，食欲降低，吸收的蛋白质及能量利用率降低，饲料的转化率受到影响，胴体的质量和增重效果也有下降，进而影响牛养殖的经济效益。

一、驱虫药的选择

目前，驱虫药种类繁多，常用的有阿维菌素、丙硫苯咪唑、敌百虫、左旋咪唑等。牛感染寄生虫病的种类很多，有的还发生合并感染。在用药之前，应通过检查其粪便和各种症状进行确诊后，根据感染寄生虫的种类选择驱虫药，切不可盲目用药；否则，不但驱虫的效果不好，反而对牛的身体不利。阿维菌素（虫克星）为驱虫首选药物，此药物对畜禽体内的几十种线虫及体外虱、螨、蜱、蝇蛆等体内外寄生虫均有效。根据不同剂型可口服、灌服和皮下注射。

很多养牛户反映，常用阿维菌素、伊维菌素等药物对肉牛进行驱虫，由于所买驱虫药物含量达不到规定标准，驱虫效果不理想。如果是这样，牛体内的驱虫可用阿苯达唑，一次口服剂量为 10 mg/kg 或盐酸左旋咪唑 7.5~10 mg/kg，空腹服下。在有肝片吸虫的地方，可用硝氯酚等药物进行驱虫。此外，可以在每吨饲料中添加 0.5 kg 芬苯达唑，按正常饲喂方法饲喂，对牛体内、体外的寄生虫均有良好的驱除效果。注意，在饲料中添加驱虫药物一定拌匀，免得个别牛吃不到，影响效果。

去除牛体表的外寄生虫，常采用浓度为 2%~5% 的敌百虫水溶液涂擦牛体（牛要戴嘴笼子）；或者用浓度为 0.3% 的过氧乙酸逐头对牛体喷洒后，再用浓度为 0.25% 的螨净乳剂进行 1 次普遍擦拭；两种方法均可于首次用药 1 周后再重复给 1 次药。在具体应用中要注意：不可随意加大用药量，发现不良反应立即停药，对症状严重的牛只请兽医对症治疗。

二、驱虫药物使用方法

（一）群体给药法

1. 混饲法

混饲法是把药物按一定浓度均匀地拌入饲料中，让牛自由食入。如牛群数量大，驱除牛体内寄生虫可采用混饲给药。

2. 混饮法

混饮法是把驱虫药均匀地混入饮水中让牛自由饮入。常用的有驱线虫的左旋咪唑等。

3. 喷洒法

由于牛的外寄生虫如虱、蠕形螨、疥螨等，除寄生于牛体表或皮内外，在圈舍及活动场内，还有各发育阶段的虫体或虫卵。因此，在生产实践中，常将杀虫药物配成一定浓度的溶液，均匀地喷洒于牛的圈舍、体表及其活动场所，以达到同步彻底杀灭体表及外界环境中各发育阶段虫体的目的。

4. 撒粉法

在寒冷季节，无法使用液体剂型喷洒法时，常用撒粉法。将杀虫粉剂均匀地撒布于牛体及其活动场所即可。

（二）个体给药法

1. 药浴法或洗浴法

该法主要在温暖季节及饲养量小的情况下使用。将杀虫药物配成所需浓度的溶液置于药浴池内，把患外寄生虫病的牛除头部以外的各部位浸于药液中 30~60 秒，以达到杀灭牛体外寄生虫的目的。应用该法，牛体表各部位与药液可充分接触，杀虫效果可靠。

2. 涂擦法

对于牛的某些外寄生虫病如疥螨、痒螨病等可用涂擦法，将药液直接涂布于牛患处，以便药物更好地与虫体接触而发挥杀虫效果。

3. 内服法

对于个体饲养量小或不能自食自饮的个别危重病牛，可将片剂、胶囊剂或液体剂型的驱虫药物经口投服，或用细胶管插入牛食道灌服，以达到驱除牛体寄生虫的目的。

4. 注射法

生产中可根据不同药物的性质、制剂，牛对药物的反应情况及不同驱虫目的选用不同注射法。有些驱虫药如左旋咪唑等，可通过皮下或肌内注射给药；有些药物如伊维菌素，对牛的各种蠕虫及体外寄生虫均有良好的驱杀效果，但只能通过皮下注射给药。

三、驱虫时注意事项

（一）驱虫最好安排在下午或晚上进行

驱虫后，牛在第 2 天白天排出虫体，便于收集处理。驱虫应选在牛空腹时进行，投药前最好停食数小时，只给饮水，以利于药物吸收，提高药效。驱虫后，牛应隔离饲养两周，对其粪便消毒并进行无害化处理。

（二）刚入舍的牛不宜驱虫

刚入舍的牛由于环境变化、运输、惊吓等原因，易产生应激反应，可在饮水中加入少量食盐和红糖，连饮 1 个星期，并多投喂青草或青干草，2 天后添加少量麸皮，逐步过渡，要注意观察牛群的采食、排泄及精神状况，待整体的牛只稳定后再进行驱虫。

（三）要定期进行驱虫

一般每季度进行 1 次，最好是阿苯达唑和伊维菌素同时使用。具体用法：内服阿苯达唑 15 mg/kg，同时用 0.1%伊维菌素皮下注射 0.2 mg/kg，这样联合用药对上述寄生虫有较好的作用。

（四）大群驱虫时先进行小群试验

给大群牛驱虫时，先选用几头进行药效试验，一是看所用的药物是否对症，二是可防止大批牛中毒。驱虫药物一般毒性较大，经试验证实是安全有效的药物，再给大群牛使用。

（五）驱虫后要健胃

驱虫 3 日后，为增加食欲，改善消化机能，应进行 1 次健胃。

健胃的方法有多种，可口服人工盐 60~100 g/头，或灌服健胃散 350~450 g/头，日服 1 次，连服 2 日。对个别瘦弱牛，灌服健胃散后再灌服酵母粉，日服 1 次，每次服 250 g，也可投喂酵母片 50~100 片。也可内服敌百虫，剂量为 0.05 g/kg，每日 1 次，连用 2 日。另外，可用香附 75 g、陈皮 50 g、莱菔子 75 g、枳壳 75 g、茯苓 5 g、山楂 100 g、神曲 100 g、麦芽 100 g、槟榔 50 g、青皮 50 g、乌药 50 g、甘草 50 g，水煎 1 次服用，每头牛每日 1 剂，连用 2 日，可增强牛的食欲。

健胃后的牛精神好，食欲旺盛。如果还有牛食欲不旺盛，可以每头牛喂干酵母 50 片。如果牛粪便干燥，每头牛可喂复合维生素制剂 20~30 g 和少量植物油。

第五节　牛病的药物预防

一、规范使用各种兽药

（一）建立药物管理制度

1. 建立完整的药品购进记录

不向无药品经营许可证的销售单位购药物，用药标签和说明书符合农业部规定的要求，不购禁用药、无批准文号、无成分的药品，购进药物时，必须做好产品质量验收和购药记录。

药品质量验收，包括药品外观性质检查、药品内外包装及标识的检查，主要内容有品名、规格、主要成分、批准文号、生产日期、有效期等。购药记录内容包括药品的品名、剂量、规格、有效期、生产厂商、供货单位、购进数量、购货日期等。

2. 建立严格的仓库保管制度

搬运、装卸药品时应轻拿轻放，严格按照药品外包装标志要求堆放和采取措施。

药品仓库专仓专用、专人专管。在仓库内不得堆放其他杂物，特别是易燃易爆物品。药品按剂量或用途及储存要求分类存放，陈列药品的货柜应保持清洁和干燥。地面必须保持整洁，非相关人员不得进入。

药品出库应开《药品领用记录》，详细填写品种、剂型、规格、数量、使用日期、使用人员、何处使用，需在技术员指导下使用药品，并做好记录，严格遵守停药期。

3. 建立规范的处方用药制度

用药必须施行处方管理制度，处方内容包括用药名称、剂量、使用方法、使用频率、用药目的，处方需经过监督员签字审核，确保不使用禁用药和不明成分的药物，领药者凭用药处方领药使用。

（二）按照规定要求用药

用于预防、治疗和诊断疾病的兽药，应符合《中华人民共和国兽药典》（2015 年版）《中华人民共和国兽药规范》《中华人民共和国兽用生物制品质量标准》（2001 年版）《兽药质量标准》《进口兽药质量标准》《饲料药物添加剂使用规范》的相关规定。所用兽药必须来自具有兽药生产许可证和产品批准文号的生产企业或者具有进口兽药许可证的供应商。所用兽药的标签应符合《兽药管理条例》的规定。

（1）优先使用疫苗预防肉牛疫病，应结合当地实际情况进行疫病的预防接种。

（2）允许使用符合《中华人民共和国兽药典》（2015 年版）《中华人民共和国兽药规范》《兽药质量标准》和《进口兽药质量标准》规定的消毒防腐剂对饲养环境、厩舍和器具进行消毒，同时应符合《无公害食品　肉牛饲养管理准则》（NY/T 5128—2002）的规定。

（3）允许使用符合《中华人民共和国兽药典》和《中华人民共和国兽药规范》规定的用于肉牛疾病预防和治疗的中药材和中药成方制剂。

（4）允许使用符合《中华人民共和国兽药典》《中华人民共和国兽药规定》《兽药质量标准》和《进口兽药质量标准》规定的钙、鳞、硒、钾等补充药，酸碱平衡药，体液补充药，电解质补充药，营养药，血容量补充药，抗贫血药，维生素类药，吸附药，泻药，润滑剂，酸化剂，局部止血药，收敛药和助消化药。

（5）允许使用国家畜牧兽医行政管理部门批准的微生态制剂。

（6）允许使用《中华人民共和国农业行业标准无公害食品》（第二批）养殖业部分中的抗寄生虫药、抗菌药和饲料药物添加剂，使用中应注意以下两点。

1）严格遵守规定的用法与用量。

2）休药期应严格遵守规定的时间。

（7）建好各种档案：建立并保存肉牛的免疫程序记录；建立并保存患病与用药记录，治疗用药记录包括患病肉牛的畜号或其他标志、发病时间及症状、治疗用药物名称（商品及有效成分）、给药途径及剂量、治疗时间和疗程等；预防或促生长混饲给药记录包括所用药物名称（商品名称及有效成分）、剂量和疗程等。

（三）不用禁用药物

为保证牛肉品质和食物安全，维护居民身体健康，肉牛场应严格执行农业部颁布的《食品动物禁用的兽药及其他化合物清单》（农业部公告第 193 号）（表 2-6）。

表 2-6　食品动物禁用的兽药及其他化合物清单

序号	兽药及其他化合物名称	禁止用途	禁用动物
1	β-兴奋剂类：克仑特罗，沙丁胺醇，西马特罗及其盐、酯及制剂	所有用途	所有食品动物
2	性激素类：己烯雌酚及其盐、酯及制剂	所有用途	所有食品动物
3	具有雌激素样作用的物质：玉米赤霉醇、去甲雄三烯醇酮、醋酸甲羟孕酮及制剂	所有用途	所有食品动物
4	氯霉素及其盐、酯（包括琥珀氯霉素）及制剂	所有用途	所有食品动物
5	氨苯砜及制剂	所有用途	所有食品动物
6	硝基呋喃类：呋喃唑酮、呋喃它酮、呋喃苯烯酸钠及制剂	所有用途	所有食品动物
7	硝基化合物：硝基酚钠、硝呋烯腙及制剂	所有用途	所有食品动物
8	催眠、镇静类：甲喹酮及制剂	所有用途	所有食品动物

续表

序号	兽药及其他化合物名称	禁止用途	禁用动物
9	林丹（丙体六六六）	杀虫剂	所有食品动物
10	毒杀芬（氯化烯）	杀虫剂、清塘剂	所有食品动物
11	呋喃丹（克百威）	杀虫剂	所有食品动物
12	杀虫脒（克死螨）	杀虫剂	所有食品动物
13	双甲脒	杀虫剂	水生食品动物
14	酒石酸锑钾	杀虫剂	所有食品动物
15	锥虫胂胺	杀虫剂	所有食品动物
16	孔雀石绿	抗菌、杀虫剂	所有食品动物
17	五氯酚酸钠	杀螺剂	所有食品动物
18	各种汞制剂：氯化亚汞（甘汞）、硝酸亚汞、醋酸汞、吡啶基醋酸汞	杀虫剂	所有食品动物
19	性激素类：甲睾酮、丙酸睾酮、苯丙酸诺龙、苯甲酸雌二醇及其盐、酯及制剂	促生长	所有食品动物
20	催眠、镇静类：氯丙嗪、地西泮（安定）及其盐、酯及制剂	促生长	所有食品动物
21	硝基咪唑类：甲硝唑、地美硝唑及其盐、酯及制剂	促生长	所有食品动物

此外，农业部于 2015 年 9 月 1 日发布了第 2292 号公告，决定在食品动物中停止使用洛美沙星、培氟沙星、氧氟沙星、诺氟沙星 4 种兽药。

（四）严格执行休药期

休药期是指从停止用药到许可屠宰的间隔时间。由于药物在体内的降解速度不一样，每种药物都有相应的休药期。肉牛场必须严格执行休药期，在肉牛上市前必须按规定时间停药。临床常用药物的休药期及用药限制见表2-7。

表2-7　临床常用药物的停药期规定

兽药名称	执行标准	肉牛停药期/天
乙酰甲喹片	《中国兽药规范》（92版）	35
二氢吡啶	部颁标准	7
土霉素片	《中国兽药典》（2000版）	7
土霉素注射液	部颁标准	28
双甲脒溶液	《中国兽药典》（2000版）	21
水杨酸钠注射液	《中国兽药规范》（65版）	0
四环素片	《中国兽药典》（90版）	12
甲砜霉素片	部颁标准	28
甲砜霉素散	部颁标准	28
甲基前列腺素$F_{2\alpha}$注射液	部颁标准	1
亚硒酸钠维生素E注射液	《中国兽药典》（2000版）	28
亚硒酸钠维生素E预混剂	《中国兽药典》（2000版）	28
亚硫酸氢钠甲萘醌注射液	《中国兽药典》（2000版）	0
伊维菌素注射液	《中国兽药典》（2000版）	35
地西泮注射液	《中国兽药典》（2000版）	28
地塞米松磷酸钠注射液	《中国兽药典》（2000版）	21
安乃近片	《中国兽药典》（2000版）	28
安乃近注射液	《中国兽药典》（2000版）	28
安钠咖注射液	《中国兽药典》（2000版）	28
吡喹酮片	《中国兽药典》（2000版）	28
芬苯哒唑片	《中国兽药典》（2000版）	21
芬苯哒唑粉（苯硫苯咪唑粉剂）	《中国兽药典》（2000版）	14

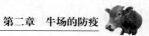

兽药名称	执行标准	肉牛停药期/天
苄星氯唑西林注射液	部颁标准	28 天，产犊后 4 天禁用
阿司匹林片	《中国兽药典》（2000 版）	0
阿苯达唑片	《中国兽药典》（2000 版）	14
阿维菌素透皮溶液	部颁标准	42
乳酸环丙沙星注射液	部颁标准	14
注射用三氮脒	《中国兽药典》（2000 版）	28
注射用苄星青霉素（注射用苄星青霉素 G）	《中国兽药规范》（78 版）	4
注射用乳糖酸红霉素	《中国兽药典》（2000 版）	14
注射用苯巴比妥钠	《中国兽药典》（2000 版）	28
注射用苯唑西林钠	《中国兽药典》（2000 版）	14
注射用青霉素钠	《中国兽药典》（2000 版）	0
注射用青霉素钾	《中国兽药典》（2000 版）	0
注射用氨苄西林	《中国兽药典》（2000 版）	6
注射用盐酸土霉素	《中国兽药典》（2000 版）	8
注射用盐酸四环素	《中国兽药典》（2000 版）	8
注射用酒石酸泰乐菌素	部颁标准	28
注射用喹嘧胺	《中国兽药典》（2000 版）	28
注射用氯唑西林钠	《中国兽药典》（2000 版）	10
注射用硫酸双氢链霉素	《中国兽药典》（90 版）	18
注射用硫酸卡那霉素	《中国兽药典》（2000 版）	28
注射用硫酸链霉素	《中国兽药典》（2000 版）	18
苯丙酸诺龙注射液	《中国兽药典》（2000 版）	28
苯甲酸雌二醇注射液	《中国兽药典》（2000 版）	28

续表

兽药名称	执行标准	肉牛停药期/天
复方水杨酸钠注射液	《中国兽药规范》（78 版）	28
复方氨基比林注射液	《中国兽药典》（2000 版）	28
复方磺胺对甲氧嘧啶片	《中国兽药典》（2000 版）	28
复方磺胺对甲氧嘧啶钠注射液	《中国兽药典》（2000 版）	28
复方磺胺甲噁唑片	《中国兽药典》（2000 版）	28
复方磺胺嘧啶钠注射液	《中国兽药典》（2000 版）	12
枸橼酸乙胺嗪片	《中国兽药典》（2000 版）	28
枸橼酸哌嗪片	《中国兽药典》（2000 版）	28
氢化可的松注射液	《中国兽药典》（2000 版）	0
氢溴酸东莨菪碱注射液	《中国兽药典》（2000 版）	28
洛克沙胂预混剂	部颁标准	5
蒽诺沙星注射液	《中国兽药典》（2000 版）	14
氨苯胂酸预混剂	部颁标准	5
氨茶碱注射液	《中国兽药典》（2000 版）	28
盐酸左旋咪唑	《中国兽药典》（2000 版）	2
盐酸左旋咪唑注射液	《中国兽药典》（2000 版）	14
盐酸多西环素片	《中国兽药典》（2000 版）	28
盐酸异丙嗪片	《中国兽药典》（2000 版）	28
盐酸异丙嗪注射液	《中国兽药典》（2000 版）	28
盐酸环丙沙星可溶性粉	部颁标准	28
盐酸环丙沙星注射液	部颁标准	28
盐酸苯海拉明注射液	《中国兽药典》（2000 版）	28
盐酸赛拉唑注射液	《中国兽药典》（2000 版）	28
盐酸赛拉嗪注射液	《中国兽药典》（2000 版）	14
维生素 B_{12} 注射液	《中国兽药典》（2000 版）	0

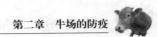

续表

兽药名称	执行标准	肉牛停药期/天
维生素 B_1 片	《中国兽药典》（2000 版）	0
维生素 B_1 注射液	《中国兽药典》（2000 版）	0
维生素 B_2 片	《中国兽药典》（2000 版）	0
维生素 B_2 注射液	《中国兽药典》（2000 版）	0
维生素 B_6 片	《中国兽药典》（2000 版）	0
维生素 B_6 注射液	《中国兽药典》（2000 版）	0
维生素 C 片	《中国兽药典》（2000 版）	0
维生素 C 注射液	《中国兽药典》（2000 版）	0
维生素 D_3 注射液	《中国兽药典》（2000 版）	28
维生素 E 注射液	《中国兽药典》（2000 版）	28
维生素 K_1 注射液	《中国兽药典》（2000 版）	0
奥芬达唑片（苯亚砜哒唑）	《中国兽药典》（2000 版）	7
普鲁卡因青霉素注射液	《中国兽药典》（2000 版）	10
氯氰碘柳胺钠注射液	部颁标准	28
氯硝柳胺片	《中国兽药典》（2000 版）	28
氰戊菊酯溶液	部颁标准	28
硝氯酚片	《中国兽药典》（2000 版）	28
硫酸卡那霉素注射液（单硫酸盐）	《中国兽药典》（2000 版）	28
硫酸黏菌素可溶性粉	部颁标准	7
硫酸黏菌素预混剂	部颁标准	7
碘醚柳胺混悬液	《中国兽药典》（2000 版）	60
精制马拉硫磷溶液	部颁标准	28
精制敌百虫片	《中国兽药规范》（92 版）	28
蝇毒磷溶液	部颁标准	28
醋酸地塞米松片	《中国兽药典》（2000 版）	0

续表

兽药名称	执行标准	肉牛停药期/天
醋酸泼尼松片	《中国兽药典》（2000 版）	0
醋酸氢化可的松注射液	《中国兽药典》（2000 版）	0
磺胺二甲嘧啶片	《中国兽药典》（2000 版）	10
磺胺二甲嘧啶钠注射液	《中国兽药典》（2000 版）	28
磺胺对甲氧嘧啶、二甲氧苄啶片	《中国兽药规范》（92 版）	28
磺胺对甲氧嘧啶、二甲氧苄啶预混剂	《中国兽药典》（90 版）	28
磺胺对甲氧嘧啶片	《中国兽药典》（2000 版）	28
磺胺甲噁唑片	《中国兽药典》（2000 版）	28
磺胺间甲氧嘧啶片	《中国兽药典》（2000 版）	28
磺胺间甲氧嘧啶钠注射液	《中国兽药典》（2000 版）	28
磺胺脒片	《中国兽药典》（2000 版）	28
磺胺嘧啶片	《中国兽药典》（2000 版）	28
磺胺嘧啶钠注射液	《中国兽药典》（2000 版）	10
磺胺噻唑片	《中国兽药典》（2000 版）	28
磺胺噻唑钠注射液	《中国兽药典》（2000 版）	28
磷酸左旋咪唑片	《中国兽药典》（90 版）	2
磷酸左旋咪唑注射液	《中国兽药典》（90 版）	14
磷酸哌嗪片	《中国兽药典》（2000 版）	28

注：《中国兽药典》为《中华人民共和国兽药典》简称，《中国兽药规范》为《中华人民共和国兽药规范》简称。

（五）注意配伍禁忌

配伍禁忌，是指两种或两种以上药物混合使用时，发生中和、水解、破坏失效等理化反应，外观上出现浑浊、沉淀、产生气体及变色等异常现象，使药物的治疗作用减弱，导致治疗失败，或者毒副作用增强，引起严重不良反应，甚至导致畜禽死亡。因此，兽医临床上应注意药物合理配伍，严禁发生配伍禁忌。兽用常用药物的配伍禁忌见表2-8。

表2-8 兽用常用药物配伍禁忌表

分类	药物	配伍药物	配伍使用结果
青霉素类	青霉素钠、钾盐，氨苄西林类，阿莫西林类	喹诺酮类、氨基糖苷类（庆大霉素除外）、多黏菌类	效果增强
		四环素类、头孢菌素类、大环内酯类、庆大霉素	相互拮抗或疗效相抵或产生副作用，应分别使用、间隔给药
		维生素C、维生素B、罗红霉素、维生素C多聚磷酸酯、磺胺类、氨茶碱、高锰酸钾、B族维生素、过氧化氢	沉淀、分解、失效
头孢菌素类	"头孢"系列	氨基糖苷类、喹诺酮类	疗效降低，毒性增强
		青霉素类、林可霉素类、四环素类、磺胺类	相互拮抗或疗效相抵或产生副作用，应分别使用、间隔给药
		维生素C、维生素B、磺胺类、罗红霉素、氨茶碱、氟苯尼考、甲砜霉素、盐酸多西环素	沉淀、分解、失败
		强利尿药、含钙制剂	与头孢噻吩、头孢噻呋等头孢类药物配伍会增加毒副作用

续表

分类	药物	配伍药物	配伍使用结果
氨基糖苷类	卡那霉素、阿米卡星、核糖霉素、妥布霉素、庆大霉素、大观霉素、新霉素、巴龙霉素、链霉素等	抗生素类	应尽量避免与抗生素类药物联合应用，大多数本类药物与大多数抗生素联用会增加毒性或降低疗效
		青霉素类、头孢菌素类、林可霉素类、甲氧苄啶	疗效增强
		碱性药物（如碳酸氢钠、氨茶碱等）、硼砂	疗效增强，但毒性也同时增强
		维生素C、B族维生素	疗效减弱
		氨基糖苷同类药物、头孢菌素类、万古霉素	毒性增强
	大观霉素	四环素	拮抗作用，疗效抵消
	卡那霉素、庆大霉素	其他抗菌药物	不可同时使用
大环内酯类	红霉素、罗红霉素、硫氰酸红霉素、替米考星、吉他霉素（北里霉素）、泰乐菌素、替米考星、乙酰螺旋霉素	林可霉素类、麦迪素霉、螺旋霉素、阿司匹林	降低疗效
		青霉素类、无机盐类、四环素类	沉淀，降低疗效
		碱性物质	增强稳定性，增强疗效
		酸性物质	不稳定、易分解失效

分类	药物	配伍药物	配伍使用结果
四环素类	土霉素、四环素（盐酸四环素）、金霉素（盐酸金霉素）、多西环素、米诺环素（二甲胺四环素）	甲氧苄啶、三黄粉	稳效
		含钙、镁、铝、铁的中药，如石类、壳贝类、骨类、矾类、脂类等；含碱类，含鞣质的中成药；含消化酶的中药，如神曲、麦芽、豆豉等，含碱性成分较多的中药，如硼砂等	不宜同用，如确需联用应至少间隔2小时
		其他药物	四环素类药物不宜与绝大多数其他药物混合使用
氯霉素类	甲砜霉素、氟苯尼考	喹诺酮类、磺胺类、呋喃类	毒性增强
		青霉素类、大环内酯类、四环素类、多黏菌素类、氨基糖苷类、林可霉素类、头孢菌素类、维生素B类、铁类制剂、免疫制剂、环磷酰胺、利福平	拮抗作用，疗效抵消
		碱性药物（如碳酸氢钠、氨茶碱等）	分解、失效
喹诺酮类	吡哌酸、"沙星"系列	青霉素类、链霉素、新霉素、庆大霉素	疗效增强
		林可霉素类、氨茶碱、金属离子（钙、镁、铝、铁等）	沉淀、失效
		四环素类、呋喃类、罗红霉素	疗效降低
		头孢菌素类	毒性增强

分类	药物	配伍药物	配伍使用结果
磺胺类	磺胺嘧啶、磺胺二甲嘧啶、磺胺甲噁唑、磺胺对甲氧嘧啶、磺胺间甲氧嘧啶、磺胺噻唑	青霉素类	沉淀、分解、失效
		头孢菌素类	疗效降低
		罗红霉素	毒性增强
		甲氧苄啶、新霉素、庆大霉素、卡那霉素	疗效增强
	磺胺嘧啶	阿米卡星、头孢菌素类、氨基糖苷类、利多卡因、林可霉素、普鲁卡因、四环素类、青霉素类、红霉素	配伍后疗效降低或抵消或产生沉淀
抗菌增效剂	二甲氧苄啶、甲氧苄啶（三甲氧苄啶、甲氧苄啶）	参照磺胺药物的配伍说明	参照磺胺药物的配伍说明
		磺胺类、四环素类、红霉素、庆大霉素、黏菌素	疗效增强
		青霉素类	沉淀、分解、失效
		其他抗菌药物	与许多抗菌药物用可起增效或协同作用，其作用明显程度不一，使用时可摸索规律，但并不是与任何药物合用都有增效、协同作用，不可盲目合用
林可霉素类	盐酸林可霉素、盐酸克林霉素	氨基糖苷类	协同作用
		大环内酯类	疗效降低
		喹诺酮类	沉淀、失效

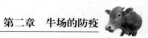

续表

分类	药物	配伍药物	配伍使用结果
多黏菌素类	多黏菌素	磺胺类、甲氧苄啶	疗效增强
	杆菌肽	青霉素类、链霉素、新霉素、金霉素、多黏菌素	协同作用，疗效增强
		吉他霉素、恩拉霉素	拮抗作用，疗效抵消，禁止并用
	恩拉霉素	四环素、吉他霉素、杆菌肽	
抗寄生虫药	苯并咪唑类（达唑类）	长期使用	易产生耐药性
		联合使用	易产生交叉耐药性并可能增加毒性，一般情况下应避免同时使用
	其他抗寄生虫药	长期使用	此类药物一般毒性较强，应避免长期使用
		同类药物	毒性增强，应间隔用药，确需同用应减少用量
		其他药物	容易增加毒性或产生拮抗，应尽量避免合用
助消化与健胃药	乳酶生	酊剂、抗菌剂、鞣酸蛋白、铋制剂	疗效减弱
	胃蛋白酶	中药	许多中药能降低胃蛋白酶的疗效，应避免合用，确需与中药合用时应注意观察效果
		强酸、碱性、重金属盐、鞣酸溶液及高温	沉淀或灭活、失效
	干酵母	磺胺类	拮抗，降低疗效

分类	药物	配伍药物	配伍使用结果
助消化与健胃药	稀盐酸、稀醋酸	碱类、盐类、有机酸及洋地黄	沉淀、失效
	人工盐	酸类	中和，疗效减弱
	胰酶	强酸、碱性、重金属盐溶液及高温	沉淀或灭活、失效
	碳酸氢钠（小苏打）	镁盐、钙盐、鞣酸类、生物碱类等	疗效降低或分解或沉淀或失效
		酸性溶液	中和失效
平喘药	茶碱类（氨茶碱）	其他茶碱类、林可霉素类、四环素类、喹诺酮类、大环内酯类	毒副作用增强或失效
		药物酸碱度	酸性药物可增加氨茶碱排泄、碱性药物可减少氨茶碱排泄
维生素类	所有维生素	长期使用、大剂量使用	易中毒甚至致死
	B族维生素	碱性溶液	沉淀、破坏、失效
		氧化剂、还原剂、高温	分解、失效
		青霉素类、头孢菌素类、四环素类、多黏菌素、氨基糖苷类、林可霉素类	灭活、失效
	C族维生素	碱性溶液、氧化剂	氧化、破坏、失效
		青霉素类、头孢菌素类、四环素类、多黏菌素、氨基糖苷类、林可霉素类	灭活、失效

续表

分类	药物	配伍药物	配伍使用结果
消毒防腐类	漂白粉	酸类	分解、失效
	酒精（乙醇）	氯化剂、无机盐等	氧化、失效
	硼酸	碱性物质、鞣酸	疗效降低
	碘类制剂	氨水、铵盐类	生成爆炸性的碘化氮
		重金属盐	沉淀、失效
		生物碱类	析出生物碱沉淀
		淀粉类	溶液变蓝
		甲紫	疗效减弱
		挥发油	分解、失效
	高锰酸钾	氨及其制剂	沉淀
		甘油、酒精（乙醇）	失效
	过氧化氢（双氧水）	碘类制剂、高锰酸钾、碱类、药用炭	分解、失效
	过氧乙酸	碱类如氢氧化钠、氨溶液等	中和失效
	碱类（生石灰、氢氧化钠等）	酸性溶液	中和失效
	氨溶液	酸性溶液	中和失效
		碘类溶液	生成爆炸性的碘化氮

备注：

1. 本配伍疗效表为各药品的主要配伍情况，每类产品均侧重该类药品的配伍影响，恐有疏漏，在配伍用药时，应详查所涉及的每一个药品项下的配伍说明。

2. 药品配伍时，有的反映比较明确，因为记录在案；有的不太明确，要看配伍条件，因配伍剂量和条件不同可能产生不同结果。因此，任何药物相互配伍均有可能因条件不同而产生不同结果，甚至发生与"书本知识"截然不同的结果，使用者在配伍用药时应自行摸索规律，切不可盲目相信。

二、牛的常用药物及用法

(一) 常用抗生素

1. 青霉素 G

青霉素 G 对链球菌、肺炎球菌、脑膜炎球菌、钩端螺旋体、白喉杆菌、破伤风梭菌、炭疽杆菌和放线菌高度敏感，对结核杆菌、立克次体无效，对繁殖期结核杆菌作用强。用量：0.5 万～1 万 U/kg、2～3 次/天。牛乳房灌注，挤奶后每个乳室 10 万 U，1～2 次。不宜口服，适宜肌内注射，若静脉注射时，只用钠盐。

2. 氨苄西林

氨苄西林用于牛严重感染肺炎、肠炎、败血症、泌尿道感染、犊牛白痢。片剂 0.25 mg/片，每次内服量：12 mg/天，2～3 次/天；肌内注射或静脉注射量：4～15 mg/kg 体重，2～4 次/天。

3. 土霉素

土霉素对多种病原微生物和原虫都有效，用于治疗牛副伤寒、牛出血性败血症、牛布鲁氏菌病、牛炭疽、牛子宫内膜炎等，对放线菌病、钩端螺旋体病、气肿疽病有一定疗效。内服用量：10～20 mg/kg，2～3 次/天；肌内注射或静脉注射量：2.5～5 mg/kg。

4. 头孢菌素类

头孢菌素除用于青霉素的适应证外，也适用于耐药金色葡萄球菌、革兰阴性菌所致的严重呼吸道、泌尿道和乳腺的炎症。有时还用于绿脓杆菌的感染及敏感菌所致的中枢神经系统感染如脑炎等。肌内注射用量：25 mg/kg，3 次/天。

5. 红霉素

红霉素用于治疗耐青霉素的葡萄球菌感染、溶血性链球菌引起的肺炎、子宫内膜炎、败血症。内服用量：2.2 mg/kg，3～4 次/天；深层肌内注射或静脉注射，2～4 mg/kg。

6. 两性霉素 B

两性霉素 B 用于治疗胃肠道细菌感染，内服不易吸收；静脉注射治疗全身性真菌感染。本品不宜肌内注射，配合阿司匹林、抗组胺药可减少不良反应。静注每次用量：0.125~0.5 mg/kg，隔日 1 次，或每周 2 次，总量不能超过 8 mg/kg。

7. 卡那霉素

卡那霉素主要应用于革兰阴性菌如大肠杆菌、沙门菌、布鲁氏菌引起的败血症、呼吸道、泌尿系统及乳腺炎。内服用量：3~6 mg/kg，3 次/天；肌内注射，10~15 mg/kg，2 次/天。

8. 泰乐菌素

泰乐菌素主要应用于胸膜肺炎、肠炎、子宫炎等。肌内注射，1.5~2 mg/kg，2 次/天。

（二）化学合成抗菌药

1. 磺胺间甲氧嘧啶

磺胺间甲氧嘧啶对各种全身或局部感染疗效良好，对弓形体病效果更好。内服首次量：0.2 g/kg；维持量每次用量：0.1 g/kg。

2. 磺胺二甲氧嘧啶

磺胺二甲氧嘧啶主要用于呼吸道、泌尿道、消化道及局部感染，对球虫病、弓形体病疗效较高。内服用量：0.1 g/kg，1 次/天。

3. 磺胺对甲氧嘧啶

磺胺对甲氧嘧啶主要用于泌尿道、皮肤及软组织感染。内服首次量：0.2 g/kg，维持量减半；肌内注射用量：每次 0.1~0.2 mg/kg，2 次/天。

4. 磺胺嘧啶

磺胺嘧啶是治疗脑部细菌感染的首选药物。常用于霍乱、伤寒、出血性败血症、弓形体病的治疗。内服首次量：0.14~

0.2 g/kg，维持量：0.07~0.1 g/kg，每天2次。

5. 磺胺脒

磺胺脒适用于肺炎、腹泻等肠道细菌感染疾病，内服用量：0.1~0.3 g/kg，分2~3次服用。

6. 磺胺醋酰

磺胺醋酰主要用于眼部感染如结膜炎、角膜化脓性溃疡，常用10%溶液或30%软膏。

7. 环丙沙星

环丙沙星对革兰阳性菌和阴性菌都有较强的作用，对绿脓杆菌、厌氧菌有较强的抗菌活性，用于敏感菌引起的全身感染及霉形体感染。内服用量：2.5~5 mg/kg，2次/天；肌内注射用量：2.5~5 mg/kg；静脉注射每次用量2.5 mg/kg，2次/天。

8. 蒽诺沙星

蒽诺沙星主要用于犊牛大肠杆菌、沙门菌、霉形体病感染。内服一次量，2.5 mg/kg，2次/天，连用3~5天。

（三）驱虫药

1. 敌百虫

敌百虫临床用于治疗各种线虫病，外用治疗牛皮蝇蛆和体虱等外寄生虫病，内服用量：10~50 mg/kg；配成2%溶液外用杀螨、蚊、蝇及虱等吸血昆虫。本品安全范围小，易引起中毒，可用阿托品解救。

2. 左旋咪唑

左旋咪唑主要用于驱除蛔虫、线虫，还可用于治疗奶牛乳腺炎。无蓄积作用，超量会中毒，可用阿托品解救。内服用量：7.5 mg/kg；肌内注射或皮下注射：7.5 mg/kg。

3. 阿维菌素

阿维菌素对多种线虫如血茅线虫、毛圆属线虫、哥伦比亚结节虫、4期幼虫、副丝虫等都有良好的驱除作用，对螨、虱、蝇等也有较好效果，对吸虫和绦虫无效。内服用量：0.2 mg/kg；皮下注射用量：每次 0.2 mg/kg。

4. 硝氯酚

硝氯酚对肝片吸虫成虫有良效，对童虫仅部分有效。内服用量：3～7 mg/kg。

5. 吡喹酮

吡喹酮抗血吸虫用药，对日本血吸虫的成虫和童虫均有较好的杀灭作用。内服用量：25～30 mg/kg。

6. 氯硝柳胺

氯硝柳胺主要驱除肠内绦虫，如莫尼茨绦虫。临床上给药前空腹一夜。对前后盘吸虫、双门吸虫及其幼虫也有驱杀作用，也可用于灭钉螺。内服用量：60～70 mg/kg。

7. 氯胍

氯胍对多种球虫及弓形体有效，内服用量：40 mg/kg，1 次/4 天，4 天为 1 个疗程，隔 5～6 天，再用 1 个疗程。

8. 盐酸氨丙啉

盐酸氨丙啉主要对柔嫩和毒害艾美尔球虫有高效抗杀作用；内服或混饲给药 25～66 mg/kg，1～2 次/天。

9. 盐霉素

盐霉素抗革兰阳性菌和梭菌，对厌氧菌高效。用于球虫病防制，盐霉素饲料拌药用量，犊牛 20～50 mg/kg。

10. 贝尼尔

贝尼尔治疗焦虫、锥虫都有作用，特别适合对其他药物耐药的虫株。肌内注射用量：3.5 mg/kg。

（四）作用于消化系统的药物

1. 龙胆及制剂

龙胆及制剂用于食欲减退、消化不良等症状。龙胆末，口服用量：20～50 g；龙胆酊，内服用量：5～10 mL。

2. 大黄及制剂

大黄小剂量时健胃，中剂量时收敛止泻，大剂量时泻下。大黄及制剂主要用于健胃；大黄末，内服健胃用量：20~40 g；复方大黄酊，内服用量：30~100 mL。

3. 陈皮酊

陈皮酊用于食欲减退、消化不良、积食胀气、咳嗽多痰等症。内服用量：30~100 mL。

4. 人工盐

人工盐小剂量可健胃、中和胃酸，用于消化不良，胃肠弛缓；大剂量缓泻，用于便秘。健胃内服用量：50~150 g；缓泻用量：200~400 g。

5. 鱼石脂

鱼石脂用于瘤胃膨胀、急性胃扩张、前胃弛缓、胃肠臌气、消化不良和腹泻，配合泻药治疗便秘，外用治疗各种慢性炎症。内服用量：10~30 g/次。

6. 甲氧氯普胺

甲氧氯普胺用于治疗牛前胃弛缓、胃肠活动减弱、消化不良、肠膨胀及呕吐。内服用量：犊牛 0.1~0.3 mg/kg，牛 0.1 mg/kg，2~3 次/天；肌内注射或静脉注射用量同片剂。

7. 芒硝

芒硝小剂量内服有健胃作用，大剂量可使肠内渗透压提高，保持大量水分，增加肠内容积，稀释肠内容物软化粪便，促进排粪。临床常用于治疗大肠便秘（用 6%~8% 溶液），排除肠内毒物或辅助驱虫药排出虫体，治疗牛第三胃阻塞（用 25%~30% 溶液），冲洗化脓创和瘘管，促进淋巴外渗，排除细菌和毒素，清洁创面，促进愈合。内服用量健胃 15~50 g；泻下 400~800 g。

8. 液状石蜡

液状石蜡适用于小肠便秘，作用缓和，安全性大，孕牛可用，不宜反复多次使用。内服用量：500~1 000 mL/次。

9. 食用植物油

食用植物油适用于瘤胃积食、小肠便秘、大肠阻塞。内服用量：500~1 000 mL/次。

10. 鞣酸蛋白

鞣酸蛋白主要用于急性肠炎和非细菌性腹泻。内服用量：10~20 g。

（五）呼吸系统用药

1. 氯化铵

氯化铵主要用于呼吸道炎症初期、痰液黏稠而不易排出的病牛，也可用于纠正碱中毒。禁止与磺胺药物合用，不可与碱及重金属盐配合使用。内服用量：10~25 g/次。

2. 复方甘草合剂

复方甘草合剂主要作为祛痰、镇咳药，具有镇咳、祛痰、解毒、抗炎、平喘的作用，用于一般性咳嗽。内服用量：50~100 mL/次。

3. 氨茶碱

氨茶碱用于痉挛性支气管炎、急慢性支气管哮喘、心衰气喘，可辅助治疗心性水肿，用于利尿、宜深部肌内注射或静脉注射，不宜与维生素、盐酸四环素等酸性药物配伍使用。肌肉或静脉注射用量：1~2 g/次。

（六）血液循环系统用药

1. 洋地黄

洋地黄临床上主要用于充血性心力衰竭、阵发性房性心动过速、急性心内膜炎、心肌炎、牛创伤性心包炎，主动脉瓣闭锁不全病牛禁用。本药安全范围窄，易于中毒。洋地黄粉，内服用量：2~8 g/kg；静脉注射全效量：0.03~0.04 mg/kg。

2. 地高辛

地高辛常用于治疗各种原因所导致的慢性心功能不全、心房颤动等。静脉注射全效量：0.01 mg/kg。

（七）生殖系统用药

1. 己烯雌酚

己烯雌酚用于子宫发育不全、子宫内膜炎、子宫蓄脓、胎衣不下及死胎。静脉注射、肌内注射或皮下注射用量：75~100 U。

2. 雌二醇

雌二醇用于胎盘滞留、子宫蓄脓、胎衣不下等，配合催产素用于子宫肌无力。肌内注射用量5~20 mg。

3. 黄体酮

黄体酮用于习惯性流产、先兆性流产。肌内注射用量：50~100 mg。

4. 促卵泡素

促卵泡素促进卵泡的生长和发育，在小剂量黄体生成素的协同作用下，可促使卵泡分泌雌激素，引起母牛发情。静脉注射、肌内注射或皮下注射用量：10~50 mg。

5. 黄体生成素

黄体生成素主要用于促进排卵，治疗卵巢囊肿、早期胚胎死亡或早期习惯性流产等。静脉注射或皮下注射用量：25 mg。

（八）解热镇痛抗炎药

1. 对乙酰氨基酚

对乙酰氨基酚主要用于解热镇痛。内服用量：10~20 mg/kg。

2. 阿司匹林

阿司匹林有较强的解热镇痛、抗炎抗风湿作用，用于发热、风湿症和神经、肌肉、关节疼痛。内服用量：15~30 mg/kg。

3. 安乃近

安乃近用于解热镇痛，抗炎抗风湿，解除胃肠道平滑肌痉挛。皮下注射或肌内注射 3~10 g/次。

（九）解毒药

1. 阿托品

阿托品对有机磷和拟胆碱药中毒有解毒作用。用于缓解胃肠平滑肌的痉挛性疼痛，解救有机磷和拟胆碱药中毒；亦可于麻醉前给药，减少呼吸道腺体分泌；还可用于缓慢型心律失常。皮下或肌内注射用量：15~30 mg。抢救休克和有机磷农药中毒，用量酌情加大。

2. 碘解磷定

碘解磷定为有机磷中毒的解毒药，用于有机磷杀虫剂中毒的解救，静脉注射用量：15~30 mg/kg。

3. 双解磷

双解磷的作用与碘解磷定相似，肌内注射或静脉注射用量：3~6 g/kg。

4. 解氟灵

解氟灵为有机氟杀虫药和毒鼠药氟乙酰胺、氟乙酸钠的解毒药，肌内注射用量：0.1~0.3 mg/kg。

5. 亚甲蓝

亚甲蓝小剂量可用于亚硝酸盐中毒的解救，大剂量可用于氰化物中毒的解救。静脉用量：亚硝酸盐中毒牛，1~2 mg/kg；氰化物中毒牛 25~10 mg/kg。

6. 亚硝酸钠

亚硝酸钠用于氰化物中毒的解救。静脉用量：2 g/次。

7. 二巯丁二钠

二巯丁二钠主要用于锑、汞、铅、砷等中毒的解救。静脉注射用量：20 mg/kg，临用前用生理盐水稀释成 5%~10% 溶液。急性中毒，4 次/天，连用 4 天；慢性中毒，1 次/天，5~7 天为 1 个疗程。

第三章　牛场的免疫

第一节　牛常见疫苗的使用

一、牛常用的疫苗

（一）牛瘟疫苗

牛瘟疫苗有 3 种，分别是牛瘟兔化活疫苗、牛瘟山羊化兔化活疫苗、牛瘟绵羊化兔化活疫苗。

1. 牛瘟兔化活疫苗

该疫苗为鲜红色、细致、均匀的乳液，静置后下部稍有沉淀，但不至于阻塞针孔。冻干苗为暗红色海绵状疏松团块，易与瓶壁脱离，加稀释液迅速溶解成红色均匀混悬液。必须保存时，不得超过下列期限：15 ℃以下，24 小时有效；15～20 ℃，12 小时有效；21～30 ℃，6 小时有效；淋巴、脾组织块于 0～4 ℃保存，不得超过 4 天。

液体苗用前摇匀，不论年龄、体重、性别，一律皮下或肌内注射 1 mL。冻干苗用前按瓶签标示，用生理盐水稀释，不分年龄、体重、性别，一律皮下或肌内注射 1 mL。接种后 14 天产生坚强免疫力，免疫保护期为 1 年。

牦牛、朝鲜黄牛、临产前 1 个月的孕牛、分娩后尚未康复的母牛，不宜注射牛瘟兔化活疫苗。个别地区有易感性强的牛种，应先做小区试验，证明疫苗安全有效后，方可在该地区推广使用。

2. 牛瘟山羊化兔化活疫苗

淋巴、脾混合液体疫苗为鲜红、细致、均匀的乳液，静置后下部稍有沉淀物，但不至于阻塞针孔。冻干苗为暗红色或淡红色、海绵状疏松团块，加稀释液后迅速溶解成均匀混悬液。用蔗糖脱脂乳做稳定剂的疫苗，应在 5 分钟内溶解成均匀的混悬液；用血液做稳定剂的疫苗，应在 10~20 分钟内完全溶解。

液体苗一律肌内注射 2 mL，冻干苗一律肌内注射 1 mL。接种后 14 天产生坚强免疫力，免疫保护期为 1 年。

3. 牛瘟绵羊化兔化活疫苗

本品形状、用法用量、免疫期同牛瘟山羊化兔化活疫苗，但临产前 1 个月的孕牛、产后尚未复原的母牛、可疑病牛及未满 6 个月的牦牛、犏牛犊，均不宜注射。

（二）牛副伤寒灭活菌苗

本苗静置时上部为灰褐色澄明液体，下部为灰白色沉淀物，振摇后成均匀混悬液。用于预防牛副伤寒及沙门氏菌病。注射后 14 天产生免疫力，免疫保护期为 6 个月。

1 岁以下的小牛肌内注射 1~2 mL，1 岁以上的牛注射 2~5 mL。为增强免疫力，对 1 岁以上的牛，在第一次注射 10 天后，可用相同剂量再注射一次。孕牛应在产前 1.5~2 个月注射，新生犊牛应在 1~1.5 月龄时再注射一次。

已发生副伤寒的牛群，对 2~10 日龄的犊牛，可肌内注射1~2 mL。

（三）牛巴氏杆菌灭活菌苗

本品静置后，上层为淡黄色澄明液体，下层为灰白色沉淀，振摇后成均匀乳浊液。主要用于预防牛出血性败血症（牛巴氏杆菌病）。在 2~15 ℃冷暗干燥处保存，有效期为 1 年；28 ℃以下阴暗干燥处保存，有效期为 9 个月。

皮下注射或肌内注射，体重 100 kg 以下的牛，注射 4 mL；100 kg 以上的牛，注射 6 mL。病弱牛、食欲或体温不正常的牛、怀孕后期的牛，均不宜注射。

（四）牛肺疫活菌苗

液体苗为黄红色液体，底部有白色沉淀，冻干苗为黄色、海绵状疏松团块。易与瓶壁脱离，加稀释液后迅速溶解成均匀混悬液。在 0~4 ℃低温冷藏，有效期为 10 天；在 10 ℃左右的水井、地窖等冷暗处保存，有效期为 7 天。主要用于预防牛肺疫（牛传染性胸膜肺炎）。免疫保护期为 1 年。

用 20%氢氧化铝胶生理盐水稀释液按 1∶500 倍稀释，为氢氧化铝苗；用生理盐水按 1∶100 倍稀释，为盐水苗。氢氧化铝苗臀部肌内注射，成年牛 2 mL，6~12 月龄小牛 1 mL。盐水苗尾端皮下注射，成年牛 1 mL，6~12 月龄小牛 0.5 mL。

（五）口蹄疫 O 型、A 型活疫苗

该苗用口蹄疫 O 型、A 型毒株制成，为暗红色液体，静置后瓶底有部分沉淀，振摇后成均匀混悬液。注苗后 14 天产生免疫力，免疫保护期 4~6 个月。12~24 月龄的牛每头注射 1 mL，24 月龄以上的牛每头注射 2 mL。12 月龄以下的牛不宜注射。

注苗后的牛应控制 14 天，不得随意移动，以便进行观察，也不得与猪接触。接种后若有多数牛发生严重反应，应严格封锁，加强护理。经常发生口蹄疫的地区，第一年注射 2 次，以后每年注射 1 次即可。防疫人员的衣物、工具、器械、疫苗瓶等，都要严格消毒处理。

（六）牛口蹄疫活疫苗

本品为略带红色或乳白色的黏滞性液体，在 4~8 ℃阴暗条件下保存，有效期 10 个月。用于牛 O 型口蹄疫的预防接种和紧

急免疫。免疫保护期为 6 个月。肌内注射，1 岁以下的牛每头 2 mL，成年牛每头 3 mL。

（七）狂犬病灭活疫苗

用于预防狂犬病，免疫保护期为 6 个月。后腿或臀部肌内注射，牛用量为 25~30 mL。紧急预防时，可间隔 3~5 天注射 2 次。

（八）伪狂犬病活疫苗

用于预防伪狂犬病，接种后第 6 天产生免疫力，免疫保护期为 1 年。2~4 月龄的牛第一次注射 1 mL，断奶后再接种 2 mL，5~12 月龄犊牛 2 mL，12 月龄以上和成年牛 3 mL。

（九）牛环形泰勒虫活虫苗

本品在 4 ℃冰箱内保存时，呈半透明、淡红色胶冻状，在 40 ℃温水中融化后无沉淀、无异物。用于预防牛环形泰勒虫病。注射后 21 天产生免疫力，免疫保护期为 1 年。

疫苗有 100 mL、50 mL、20 mL 瓶装，每毫升内含 100 万个活细胞。临用前，在 38~40 ℃温水内融化 5 分钟，振摇均匀后注射。不论年龄、性别、体重，一律在臀部肌内注射 1~2 mL。

（十）抗牛瘟血清

本品为黄色或淡棕色澄明液体，久置瓶底微有灰白色沉淀。用于治疗或紧急预防牛瘟，免疫保护期 14 天。肌内注射或静脉注射，预防量，100 kg 以下的牛 30~50 mL，100~200 kg 的牛 50~80 mL，200 kg 以上的牛 80~100 mL。治疗量加倍。

二、牛常见传染病的预防接种

结核病、副结核、布鲁氏菌病已为牛场所普遍了解和重视，为控制其发生和传播，我国养牛界已总结出净化"三病"的有效措施。

（一）牛口蹄疫

每年春、秋两季各用同型的口蹄疫弱毒疫苗接种 1 次，肌内注射或皮下注射，1~2 岁牛 1 mL，2 岁以上 2 mL。注射后 14 天产生免疫力，免疫期为 4~6 个月。若第 1 次注射后，间隔 15 天再注射 1 次会产生更强的保护力。本疫苗残余毒力较强，能引起一些幼牛发病，因此，12 月龄以下的牛不接种。

（二）牛传染性鼻气管炎

4~6 月龄犊牛接种；空怀青年母牛在第 1 次配种前 40~60 天接种；妊娠母牛在分娩后 30 天接种。已注射过该疫苗的奶牛场，对 4 月龄以下的犊牛，不接种任何疫苗。

（三）牛病毒性腹泻

牛病毒性腹泻疫苗任何时候都可以使用，妊娠母牛也可以使用，第 1 次注射后 14 天应再注射 1 次。牛病毒性腹泻弱毒苗，1~6 月龄犊牛接种，空怀青年母牛在第 1 次配种前 40~60 天接种，妊娠母牛在分娩后 30 天接种。

（四）牛布鲁氏菌病

在布鲁氏菌病常发地区，每年要定期对检疫阴性的牛进行接种。有 4 种疫苗：一是流产布鲁氏菌 19 号弱毒疫苗，用于未配种的青年母牛，即 6~8 月龄时免疫 1 次，必要时在受胎前加强免疫 1 次，每次颈部皮下注射 5 mL（含有 600 亿~800 亿个活菌），免疫期可达 7 年。二是布鲁氏菌牛型 5 号冻干苗，用于 3~8 月龄的犊牛，可皮下注射（含菌 500 亿个/头），免疫期为 1 年。以上两种疫苗，公牛、成年母牛和妊娠母牛均不宜使用。三是布鲁氏菌猪型 2 号冻干弱毒苗，公、母牛均可使用，妊娠牛不宜使用，以免发生流产。可皮下注射和口服接种，皮下注射和口服时含菌数为 500 亿个/头，免疫期 2 年以上。四是牛型布鲁氏菌 45/20 佐剂疫苗，不论年龄、妊娠与否均可注射，接种 2 次，第 1 次注射后 6~12 周时再注射 1 次。

（五）炭疽

经常发生炭疽和受该病威胁的地区，每年春、秋季应做炭疽疫苗预防接种 1 次。炭疽疫苗有 3 种，使用时任选一种。一是无毒炭疽芽孢苗，1 岁以上的牛皮下注射 1 mL，1 岁以下的 0.5 mL。二是第二号炭疽芽孢苗，大小牛一律皮下注射 1 mL。三是炭疽芽孢氢氧化铝佐剂苗或称浓缩炭疽芽孢苗，是以上两种芽孢苗的 10 倍浓缩制品，使用时 1 份浓缩苗加 9 份 20% 氢氧化铝胶稀释后，按无毒芽孢苗或第二号炭疽芽孢苗的用法、用量使用。以上各苗均在接种后 14 天产生免疫力，免疫期为 1 年。

三、其他牛用疫苗及使用方法

（一）狂犬病免疫

对被疯狗咬伤的牛，应立即接种狂犬病疫苗，颈部皮下注射 2 次，每次 25~50 mL，间隔 3~5 天。免疫期 6 个月。在狂犬病多发地区，也可用来进行定期预防接种。

（二）伪狂犬病免疫

疫区内的牛，每年秋季接种牛伪狂犬病氢氧化铝甲醛苗 1 次，颈部皮下注射，成年牛 10 mL，犊牛 8 mL。必要时 6~7 天后加强注射 1 次。免疫期 1 年。

（三）牛痘免疫

牛痘常发地区，每年冬季给断奶后的犊牛接种牛痘苗 1 次，皮内注射 0.2~0.3 mL。免疫期 1 年。

（四）牛瘟免疫

用于受牛瘟威胁地区的牛。牛瘟疫苗有多种，我国普遍使用的是牛瘟绵羊化兔化弱毒疫苗，适用于朝鲜牛和牦牛以外所有品种的牛。本苗按制造和检验规程应就地制造使用。以制苗兔血液或淋巴、脾脏组织制备的湿苗（1∶100），无论大小牛一律肌内注射 2 mL，冻干苗按瓶签规定的方法使用，接种后 14 天产生免疫力。免疫期 1 年以上。

（五）气肿疽免疫

对近 3 年内曾发生过气肿疽的地区，每年春季接种气肿疽明矾菌苗 1 次，大小牛一律皮下接种 5 mL，小牛长到 6 个月时，加强免疫 1 次。接种后 14 天产生免疫力。免疫期约 6 个月。

（六）肉毒梭菌中毒症免疫

常发生肉毒梭菌中毒症地区的牛，应每年在发病季节前，使用同型毒素的肉毒梭菌苗预防接种 1 次。如 C 型菌苗，每牛皮下注射 10 mL。免疫期可达 1 年。

（七）破伤风免疫

发生破伤风的地区，应每年定期接种精制破伤风类毒素 1 次，大牛 1 mL，小牛 0.5 mL，皮下注射，接种后 1 个月产生免疫力。免疫期 1 年。当发生创伤或手术（特别是阉割术）有感染危险时，可临时再接种 1 次。

（八）牛巴氏杆菌病免疫

历年发生牛巴氏杆菌病的地区，在春季或秋季定期预防接种 1 次；在长途运输前随时加强免疫 1 次。我国当前使用的是牛出血性败血病氢氧化铝菌苗，体重在 100 kg 以下的牛 4 mL，100 kg 以上的 6 mL，均皮下注射或肌内注射，注射后 21 天产生免疫力。免疫期为 9 个月。怀孕后期的牛不宜使用。

（九）牛传染性胸膜肺炎免疫

疫区和受威胁区域的牛应每年定期接种牛肺疫兔化弱毒苗。接种时，按瓶签标明的原胸水量，用 20% 氢氧化铝胶生理盐水稀释 50 倍，臀部肌内注射，牧区成年牛 2 mL，6～12 月龄小牛 1 mL；农区黄牛尾端皮下注射，用量减半，或以生理盐水稀释，于距尾尖 2～3 cm 处皮下注射，大牛 1 mL，6～12 月龄牛 0.5 mL。注射后出现反应者可用"914"（新胂凡纳明）治疗。接种后 21～28 天产生免疫力。免疫期 1 年。

第二节 牛场免疫程序的制定与实施

一、免疫程序的制定

（1）调查牛场免疫程序，看是否制定免疫程序，若制定看是否按照其免疫程序严格执行。根据当地传染病流行规律，建议按照表3-1的免疫程序进行疫苗的注射。

表3-1 规模牛场建议免疫程序

月份	免疫或检疫	疫苗	方法	途径
4 月	口蹄疫	口蹄疫 A 型、O 型亚洲 I 型双价苗	12 月龄以上注射 2 mL，12 月龄以下 1 mL，两种苗间隔 1 周注射	肌内注射
	结核检疫	提纯牛型结合菌素	成母牛 1 mL，皮差 0.8 mm 以上为阳性	皮内注射
	布鲁氏菌病检疫	布鲁氏菌平板抗原	有凝集者，或连续两次可以者判为阳性	凝集试验
5 月	流行热	牛流行热疫苗	12 月龄以上注射 4 mL，12 月龄以下 2 mL	皮下注射
10 月	结核检疫	提纯牛型结合菌素	成母牛 1 mL，皮厚 0.8 mm 以上为阳性	皮下注射
	布鲁氏菌病检疫	布鲁氏菌平板抗原	有凝集者，或连续两次可以者判为阳性	凝集试验
	口蹄疫	口蹄疫 A 型、O 型亚洲 I 型双价苗	12 月龄以上注射 2 mL，12 月龄以下 1 mL，两种苗间隔 1 周注射	肌内注射

疫苗须严格按照免疫剂量进行注射，做到全群、及时、适时。注射疫苗的档案须建立，并及时提醒免疫时间；两种不同的疫苗注射间隔不应少于 1 周。

（2）如遇特殊情况，可进行紧急免疫。紧急免疫应根据疫苗或抗血清的性质、疫病发生及其在动物群中的流行特点进行合理的安排，接种后能够迅速产生保护力的一些弱毒苗或高免血清，可以用于急性病的紧急接种。

（3）不从疫区引种。购入奶牛前，须进行布鲁氏菌病和结核的检疫，购入后须隔离30日，确认健康方可混饲。

（4）注射口蹄疫疫苗时，可同时进行三种苗的接种工作，也可分开并间隔一周时间注射。同时接种可减少疫苗应激次数。在注射疫苗15日后抽检抗体，群体的平均抗体滴度低于1∶128时，实施补免。在口蹄疫防疫过程中，建议按照表3-1进行免疫，在免疫后5个月抽检抗体水平，如果平均抗体滴度低于1∶128可进行再次免疫。

（5）在传染病控制的过程中，还要进行净道和污道的区分。饲料车、干草等的运输均需由净道进入，而粪便等的清除和运输均由污道运出。同时，需要严格按照消毒程序进行消毒工作。

（6）在场外200 m的地方进行病死牛的解剖，并进行脏器的深埋处理，同时加入生石灰。

二、免疫接种注意事项

（1）生物药品的保存、使用应按说明书规定进行。

（2）接种时用具（注射器、针头）及注射部位应严格消毒。

（3）生物药品不能混合使用，更不能使用过期疫苗。

（4）装过生物药品的空瓶和当天未用完的生物药品，应该焚烧或深埋（至少埋46 cm深）处理；焚烧前应撬开瓶塞，用高浓度漂白粉溶液进行冲洗。

（5）疫苗接种后2~3周要观察接种牛，如果接种部位出现局部肿胀、体温升高症状，一般可不做处理；如果反应持续时间过长，全身症状明显，应请兽医诊治。

（6）建立免疫接种档案，每接种一次疫苗，都应将其接种日期、疫苗种类、生物药品批号等详细登记。

第四章 牛病诊断方法与治疗技术

第一节 牛病诊断的基本方法

一、常规检查方法

临床检查是诊断牛病最基本的方法。临床检查的常规方法有问诊、视诊、触诊、听诊、叩诊和嗅诊。

（一）问诊

问诊是向饲养员询问了解有关病牛的发病情况，通过询问病情而诊断疾病的方法。问诊内容主要包括以下三方面。

1. 发病经过及诊疗情况

了解病牛的发病时间、发病头数、主要症状及诊疗情况等，包括是否进行过诊断性治疗，曾诊断为何种病，用药情况，治疗多长时间，效果如何等，可作为诊断和用药参考。

2. 饲养管理情况

了解草料（种类、来源、品质、调制、饲喂方法、配合比例等），饲养方法及最近有无改变等情况。如草料单一，容易患代谢性疾病；草料质量不好或饲喂方法不当，易患胃肠疾病；霉变饲料易引起中毒症等。同时还应了解圈舍的保温、通风、防暑、光照条件，以及厩舍、牛体的卫生条件等。

3. 既往病史

既往病史包括过去发病治愈等情况，以及本地区疫源和疫情等。如果病牛是新购进的，要了解购进地有无疫病流行，结合检查，可考虑是否有传染病，帮助诊断病因。

（二）视诊

视诊是用肉眼观察病牛的状态，直观地了解疾病。视诊是临床上最常用、最简单、最实用、往往也是最有价值的检查疾病的方法。

视诊的内容主要包括观察动物全身状态，如营养、精神、姿势、被毛、腹围等；注意有无某些生理活动异常，如呼吸运动、反刍、排尿排粪动作、排粪量，以及体表各部分、口、鼻等情况，皮肤颜色及有无出汗，体表有无创伤和肿胀，可视黏膜的颜色，有无水疱、溃疡，内眼角、鼻腔、阴门等有无分泌物等。

（三）触诊

触诊是利用手指、手掌或拳头对牛体某部位进行病变检查（图4-1）：以手或手背感觉牛体表温度、湿度及肌肉张力、脉搏跳动等；以手指进行加压或揉捏，判断局部病变或肿物的硬度；以刺激为手段，判断牛的敏感性。触诊可感觉到的病变性质，主要有如下几种。

1. 捏粉样

感觉稍柔软，如压生面团，指压留痕，除去压迫后慢慢平复。见于组织间发生浆液性浸润时，如皮下水肿。

2. 波动性

柔软有力，指压不留痕，行间歇压迫时有波动感。见于组织间有液体滞留且组织周围弹力减弱时，如血肿、脓肿等。

3. 坚实

感觉坚实致密，硬度如肝。见于组织间发生细胞浸润时（如蜂窝织炎）或结缔组织增生时。

4. 硬固

感觉组织坚硬如骨。见于骨瘤。

5. 气肿性

感觉柔软稍具弹性，并感觉有气体向邻近组织逃窜，同时可听到有如在耳边捻发音。见于组织间有气体集聚时，如皮下气肿、气肿疽、恶性水肿等。

图 4-1　触诊

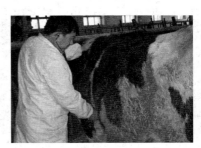

图 4-2　听诊

（四）听诊

应用听诊器通过听取牛体心、肺、喉、气管、胃肠等器官发出的声响，推断内部器官的病理改变（图 4-2），常用于功能检查。听诊可分为直接听诊和间接听诊。前者常用于咳嗽、气喘、磨牙等的检查；后者应用较多，特别是心、肺及胃肠声响的检查。间接听诊常与叩诊结合应用，以判定被检查器官是否膨大或移位，以及与其他器官的界限。

（五）叩诊

叩诊是指用手指、小叩击锤、叩击板叩打牛体某一部位，根据所产生的声响的性质，以推断被叩打的组织和深部器官有无病理改变的一种检查方法（图 4-3）。按是否使用器械，叩诊分为直接叩诊和间接叩诊。间接叩诊法包括手指叩诊法和槌板叩诊法。

叩诊音，根据被叩诊组织是否含有气体，分为清音（含气组织振动时发出的声音）、浊音和钢管音。广义的清音包括正常的肺叩诊音、鼓音和过清音三种。狭义的清音仅指正常肺叩诊音。广义的浊音包括相对浊音（半浊音）和绝对浊音（浊音或实音）。钢管音是皱胃变位后叩诊出现的声音。一般肺部为清音；肌肉、肝脏、心脏为浊音；肝边缘为相对浊音区（半浊音）；瘤胃臌气时为鼓音。

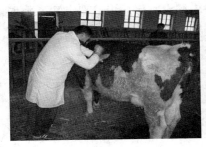

图4-3 叩诊

图4-4 嗅诊

（六）嗅诊

嗅诊又叫闻诊，是借助嗅觉对动物分泌物、排泄物、呼出的气体及皮肤气味进行辨别的诊断方法（图4-4）。用嗅觉判别牛患病的情况比较普遍，也有助于鉴别病原微生物的种类。如患尿毒症时，牛皮肤和汗液带有尿味；患酮血病时，牛呼出气体、汗液或排出的尿液有芳香甜气味等；大肠杆菌感染的脓汁常有粪臭味；绿脓杆菌感染的脓汁呈绿色带腐草臭；厌气菌感染的脓汁一般具有奇臭味。

二、临床检查程序

临床检查程序也叫作临床检查方案，是指在临床上，按照一定的顺序，有系统、有目的地对病牛进行全面检查，是避免遗漏主要症状和产生误诊的有效手段。因为造成误诊的原因，往往是由于这样或那样的项目漏检所致。在临床实践工作中，对病牛一般按照下列顺序进行检查。

（一）病牛登记

病牛登记的主要内容包括病牛所在牛舍号、名称、耳号、年龄、特征、发病日期、初诊日期、诊疗用药情况等。

（二）病史调查

病史调查包括疾病史、生活史调查。疾病史主要调查发病时间，病后表现，过去是否患过同样疾病，附近相邻牧场有无类似疾病发生，以及治疗情况。生活史包括饲养管理情况、防疫卫生制度贯彻情况等。

（三）一般检查

一般检查的内容包括病牛全身状态、被毛及皮肤状态、眼结膜及可视黏膜、体表淋巴结，以及体温、脉搏、呼吸次数的检查。

（四）系统检查

系统检查包括对牛循环系统、呼吸系统、消化系统、泌尿系统、神经系统、运动系统、乳房、病料等各系统的检查。

第二节　牛病的临床检查

牛病的临床检查包括一般检查和系统检查。

一、一般检查

（一）全身状态的观察

观察牛的全身状态，主要包括精神状态、营养状况、发育情况、体格、姿势与步态等（图4-5）。

图 4-5　观察牛的全身状态

1. 精神状态

主要观察病牛的神态，根据耳的运动，眼的表情及各种反应、举动而判定。正常时中枢神经系统的兴奋与抑制两个过程保持动态的平衡，所以正常牛反应机敏、灵活。精神异常可表现为抑制或兴奋。抑制状态主要见于热性病、重症病牛及某些脑病与中毒。兴奋状态一般多见于脑病或中毒。

2. 营养、发育与体格检查

观察牛肌肉的丰满度、皮下脂肪的蓄积量、皮肤与被毛状况，判断牛的营养状况。根据牛的体长、体高、胸围等体尺判断发育情况；根据牛的头、颈、躯干及四肢、关节各部位的发育情况和形态、比例关系，判断躯干状况。

体格发育不良的奶牛，躯体矮小，瘦弱无力，体长而扁，肢长而细，发育迟缓或停滞，这多是由于营养不良或慢性消耗性疾病所致。患佝偻病时，见躯体矮小、头大颈短、关节变粗、四肢弯曲或脊柱凹凸变形。营养状态与动物机体的代谢功能和饲养、管理条件有密切关系。营养不良可见于营养缺乏及代谢扰乱性疾病，长期的消化障碍（如慢性胃肠卡他），以及慢性消耗性疾病（如发热病、某些传染病及寄生虫病）等。

3. 姿势、步态检查

患牛表现为姿势异常，如站立不稳姿势，多是病牛患一些疼痛性疾病如蹄叶炎。强迫站立姿势，如破伤风患牛肌肉强直，四肢开张如"木马"。强迫横卧姿势多因神经系统的功能障碍引起，如脑炎、中暑、牛产后瘫痪等疾病。患牛昏迷时多呈横卧姿势。

（二）被毛、皮肤及鼻镜检查

1. 被毛

健康牛被毛平顺而有光泽，每年春、秋两季脱换新毛。患营养不良和慢性消耗性疾的病牛，被毛常蓬乱而无光泽、易脱落或换毛推迟；患湿疹或毛癣、疥癣等皮肤病，常表现局部被毛脱落。

2. 皮肤检查

主要检查皮肤温度、湿度、气味、弹性、皮肤及皮下肿胀、皮肤丘疹和皮肤完整性。热性病时常表现全身皮温升高；局部发炎常表现局部性皮温升高；因衰竭、局部大出血、产后瘫痪等病理性体温过低时，则表现为全身皮温降低；局部水肿或外周神经麻醉时，常表现为一定部位冷感；末梢循环障碍时，则皮温分布不均，耳根、鼻镜、四肢末梢厥冷。健康牛皮肤有弹性，牛营养不良、失水及患皮肤病时，皮肤弹性降低。

3. 鼻镜检查

健康牛鼻镜湿润，附有较多的小水珠，触之有凉感，而病牛鼻镜常干燥、增温，甚至发生龟裂，触之有热感。

（三）可视黏膜检查

牛可视黏膜检查的部位包括眼结膜、鼻黏膜、口腔黏膜及阴道黏膜等，仔细观察黏膜有无苍白、潮红、发绀（红紫色或青紫色），以及有无肿胀、出血、溃疡等。其中眼结膜检查最常用。

检查牛眼结膜，通常需检查牛的眼球结膜，即巩膜和眼睑结膜。检查时，两手持牛角，使牛头转向侧方，巩膜自然露出（图4-6）。检查眼睑结膜时，检查人员用大拇指将牛的下眼睑压开。

健康牛眼结膜呈淡粉红色。结膜苍白、结膜弥漫性潮红和结膜黄染等变化，均属疾病状态。结膜苍白是贫血的表现，见于大失血、肝脾破裂、营养性贫血、肠道寄生虫病等；结膜潮红是充血（血液循环障碍）的表现，见于眼的发热性疾病，如外伤、结膜炎及各种急性热性传染病；结膜发绀是瘀血的表现或血液中还原型血红蛋白增多的结果，见于肺炎、心力衰竭及某些中毒病；结膜黄染是黄染的表征或血液内胆红素增多的结果，见于肝脏疾病、某些中毒病及附红细胞体病等。

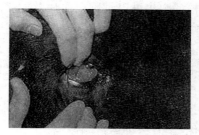

图 4-6 眼结膜检查

（四）淋巴结检查

主要通过触诊和视诊，检查淋巴结的位置、形态、大小、硬度、敏感性及移动性等（图 4-7）。临床上具有重要诊断意义的淋巴结有下颌淋巴结、膝上淋巴结、肩前淋巴结。

图 4-7 淋巴结检查

健康牛淋巴结较小，而且深藏于组织内，一般难以摸到。牛淋巴结病变有急、慢性肿胀。

1. 急性肿胀

表现为淋巴结体积增大，变硬，伴有热、痛反应。急性肿胀可见于牛的白血病；牛患泰勒氏焦虫病时全身淋巴结急性肿胀；淋巴结偶有波动时多见于炭疽。

2. 慢性肿胀

无热、痛反应，较坚硬，表面不平，不易向周围移动，常见于副鼻窦炎、结核病、牛淋巴细胞白血病及放线菌感染等。

（五）体温检查

测温前先把体温计的水银柱甩到 35 ℃以下，涂上润滑剂或水。测温人站在牛正后方，左手提牛尾，右手将体温计斜向前上方徐徐捻转插入牛肛门，用体温计夹子夹在尾根部尾毛上，隔 3~5 分钟取出查看（图 4-8）。牛经过使役、剧烈活动、日晒、大量饮水后，应休息 30 分钟后再测体温。

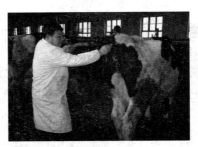

图 4-8　体温检查

健康牛的体温一般上午高、下午低，温差在 1 ℃以内。所以，一般应该在每天上午 8~9 时和下午 4~5 时各测量 1 次，观察体温日差。正常犊牛的体温为 38.5~39.5 ℃，青年牛为 38~39.5 ℃，成年牛为 38~39 ℃。

如果发现牛的体温低于正常值，多由于体热散失过多，产热不足，代谢高度减退等所致。通常见于大失血、内脏破裂、严重脑病、中毒性疾病、重急症末期或者将要死亡。如果牛的体温高于正常范围并伴有发热症状，则可判断该牛已发热。病牛体温升高1℃内的为微热，升高2℃以内的为中热，升高2℃以上的为高热。

发热可见3种热型。稽留热：高热持续3天以上，且每日温差在1℃以内，多见于传染性胸膜肺炎、犊牛副伤寒等；弛张热：日差在1℃以上，常见于化脓性疾病、败血症及支气管肺炎等；间歇热：表现为有热期和无热期交替出现，多见于结核、锥虫病、焦虫病等。

二、系统检查

(一) 心血管系统检查

在临床诊断中，准确地判断心血管系统的功能状态，不仅在诊断上十分重要，而且对推断预后也有一定的意义。因此，心血管系统的检查是一项非常重要的内容。心血管系统的检查主要应用视诊、听诊、叩诊的方法。

1. 心脏的临床检查

(1) 心搏动的视诊与触诊：心搏动的强度取决于心脏的收缩力量、胸壁的厚度、胸壁与心脏之间的介质。病理性的心搏动增强，可见于一切引起心脏功能亢进的疾病，如发热病的初期，伴有疼痛性的疾病，轻度的贫血，心脏病的代偿期（如心肌炎、心包炎、心内膜炎的初期），以及病理性的心肥大等。

心搏动减弱，表现为心区的震动微弱甚至难于感知。心搏动的减弱可见于：引起心脏衰弱、心室收缩无力的病理性过程，如心脏病的代偿期；病理性原因引起的胸壁肥厚，如当纤维素性胸膜肺炎或胸壁浮肿时；胸壁与心脏之间的介质状态的改变，如当渗出性胸膜炎、胸腔积水、肺气肿、渗出性纤维素性心包炎时。在牛的创伤性心包炎时，有大量的渗出液蓄积，心搏动特别微弱。

（2）心区的叩诊：心脏正常的叩诊音为浊音，心脏叩诊浊音区缩小提示肺气肿的发生。心脏叩诊浊音区扩大，可见于心肥大、心扩张，以及渗出性心包炎、心包积液。当叩诊心区时，牛表现回视、躲闪或反抗而呈疼痛不安，乃心区敏感反应，常是心包炎或胸膜炎的表现。当牛患创伤性心包炎时，除可见浊音区扩大、呈敏感反应外，有时可呈鼓音或浊鼓音。

（3）心脏的听诊：除心脏本身能够发生疾病外，其他系统的疾病都会影响心脏机能。因此，了解心脏状态，不仅可以诊断循环系统疾病，而且对了解全身机能状态，以及判定疾病预后都有重要意义。牛心脏的5/7位于胸腔左侧部。心脏基部位于胸腔1/2高度的水平线上，心尖部位于第5肋骨上方5~6 cm处，后缘斜对第5肋间。心脏与网胃（第2胃）很靠近，只隔一层横膈膜。因此，网胃内有金属尖锐物等异物时，容易由网胃经横膈膜刺伤心包及心肌。

听诊心脏时，一般用听诊器在左侧胸壁前下方，肘关节内侧听取心音（图4-9）。牛的心音最强听取点为：二尖瓣在左侧第4~5肋间，主动脉半月瓣在左侧第4肋间，肺动脉音在左侧第3肋间，三尖瓣音在右侧第3~4肋间。

图4-9　心脏听诊

1）正常心音：在健康牛的每个心动周期中，可以听到"噜-嗒"有节奏的交替而来的两个声音，称为心音，前一个叫第一心音，后一个叫第二心音。第一心音音调低而钝浊，持续时间长，尾音也长；第二心音音调较高，持续时间较短，尾音终止突然。心音的病理变化包括心音的频率、强度、性质和节律的变化等。

2）心音频率的改变：包括窦性心动过速和窦性心动过缓。前者见于病牛发热及心力衰竭时，后者见于黄疸、颅内压增高的疾病、洋地黄中毒等。

3）心音强度的改变：第一、第二心音均增强可见于热性病的初期，心脏功能亢进，以及兴奋或伴有剧痛性的疾病和心脏肥大等。第一、第二心音均减弱可见于心脏功能障碍的后期，以及渗出性胸膜肺炎或心包炎。第一心音增强主要见于心脏衰弱或大失血、失水，以及其他引起动脉血压显著下降的各种病理过程；第二心音增强主要由于肺动脉及主动脉血压升高，可见于肺气肿或肾炎。

4）心音性质的改变：常表现为心音混浊，音调低沉且含混不清，主要见于热性病及其他引起心肌损害的多种病理过程。

5）心音分裂：把一个心音分成两个声音，听起来类似"嗒、噜-嗒"或"噜、嗒-嗒"。第一心音分裂可见于心肌损害及其传导功能障碍，第二心音分裂主要是主动脉瓣与肺动脉瓣的不同时关闭所致。

6）心杂音：心脏杂音是心音以外持续时间较长的附加声音，它可与心音分开或相连续甚至完全遮盖心音，其音性与心音完全不同，有的如吹风样、锯木样、有的如哨音、皮革摩擦音。心脏杂音对心脏瓣膜及心包疾病的诊断具有重要意义。

7）心律失常：多见于心脏兴奋性改变、心脏传导系统功能障碍和严重疾病。

2. 脉搏检查

在安静状态下检查牛的脉搏数。牛的脉搏数检查是通过触摸尾中动脉检查的，触摸位置在尾底面。检查人站立在牛的正后方，左手将牛的毛根略微抬起，用右手的食指和中指压在尾腹面的尾中动脉上进行计数。计算 1 分钟的脉搏数。

（1）脉搏性质：主要检查脉搏的强弱。脉搏强而有力，见于热性病初期、心脏代偿功能亢进及兴奋、运动时；脉搏弱而无力，见于心脏衰弱、热性病及中毒病的后期；脉搏不感于手，见于心力衰竭及濒死期。

（2）脉搏节律：如果牛的脉搏间隔不等，强弱不定，就是无节律脉。

健康牛脉搏的正常生理指标为每分钟 40~80 次。脉搏次数增多常见于各种发热性疾病、各种心脏病、各种贫血、严重的脱水、各种伴有剧烈疼痛的疾病、某些中毒性疾病或药物的影响。脉搏次数减少可见于引起颅内压增高的疾病（如慢性脑室积水）、胆石症及某些植物中毒和药物中毒等。

3. 中心静脉压的测定

中心静脉压是指右心房或腔静脉的压力。中心静脉压的高低，主要由血容量的多少、心脏功能的好坏及血管张力的大小决定，测定中心静脉压是观察血液的动态变化，以及临床上作为补充血容量的一个指标。

（1）设备：盐水输液瓶、中心静脉压测定管、三通开关、聚乙烯塑料管及采血针头（图 4-10）。装置用 70% 乙醇浸泡、消毒备用。

（2）步骤：先使输液瓶通过三通开关与静脉测压管相通，用生理盐水注满测压管，并调整测压管零刻度，使之与被测动物右心房在同一水平线上，关闭三通开关。

用聚乙烯塑料管测定针头颈静脉刺入点与右心房之间的距离，并在聚乙烯塑料管上做好标记，然后取采血针头尖端朝向心端方向刺入颈静脉内，并迅速将聚乙烯塑料管通过针孔导入颈静脉内，将聚乙烯塑料管推送至做好标记处，即达到右心房内。

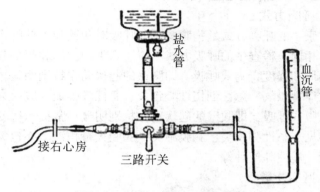

图 4-10　中心静脉压测定装置

　　打开三通开关，使测压管与右心房相通，静压柱液体缓缓下降，待液面不再下降时所在的刻度即为中心静脉压读数；再使输液瓶与尼龙导管相通，输液5分钟，再测一次；以两次的平均数作为结果。牛的中心静脉压正常值为（90±40）Pa。

　　（3）临床意义及应用：中心静脉压的高低是受到有效循环血液量的多少、心脏功能的好坏和血管张力的大小的影响，同时它也反映当时心脏是否有能力将回心血液排出和当时血管床能否容纳已经输入的液体。

　　血压低，中心静脉压低，表示其血容量有绝对或相对的不足，此时必须大量快速输液，以提高血容量改善循环功能，才能挽救重危病例。血压偏低，中心静脉压很高，表示心脏功能不全或心力衰竭，必须先要强心，而后补充血容量，否则，输液速度越快，输液数量越多，对心脏越不利。牛患创伤性心包炎时，中心静脉压可升高到240 Pa以上，故测定中心静脉压对早期确诊创伤性心包炎具有重要的诊断意义。

（二）呼吸系统检查（胸部检查）

1. 呼吸方式

健康牛的呼吸方式呈胸腹式，即呼吸时胸壁和腹壁的运动强度基本相同。检查牛的呼吸方式，应注意牛的胸部和腹部起伏动作的协调和强度。胸式呼吸，即胸壁的起伏动作特别明显，多见于急性瘤胃臌气、急性创伤性心包炎、急性腹膜炎、腹腔大量积液等。腹式呼吸，即腹壁的起伏动作特别明显，常提示病变在胸壁，多见于急性胸膜炎、胸膜肺炎、胸腔大量积液、心包炎及肋骨骨折、慢性肺气肿等。

2. 呼吸次数

健康牛呼吸次数为 10~30 次/分。一般情况下，牛饱食或活动后及天热、受惊、兴奋时，都可以使呼吸次数增多，这属于正常现象。

引起呼吸次数增多的疾病，除了包括能引起脉搏增多的疾病外，还有呼吸疼痛性疾病（如胸膜炎、肋骨骨折、创伤性网胃炎、腹膜炎等）。呼吸次数减少比较少见，主要见于脑病（脑炎、脑肿瘤、脑水肿）、上呼吸道狭窄和尿毒症等。

3. 呼吸困难

吸气式呼吸困难主要发生于鼻腔、咽、喉及气管患病；慢性肺气肿及细支气管炎时多发呼气式呼吸困难；患肺和胸膜腔疾病时，如肺炎、胸腔积液或气胸等则呈现混合式呼吸困难。

4. 肺脏听诊检查的部位（图 4-11）

（1）前界：自肩胛骨后角沿肘肌向下所引类似"S"形曲线止于第 4 肋间。

（2）上界：自肩胛骨后角所引与脊柱的平行线距正中线约一掌宽。

（3）下界：从第 12 肋骨与上界线相交处开始，向下向前所引经髋结节水平线与第 11 肋骨相交点，以及肩端水平线与第 8

肋骨相交点，止于第 4 肋骨间与前界相交的弧线。

图 4-11　呼吸检查

图 4-12　鼻液检查

5. 鼻液检查

多量鼻液，见于呼吸系统的急性炎症和某些传染病（图 4-12）；少量鼻液，见于慢性呼吸系统疾病和某些传染病。浆液性鼻液常见于呼吸道黏膜急性炎症的初期及感冒；黏液性鼻液常见于呼吸道急性炎症的中期或恢复期；脓性鼻液见于呼吸道黏膜急性炎症的后期、鼻窦炎及肺脓肿破溃；腐败性鼻液见于坏疽性肺炎和腐败性支气管炎等；血液性鼻液，见于呼吸道黏膜损伤和肺出血。

6. 咳嗽检查

人工诱咳，若牛连续多次咳嗽，即为病态。干咳多见于喉和气管异物、慢性支气管炎、胸膜炎、肺结核；湿咳见于气管炎等。单发性咳嗽常见于感冒、慢性支气管炎和肺结核等；连续性咳嗽常见于急性喉炎、支气管炎和支气管肺炎。

7. 喉及气管检查

视诊和触诊喉、气管，应注意有无肿胀，若有肿胀，表明喉或气管有炎症。听诊喉部，当喉和气管黏膜炎症或因肿瘤等异物压迫而发生狭窄时，喉和气管呼吸音增强并伴有啰音。

8. 胸部检查

（1）胸部触诊：胸部触诊，主要是判定胸壁的敏感性及肋骨状态。胸壁敏感，触诊时动物骚动不安，见于胸膜炎、肋骨骨折等。佝偻病时，有时在肋骨与肋软骨结合部可摸到串珠状肿胀。

（2）胸部叩诊：检查时，一手拿叩诊板，顺肋骨密贴纵放；另一手拿叩诊槌，以手腕动作，垂直地向叩诊板上做短而急地连续两次叩打。一般自肩后每个肋间，由上至下进行。

正常的肺部叩诊音为清音；叩诊呈浊音或半浊音，见于肺炎、胸膜炎等；叩诊呈鼓音，见于肺空洞、气胸等；叩诊呈过清音，见于肺气肿。

肺叩诊区扩大是肺泡内气体增多，肺容积增大的结果，常见于肺泡气肿和气胸。肺叩诊区缩小多由腹腔脏器膨大、腹腔积液、心包积液压迫肺脏或肺萎缩所致。

（3）胸部听诊：胸部听诊区和叩诊区是一致的。听诊与叩诊都是诊断肺和胸膜疾病可靠的重要方法。通过听诊可以确定呼吸音的强弱、性质，以及病理的呼吸音。

听诊顺序是由前至后，由上至下，直至全肺区。每个听取点至少要听取 2~3 次呼吸音，再变换位置。如呼吸音有异常变化时，须在该部周围及对侧对称部位做仔细的比较。为便于发现病理呼吸音，术者可短时间停闭呼吸继续听诊。

牛的正常肺音有肺泡呼吸音和支气管呼吸音两种。肺泡呼吸音类似"夫夫"声，低沉而稍弱，声音由弱变强，呼气时短而弱，声音由强到弱。听诊中央区明显，后界减弱，前下方最弱。支气管呼吸音，音性较粗，类似"赫赫"声。可在 3~4 肋间肩关节下方听到支气管呼吸音，它是带有肺泡音的混合呼吸音，为生理性支气管呼吸音。病理性支气管呼吸音，则为肺和胸膜重大疾病的主要特征。

病理状态下呼吸音增强，见于热性病和贫血等。肺泡呼吸音减弱或消失，见于肺炎、肺气肿和胸膜炎。干啰音常见于支气管炎、肺结核等，湿啰音常见于支气管炎、支气管肺炎和肺水肿等。捻发音常见于胸膜炎的初期和渗出液吸收期。胸腔拍水音见于渗出性胸膜炎。

（三）消化系统检查

在牛疾病中，消化系统疾病占很高比例，既有原发性的也有继发性的。因此，在一般检查的基础上多数要进行消化系统检查，包括饮欲、食欲检查，反刍检查，嗳气检查，腹部检查等。

1. 饮欲、食欲检查

食欲是牛健康的最可靠指征。健康牛食欲旺盛，见到精饲料大口吞咽，很快吃完，并以舌头舔饲槽，发出刷刷的声音。

一般情况下，只要牛生病了，首先就会影响到食欲，病牛一般食欲减退或消失。如不争食、拒食，以及饲槽有剩料都是患病的表现，可以在早上给料时查看饲槽是否有剩料来确定。

食欲反常主要见于代谢性疾病；异食癖表明矿物质缺乏或慢性消化紊乱；食欲废绝，表明严重的全身紊乱，也见于严重的口腔疾病及其他疼痛性疾病。饮欲反映了全身需水量的程度，饮欲减退见于伴有昏迷的脑病；饮欲增加见于高热或大失血等情况。

2. 反刍检查（图4-13）

反刍是食团从瘤胃返回口腔进行再咀嚼和再吞咽。反刍与前胃、皱胃的功能有关系，健康牛通常在饲喂后不久即出现反刍，每次反刍持续 30~60 分钟，1 个食团咀嚼 40~60 次。反刍的病理

图4-13 反刍检查

变化主要是反刍迟缓而稀少，短而无力，时时终止，牛不愿咀嚼或咀嚼不充分即行咽下，严重时反刍停止，见于前胃弛缓或胃肠病。

在反刍中逆呕或吞咽不自然，可能是食管疾病。

假性反刍是一种病理现象，其特点是空口咀嚼，并发出含漱音。用手插入口腔，有大量黄褐色的酸臭的瘤胃液流出。前胃疾病、各种传染病、严重的寄生虫病、多种代谢病、中毒病，当出现全身症状时均可影响反刍。

3. 嗳气检查

嗳气是瘤胃气体压迫瘤胃后背盲囊而引起的一种反射运动。常用听诊或视诊检查，嗳气增强表示瘤胃运动功能增强，发酵旺盛；嗳气减少是瘤胃运动功能障碍和前胃内容物干涸或积食的结果。嗳气停止与食欲废绝、反刍消失常相一致，并常常导致瘤胃臌胀。

4. 腹部检查

腹部检查是消化系统检查的重要组成部分，包括腹围大小、腹腔内容物及胃肠道功能变化检查。

（1）腹围检查：从前方或尾后观察腹围的大小，胃肠臌胀、变位、子宫蓄脓、膀胱破裂、腹水、肿瘤等均可见腹围增大；而长期饥饿、腹泻等使腹围缩小。

（2）瘤胃检查：瘤胃触诊是瘤胃检查很重要的方法。用拳紧压瘤胃即可感到节律性的起伏运动，判定蠕动波的次数；用手触诊瘤胃还可探知内容物的数量和硬度（图4-14）。听诊可测定蠕动波的强弱与长短。凡患影响消化系统的局部和全身性疾病的牛都会出现瘤胃蠕动次数减少，蠕动音降低，蠕动力量减弱。病情严重者则蠕动停止。

（3）网胃、瓣胃检查：网胃、瓣胃检查不如瘤胃检查效果明显，即使是触诊网胃，也并非一定能测出疼痛。瓣胃在右侧第

图 4-14 瘤胃触诊

7~9 肋间、肩关节水平线上下 3 cm 处，在此处听诊，可听到轻微的沙沙音，患瓣胃堵塞时蠕动音减弱或消失。

（4）皱胃检查：皱胃位于右侧第 8~11 肋间及肋弓的腹下部。判定皱胃阻塞则用触诊的方法，两手掌平放于右侧肋弓后下方，向腹内摇动可感到皱胃的轮廓和硬度。当皱胃左方变位时，在左侧髋关节水平线上的倒数 1~4 肋间范围内叩诊结合听诊可出现钢管音。当皱胃右方变位时，在右侧髋关节水平线的倒数 1~4 肋间范围内叩诊结合听诊可出现典型的钢管音（图 4-15）。

图 4-15 皱胃听诊

（5）肠管检查：牛正常肠音低弱，病理状态下肠音减弱或消失。临床上牛的直肠检查（图 4-16）对肠套叠、肠扭转、肠便秘等疾病的确诊具有实用价值。

图 4-16　直肠检查

（四）泌尿系统检查

1. 排尿动作及尿液感观检查

（1）观察牛在排尿过程中的行为与姿势：正常牛每天排尿8~10 次。临床病理现象常见多尿、少尿、频尿、无尿、尿失禁、尿淋漓等。

1）多尿：表现为排尿次数和尿量增加，多见于慢性肾病、渗出性胸膜炎的吸收期。

2）少尿：表现为排尿次数减少和尿量减少，见于热性病、急性肾炎。

3）频尿：表现为时有排尿动作，但尿量少，多尿见于膀胱炎、尿道炎。

4）无尿：真性无尿，无排尿动作，见于急性肾炎；假性无尿，时有排尿行为，但无尿液排出，见于尿道结石或堵塞。

5）尿失禁或尿淋漓：尿失禁是尿液不由自主地自行流出；尿淋漓是在腹压增高或姿势改变时，经常有少量尿液呈滴状流出。见于膀胱及其括约肌的麻痹或中枢神经系统疾病。

（2）尿液感观检查：尿液感观检查（图 4-17），主要检查尿液的气味、透明度、颜色及混有物。健康牛的新鲜尿液呈清亮透明或呈浅黄色。如排出的尿液有强烈氨臭味，见于膀胱炎；有醋酮味，见于酮尿病；颜色变深，见于饮水不足或热性病；尿液深黄色，见于肝病、胆道阻塞；红尿提示血红蛋白尿或血尿，血红蛋白尿多透明，放置无沉淀，见于牛血红蛋白尿症、梨形虫病和犊牛饮水过多，血尿有沉淀多因肾脏、尿道、膀胱出血。

图4-17 尿液感观检查

2. 肾脏、膀胱及尿道

肾区捶击（图4-18）或触诊时牛疼痛不安，提示肾炎；膀胱区触诊呈波动感，提示膀胱内尿液潴留；随触压而流出尿液，则提示膀胱麻痹；触诊敏感，多见于膀胱炎。

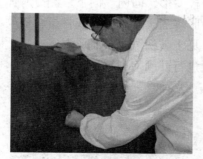

图4-18 肾区捶击

（五）神经系统检查
1. 中枢神经功能检查

主要观察牛的精神状态或行为。常见的中枢神经功能障碍有以下两种。

（1）兴奋、狂躁：牛表现为不安、惊恐，横冲直撞，攻击人、畜，见于狂犬病、脑及脑膜充血及中毒等。

（2）抑制、昏迷：轻者表现为低头垂耳，反应迟钝，行动无力，多见于热性病；重者呈现昏迷状态，病牛卧地不起，呼唤不应，意识完全丧失，反射消失，甚至瞳孔散大，粪尿失禁，为预后不良征兆，见于脊髓损伤（图

图 4-19　牛脊髓损伤

4-19）、脑及脑膜炎、中暑后期及重度的产后瘫痪。

2. 头颅及脊柱检查

观察头颅的形状、大小及脊柱的外形，配合进行触诊及叩诊。头颅局部膨大变形，见于外伤、肿瘤、额窦炎；局部温度增高，多为脑、脑膜充血及炎症；叩诊浊音，见于脑瘤、额窦炎、脑多头蚴病；脊柱变形，向内、向下、侧方弯曲，见于骨软症或佝偻病；局部肿胀疼痛，常为挫伤或骨折；僵硬，快速运动或转圈运动不灵活，见于破伤风、腰肌风湿等。

必要时，要进行开颅检查（图4-20）。

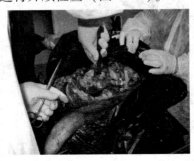

图 4-20　开颅检查

3. 感觉器官检查

（1）视觉器官检查：观察眼球、眼睑、角膜、瞳孔的状态，主要检查眼的视觉能力及瞳孔对光的反应。

1）眼睑：眼睑肿胀，见于流行性感冒、牛恶性卡他热；上眼睑下垂，多见于面神经麻痹、脑炎、脑肿瘤及某些中毒病。

2）眼球：眼球下陷，见于严重失水、眼球萎缩；眼球震颤，见于急性脑炎、癫痫等。

3）角膜：角膜混浊，见于牛恶性卡他热、角膜外伤或维生素 A 缺乏等。

4）瞳孔：瞳孔散大，多见于脑膜炎、脑肿瘤、脓肿、多头蚴病，或阿托品中毒；瞳孔缩小，且伴发对光反应迟钝或消失，多见于慢性脑室积水、脑膜炎、有机磷中毒等。

5）视力：视物不清，甚至失明，多见于犊牛的维生素缺乏症。

（2）听觉器官检查：在安静环境，给予音响刺激，观察牛的反应。常见的听觉异常有以下两种。

1）听觉增强：对轻微声音耳迅速来回转动，惊恐不安，多见于破伤风、狂犬病、牛酮血症等。

2）听觉减弱：对较强的声音刺激，无任何反应，见于延髓和大脑皮质颞叶受损等。

（3）皮肤感觉检查：遮盖动物的眼睛，检查牛皮肤的触觉、痛觉和温热感觉（图4-21）。感觉减弱或消失，对强烈刺激无明显反应，见于中枢功能抑制的脊髓、脑干部疾病；感觉增强，见于局部炎症、脊髓炎等。

图 4-21　皮肤触诊

（4）反射功能检查：主要检查皮肤、黏膜、深部反射等。反射减弱或消失，常见于脑积水、多头蚴病等；反射亢进，见于脊髓背根、腹根或外周神经的炎症，以及脊髓炎、破伤风、有机磷中毒、士的宁中毒等。

（六）运动系统检查

先观察牛在站立静止时肢体的位置、姿势是否正常，肢体局部有无异常变化，然后让牛自由活动，观察是否存在运动异常。

常见的运动功能障碍有盲目运动、共济失调、痉挛、麻痹和瘫痪等。

1. 盲目运动

表现为无目的地行走，前冲、后退，转圈运动等，见于脑炎、脑膜炎、某些中毒病及牛多头蚴病等。

2. 共济失调

表现为静止时站立不稳、四肢叉开，运步时步态不稳、后躯摇晃、行走如醉，多见于小脑性失调。

3. 痉挛

主要见于破伤风、某些中毒病、脑炎及脑膜炎。

4. 麻痹

末梢性麻痹，常见于面神经麻痹、坐骨神经麻痹、桡神经麻痹等。中枢性麻痹，常见于狂犬病、某些中毒病等。

5. 瘫痪

有两种情况：单瘫表现为某一肌群或一肢的麻痹，如三叉神经或颜面神经麻痹，以致影响咀嚼和采食；截瘫时，身体两侧对称部位发生麻痹，多因脊髓横断性损伤所致。

（七）乳房检查

乳房检查对乳腺疾病的诊断具有重要的意义。检查方法主要有视诊、触诊，同时注意观察乳汁的外观。

1. 视诊

注意乳房的大小、形状，乳房和乳头的皮肤颜色，有无发红、橘皮样变、外伤、隆起、结节及脓疱等。乳房皮肤上出现疱疹、脓疱及结节多为痘疹的特征。

2. 触诊

须在挤奶后进行。用手触摸乳房，注意检查肿胀的部位、大小、硬度、压痛及局部温度，检查有无波动感（图4-22）。牛患乳腺炎症时，炎症部位肿胀、发硬、皮肤呈紫红色，有热痛反应。有时乳房淋巴结也肿大，挤奶不畅。炎症可发生于整个乳房，有时仅限于乳腺的一叶，或仅局限于一叶的某部分。因此，检查应遍及整个乳房。如乳房发生脓肿时，可在乳房的皮下或深部出现大小不等的坚实且有弹性的囊状物。当脓肿成熟后，可出现波动，但深部肿胀波动不明显。奶牛发生乳房结核时，乳房淋巴结显著肿大、硬结，触诊无热痛。

图4-22　乳房触诊

3. 乳汁外观检查

除轻度炎症外，多数乳腺炎患牛，乳汁性状都有变化。检查时，可将患病乳叶的乳汁挤入手心或盛于器皿内进行观察，注意乳汁的颜色、稀稠和性状，如乳汁内的絮状物、纤维蛋白性凝块、脓汁、带血，为乳腺炎的重要指征。此外，必要时可用化学方法进行乳汁的酸碱度测定及乳内酶的测定，亦可用显微镜检查法进行血细胞和细菌学分析，以确定乳腺炎的类型。

（八）病料的采取和保存

1. 病料的采集方法

（1）液体材料的采集：一般用棉棒采集破溃的脓汁、胸水、鼻液、阴道分泌物（图4-23）、排泄物。采集未破的脓肿时，在表面消毒后，用注射器抽取，也可用吸管吸取，汁液置于试管中。血液可从静脉采集。若是突然死亡或病因不明的尸体，须先采集末梢血液制成涂片，镜检；疑似炭疽时，须进行剖检。

图4-23 采集阴道分泌物

（2）实质器官的采集：应在刚解剖尸体后立刻采集。若剖检过程中污染了被检器官，或剖开腹腔后时间过久，应先用烧红的刀片烧烙表面，在烧烙的深部切取小块器官，放在灭菌试管或培养皿内，或直接用铂耳挑取病料涂抹于平板培养基上。常采集的脏器有肝、脾、肾、心、肺、淋巴结等。

（3）胃肠及其内容物的采集：除去粪便的肠管，水洗后放在平皿内（图4-24）。粪便应采集新鲜的带有脓、血、黏液部分，液态粪便应采集絮状物。有时可将胃肠剪下，两端结扎好，送往实验室（厌氧菌培养时）。

（4）胎儿：可将流产胎儿送往实验室，也可用吸管或注射

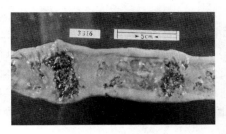

图4-24　溃疡肠段

器吸取胎儿内容物放在试管内。

2. 病料采集注意事项

图4-25　高温高压消毒

图4-26　涂片检查

（1）取被检病料应采用无菌操作技术，所用器械、器皿，都须经过灭菌（图4-25）。在抽取血液或其他液体时，要避免外源性污染。取得材料后，应立即送往实验室检查。

（2）动物死亡后应立即采集病料，不能拖延时间。夏天应在4~8小时，冬天应在24小时之内完成采集，而且应采集病原菌最多的部位或脏器。病料量不宜过少，用合适的容器盛装，避免在送检途中细菌干燥死亡等情况的发生。

（3）送检的病料如体液、尿、脓汁、鼻液等应首先做涂片检查（图4-26），再根据情况做分离培养等其他检验。

（4）人畜共患病在取样和送检途中，应严格要求，以免工作人员受到传染。

3. 牛常见细菌性传染病取样部位

（1）炭疽：取样时，严禁剖检尸体，应立即从耳尖采血涂片染色镜检。必要时在严格控制的条件下，从尸体左侧最后一条肋骨后缘打开腹腔，采集小块脾脏涂片染色镜检，腹腔切口用浸透碘酊的纱布填塞。皮肤炭疽可采集病灶水肿液渗出物，肠炭疽可采集粪便。

（2）布鲁氏菌病：最好采集流产胎儿的胃内容物、羊水及胎盘的坏死部分。如无此材料，也可用母牛阴道分泌物、乳汁或尿液。

（3）巴氏杆菌病：尽可能采集新鲜病料，如渗出液、心血、肝、脾、淋巴结、骨髓等，制成涂片，以免镜检时细胞碎片混淆视线。

（4）结核病：采集患病动物的病灶、痰液、尿液、粪便、乳汁及其他分泌物。

（5）副结核病：已有临床症状的病牛，可刮取直肠黏膜，或取粪便中的小块黏膜及血液凝块，尸体可取回肠末端与附近肠系膜淋巴结或取回盲瓣附近的肠系膜。

（6）放线菌病：采集病灶脓汁。

4. 被检材料的保存方法

供细菌检验的被检材料，如能立即送往实验室并有条件立即展开工作的，最好立即对病料进行分析。若须在 1~2 天内送到实验室，可暂放在有冰的保温瓶或冰箱内；也可放入灭菌液状石蜡或 30% 甘油生理盐水中；还可在保温瓶内放氯化铵 500 g 加 1 500 mL 水，使保温瓶内保持 0 ℃ 左右达 24 小时。送到实验室暂且不能检查的病料，也要放置冰箱中待检。

供细菌检验用的被检材料，应尽可能保证其中的细菌数量和活力不发生变化。最好由专人送检，并记录有关的详细情况，如病情、剖检、采集时间和部位等，以供检验人员参考。

第三节　牛病的治疗技术

一、保定方法

（一）牛的接近

牛的性情温顺而倔强，对饲养员、挤奶员一般表现比较温顺，而对陌生人员则表现比较倔强。接近病牛与实施检查、诊断时，首先要考虑人、畜安全。当牛低头凝视时一般不要接近。一般接近牛时，应事先向饲养员了解牛平时的性情，是否胆小、易惊，是否有踢人、顶人的恶癖。并最好由饲养员在旁边进行协助，先投以温和的呼声，即向牛发出一个善意接近的信号，给牛以友好的感觉，消除牛的攻击心态，使其安静、温顺，然后再从牛的侧前方慢慢接近。接近后用手轻轻抚摸牛的颈侧，逐渐抚摸到牛的臀部，以便进行检查。

（二）牛的保定

保定的目的是在人、畜安全的前提下防止牛的骚动，便于疾病的检查与处置。

1. 简易保定法

常用的有以下 4 种方法。

（1）徒手握牛鼻保定法：在没有任何工具的情况下，先由助手协助提拉牛鼻绳或鼻环，然后术者先用一手抓住牛角，另一只手准确快捷地用拇指、食指和中指捏住牛的鼻中隔，达到保定的目的。多在注射及一般检查时应用。

（2）牛鼻钳保定法：与徒手握牛鼻保定方法相似，将牛鼻钳的两钳嘴替代手指抵入牛的两鼻孔，迅速夹紧鼻中隔，用一手或双手握持，亦可用绳栓紧钳柄固定（图4-27）。适用于注射或一般检查。

图4-27　牛鼻钳保定

（3）捆角保定法：用一根长绳拴在牛角根部，然后用此绳把角根捆绑于木桩或树上保定。为防止断角，可再用绳从臀部绕躯体一周拴到桩上。适用于头部疾病的检查和治疗。

（4）后肢保定法：用一根短绳在两后肢跗关节上方捆紧，压迫腓肠肌和跟腱，防止踢动（图4-28、图4-29）。适用于乳房、后肢及阴道疾病的检查和治疗。

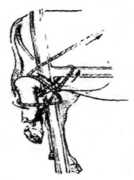

图4-28　后肢的提举保定

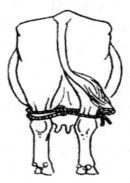

图4-29　两后肢保定

2. 柱栏内保定法或站立保定法

（1）单柱颈绳保定法：将牛的颈部紧贴于单柱，以单绳或双绳做颈部活结固定。适用于一般检查、直肠检查。

（2）两柱栏保定法：将牛牵至两柱栏的前柱旁，先用颈部活结使颈部固定在前单柱颈绳保定柱的一侧，再用一条长绳在前柱至后柱的挂钩上做水平缠绕，将牛围在前、后柱之间；然后用绳在胸部或腹部做上下、左右固定；最后分别在鬐甲和腰上打结固定（图4-30）。适用于修蹄以及瘤胃切开等手术。

图4-30　两柱栏保定法

（3）六柱栏保定法：六柱栏共有6个柱子（主要为钢管制，也有木制和铁制的），牢固固定在地面上，也有可移动的六柱栏；其中2个门柱用以固定头颈部；2个前柱和2个后柱，用以固定体躯和前肢；在同侧前后柱上，设有下横梁和上横梁，用以吊胸、腹带。保定时先将六柱栏的胸带（前带）装好，将牛由后方牵入六柱栏内，立即装上尾带，并把缰绳拴在门柱上（图4-31）。

为防止牛从前带跳出，可用一条扁绳"压梁"，即用绳拴在下横梁上，再通过鬐甲部至对侧横梁上缠绕打结；同时为了防止卧下，应装好腹带。诊疗工作完毕，先解除鬐甲带，再解除腹带和前带，即可将奶牛牵出六柱栏。

图 4-31 保定用六柱栏

3. 倒卧保定法

（1）背腰缠绕倒牛法：用一根长绳，在绳的一端做一个较大的活绳圈，套在两个角的基部，将绳沿非卧侧颈部外面和躯干上部向后牵引，在肩胛骨后沿处环胸绕一圈做成第一绳套；继而向后引至肷部，再环腹一周（此套应放至乳房前方，避免勒伤乳房）做成第二绳套。两人慢慢向后拉绳的游离端，另一人把持牛角，使牛头向下倾斜，牛立即蜷腿而慢慢倒下（图 4-32、图 4-33）。牛倒卧后，一定要将牛头部固定好，不能放松绳端，否则牛易站起。固定好后，方可实施检查或处置，此法适用于外科手术。

图 4-32 一条绳倒牛法

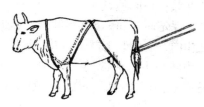

图 4-33 一条绳倒牛法变法

（2）拉提前肢倒牛法：将一根 8~10 m 的圆绳折成一长一短的双叠，在折叠部作一个猪蹄扣，套在牛的倒卧侧前肢球节的上方（系部）。然后将短绳穿过胸下从对侧经背部返回，由一人固定；再将长绳端引向后方，在髋结节前方绕腰腹部做一环套，并继续引向后方，由另一人固定。令牛向前走一步，当牛抬举被套前肢的瞬间，用力拉紧绳索，牛即先跪下而后倒卧。一人迅速固定牛头，一人固定牛的后躯，一人速将缠在腰部的绳套向后拉并使之滑到两后肢的跗关节上方（跖部）而拉紧绳子，最后将两后肢与卧地侧前肢捆扎在一起。适用于会阴部外科手术等。

二、经口给药方法

在牛病防制过程中，经口给药（投药）是最基本的防制措施。投药的方法很多，实践中应根据药物的不同剂型、剂量、药物的刺激性，以及牛的病情及其进程，选用不同的投药方法。

（一）液剂药物灌服法

该方法适用于液体性口服药物。给牛灌药，建议采用专用灌药橡皮瓶（图 4-34）；若没有专用橡皮瓶，可使用长颈塑料瓶或长颈啤酒瓶，洗净后，装入药液备用。一般采用徒手保定，必要时采用牛鼻钳及鼻钳绳借助牛栏保定。

图 4-34　灌瓶

灌服时，首先把牛拴系于牛栏活牛桩上，由助手紧拉鼻环或用手抓住牛的鼻中隔，抬高牛头，牛头一般要略高于牛背；再用手掌托住牛的下颌，使牛嘴略高。术者一手从牛的一侧口角伸入，打开口腔并轻压牛的舌头；另一只手持盛有药液的橡皮瓶或长颈瓶，从另一侧口腔角伸入并送向舌背部，然后抬高灌药瓶的后部，并轻轻振抖，使药液流出，吞咽后继续灌服，直至灌完。若药量较多，应分瓶次灌服，每瓶次药量不宜太多，灌服速度不宜太快。严禁药物呛入气管内，灌药过程中，如病牛发生强烈咳嗽时，立即暂停灌服，并使牛头低下咳出药液。

经口腔灌药，既可以往瘤胃内灌药，又可以往瓣胃以后的消化道灌药，不同的灌药方法会产生不同的效果。一般若每次灌服的药液量，由于食道沟的反射作用，食道沟闭锁，形成筒状，大部分药液送入瓣胃；若一次灌入大量药液，则食道沟开放，药液几乎全部流入瘤胃。因此往瘤胃投药时，可用长颈瓶等器具一次大量灌服，或用胃管直接灌服，而往瓣胃内及以后的消化道内投药时，则应少量多次灌服。

（二）片剂、丸剂、舔剂药物投药法

该法应用于西药及中成药制剂，可采用裸手或投药器进行。投药时一般站立保定。裸手投药时，术者用一只手从一侧口角伸入，打开口腔；另一只手持药片（丸、囊），或用竹片刮取舔剂自另一侧口角送入其舌背部。投药器投药时，事先将药品装入投药器内，术者持投药器自牛一侧口角伸入并直接送向舌根部，迅速将药物推出，抽出送药器，待其自行咽下。

裸手投药或投药器投药后，都要观察牛是否吞咽，必要时也可在投药后灌饮少量水，以确保药物全部吞咽。

通过口腔投入抗生素、磺胺类药物等化学制剂时，应考虑到其对瘤胃微生物群落的影响。四环素族抗生素及磺胺类药物对瘤胃微生物群落的发育繁殖具有强烈的抑制作用，链霉素相对危害较轻。一般采用化学制剂灌服治疗之后，建议灌服健康牛瘤胃液，以接种瘤胃微生物群落。

（三）胃管投药法

大剂量液剂药物或带有特殊气味、经口不易灌服的药品，可采用胃管投药法。按照胃管插入术的程序和要求，通过口腔或鼻

孔插入胃管，将药物置于挂桶或盛药漏斗，经胃管直接灌入胃中（图4-35、图4-36）。患咽炎或明显呼吸困难的病牛，不能用胃管灌药。若灌药过程引起咳嗽、气喘时，应立即停止灌药。

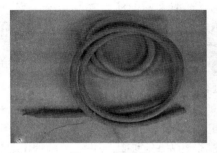

图4-35　胃导管

图4-36　胃导管投药法

　　插胃管时，要确实保定好病牛，固定好牛的头部。胃管用水湿润或涂上润滑油。先给牛装一个木制的开口器，胃管经口即从开口器的中央孔插入或经鼻孔插入，插入动作柔和缓慢，到达咽部时，感觉有抵抗，此时不要强行推进，待病牛发生吞咽动作时，趁机插入食管。正常进入食管后，可在左侧颈沟部触及胃管；这时向管内吹气，在左侧颈沟部可观察到明显的波动；同时嗅胃管口，可感觉到有明显的酸臭气味排出。若胃管误进入气管内，仔细观察可发现管内有呼吸样气体流动，或吹气感觉气流畅通，则应拔出重新插入。若发现鼻、咽黏膜损伤而出血，则应暂停操作，采用冷水浇头方法进行止血，若仍出血不止，应及时采取其他止血措施，止血后再行插入。

三、注射给药法

　　注射是防制牛病常用的给药法。注射法即借用注射器把药物投入病牛机体的给药法。皮下注射、肌内注射、静脉注射是临床上最常用的注射法，另外还有皮内注射、胸腔注射、腹腔注射，以及气管、瓣胃、眼球结膜等部位注射。实践中根据药物的性质、剂量及疾病的具体情况选择特定的方法进行注射。

按照注射方法和药物剂量，选取不同的注射器和针头。检查注射器是否严密，针管、针芯是否合套，金属注射器的橡皮垫是否好用，松紧度调节是否适宜，针头是否锐利、通畅，针头与针管的结合是否严密。注射前必须排净针管内的空气。所有注射用具在使用前必须清洗干净并进行煮沸或高压灭菌消毒。

注射部位应先进行剪毛、消毒（先用5%碘酊涂擦，再用75%乙醇涂擦），注射后也要进行局部消毒。严格执行无菌操作规程。抽取药液前，要认真检查药品的质量，注意药液是否混浊、沉淀、变质；同时混注两种药液时，要注意配伍禁忌。若需要注入大量药液时，特别是静脉滴注时，应加温，使药液与体温同高。抽完药液后，要排除注射器内的气泡。

（一）皮内注射法和皮下注射法

皮内注射法主要用于变态反应试验，如牛结核菌素变态反应试验。注射部位一般在颈部上1/3处或尾根两侧的皮肤皱襞处。采用1 mL注射器，小号或专用皮内注射针头。注射时，对注射部位剪毛消毒，以左手食指和拇指捏住注射部位皮肤，右手持注射器，在牢固保定的情况下，将针尖刺入真皮内，使针头几乎与注射皮面平行刺入。待针头斜面完全进入皮内后，放松左手，注入药液，使皮面形成一个圆丘即可。皮内注射，要注意不能刺入太深，注射后不能按压，拔出针头后，不要再消毒或压迫。

皮下注射是将药液经皮肤注入皮下疏松组织内的一种给药方法，适用于药量少、刺激性小的药液，如阿托品、毛果芸香碱、肾上腺素、比赛可灵及防疫苗（菌）等。刺激性大的药液、混悬液、油剂等由于皮下吸收不良，不能采用皮下注射，注射部位以皮肤较薄、皮下组织疏松处为宜，牛一般在颈部两侧。如药液量较多时，可分数处多部位注射。注射部位也可选在肘后或肩后皮肤较薄处。皮下注射一般选用16号针头，注射时对注射部位剪毛消毒（用70%乙醇或2%碘酊涂搽消毒），一般用左手拇指和食指捏起注射部位皮肤，使皮肤与针刺角度呈45°，右手持注射器，或用右手拇指、食指和中指单独捏住针头，将针头迅速刺入捏起的皮肤皱褶内，使针尖刺入皮肤皱褶内1.5~2 cm深。然后松开左手，连接针头和针管，将药液徐徐注入皮下。外另须注意，分步操作，在连接针管时，要将盛药针管内的空气排净。

（二）肌内注射法

肌内注射是最常用的注射法，即将药液注入牛的肌肉内（图4-37）。动物肌肉内血管丰富，药液注入后吸收较快，仅次于静脉注射。一般刺激性较强、较难吸收的药液都可以采用肌内注射法，如青霉素、链霉素，以及各种油剂、混悬剂等，但对一些刺激性强烈而且很难吸收的药物，如水合氯醛、氯化钙、浓盐水等不能进行肌内注射。

图4-37 肌内注射

肌内注射的部位一般选择在肌肉层较厚的臀部或颈部。使用16号针头，注射时，对注射部位剪毛消毒，取下注射器上的针头，以右手拇指、食指和中指捏住针头座，对准消毒好的注射部位，将针头用力刺入肌肉内，然后连接吸好药液的针管，徐徐注入药液。注射完毕后，拔出针头，针眼涂以碘酊消毒。

另外须注意，一般肌内注射时，不要把针头全部刺入肌肉内，以防针头折断后不易取出。近年来多采用一次性塑料注射器，则不必拿下针头单独刺入，为动物注射给药提供了方便。

（三）静脉注射法

1. 静脉注射

静脉注射就是把药液直接注入动物静脉血管内的一种给药方法（图4-38）。静脉注射能使药液迅速进入血液，随血液循环遍布全身，很快发生药效。注射部位多选在颈静脉上1/3处。一般使用兽用16号或20号针头。注射时，先保定好病牛，使病牛颈部向前上方伸直。注射部位剪毛消毒，左手在注射部位下面约5 cm处，以大拇指紧压在颈静脉沟中的静脉血管，其余四指在右侧相应部位抵住，拦住血液回流，使静脉血管鼓起。术者右手拇指、食指和中指紧握针头座，针尖朝下，使针头与颈静脉呈45°，对准静脉血管猛力刺入，如果刺进血管，便有血液涌出；如果针头刺进皮肤，便没有血液流出，可另行刺入。针头刺入血管后，再将针头调转方向，使针尖在血管内朝上，再将针头顺血管推入2~3 cm。松开左手，固定针头座，与右手配合连接针管。左手固定针管，手背紧靠病牛颈部作支撑，右手抽动针管活塞，见到

图4-38　颈静脉注射

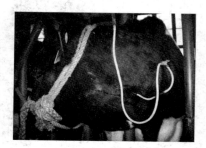

图4-39　静脉吊瓶滴注

回血后，将药液徐徐注入静脉。

注射完药液后，左手用酒精棉球压紧针眼，右手将针拔出，为防止针眼溢血或形成局部血肿，在拔出针头后，继续紧压针眼1~2分钟，然后松手。

静脉注射要将药液直接送入血液，因而要求药液无菌、澄清透明，无致热原；刺激性强的药液，要注意稀释浓度，如果浓度过高，容易引起血栓性静脉管炎；注射时，严防药液漏至血管外，以免引起局部肿胀；保定要牢固，注射速度应缓慢。

2. 静脉吊瓶滴注

静脉吊瓶滴注即输液，即通过静脉注射或滴注的方法将药液直接输入静脉管内（图4-39）。临床上可以使用人用的一次性输液器代替过去的输液工具，免去了过去的吊瓶消毒等诸多麻烦。新的方法是采用一次性输液器，兽用16号、20号粗长针头作输液针头，按治疗配方将使用的药液配装在500 mL的等渗盐水瓶中，或所需要的不同浓度的葡萄糖注射液（500 mL瓶）药瓶中，作为输液药瓶。将输液药瓶口朝下置入吊瓶网内，然后把一次性输液器从灭菌塑料袋中取出，把上端（具有换气插头端）插入输液药瓶的瓶塞内，把吊瓶网挂在高于牛头30~40 cm的吊瓶架上。把输液器下端过滤器下面的细塑料管连同针头拔掉，安装上兽用输液针头（6号或20号针头）。打开输液器调节开关，放出少量药液，排出输液管内的空气，调节输液器管中上部的空气壶，使之置入半壶药液，以便观察输液流速。将排完空气的输液器关好开关，备用。取下输液器上的锋利的兽用针头，按照静脉注射的方法，将针头刺入静脉血管，把针头向下送入血管2~3 cm，以防针头滑出。这时松开静脉的固定压迫点，打开输液器开关，连接输液器管，把输液器末端（过滤器下段）插入置于静脉血管中的针头座内，拧紧（防止松动漏液），调节输液速度，开始输液，然后再用两个文具夹把输液器下端连接针头附近的输液管分两个地方固定在牛的颈部皮肤上。滑动输液器上的调节开关，使之达到需要的滴流速度。

静脉吊瓶滴注与静脉注射的区别：静脉注射时在将针头刺入静脉后，调整针头方向，使之针尖朝上，然后连接针管、注入药液。而静脉输液时在将针头刺入静脉后，将针头向下顺入静脉管内，连接输液器下端，输入药液。

静脉注射或滴注过程中，若药液漏出静脉外时，可做如下处理：如是高渗溶液，则向肿胀局部及周围注入适量的注射用水（灭菌蒸馏水）以稀释；如是刺激性强或有腐蚀性的药液，则向周围组织注入生理盐水；如是氯化钙溶液可注入10%硫酸钠溶液，使其转化为硫酸钙和氯化钠。此外，局部温敷可以促进吸收。

（四）气管注射给药法

气管注射是将药液直接送入动物气管内，用以治疗气管、支气管及肺部疾病。病牛站立保定，头颈伸直并略抬高，沿颈下第三轮气管正中剪毛消毒，用16号针头向后上方刺入，当穿透气管壁时，针感无阻力，然后连接针管，将药液缓缓注入。

气管注射时，为防止咳嗽，可先在气管内注入0.25%～0.5%的普鲁卡因溶液5 mL，再注入治疗用药液。3月龄以下犊牛，也可直接用0.25%的普鲁卡因溶液20 mL稀释青霉素80万U，缓缓注入气管内，隔天一次，连用2～5次。

（五）胸腔注射给药法

病牛站立保定，在右侧第5或左侧第6肋间，胸外静脉上方2 cm处剪毛消毒，用左手将注射部位皮肤前推1～2 cm，右手持连接针头的注射器，沿肋骨前缘垂直刺入3～5 cm，注入药液。注药完毕，拔出针头，使局部皮肤复位，常规消毒。整个注射过程要防止空气进入胸腔。

（六）腹腔注射给药法

腹腔注射法是将特定药物直接注入腹腔，借助腹膜的吸收机能治疗某些疾病的注射法。

腹腔注射时，病牛站立保定，犊牛亦可侧卧保定。术部剪毛、消毒后，用16~18号针头垂直皮肤刺入，依次穿透腹肌和腹膜，当针头透过腹膜后，其阻力降低，有落空感。针头内不出现气泡及血液，也无腹腔脏器内容物溢出，经针头注入生理盐水无阻力，说明刺入正确。此时可连接注射器或连接输液吊瓶上的输液管接头向腹腔内注入药液。

向腹膜腔内注入药液应加温至37~38℃，药液过凉，会引起胃肠痉挛产生腹痛。注入的药液应为等渗溶液且无刺激性。当膀胱积尿时，应轻轻压迫腹部，或直肠内按摩膀胱，强迫排尿，待膀胱排空后再进行腹腔注射。注射过程中应防止针头退出腹腔外，必要时用胶布粘贴固定针头，一次注药量为200~1 500 mL。注药完毕，拔下针头，局部消毒。

（七）瓣胃注射法

病牛站立保定，在右侧第9肋间，肩关节水平线上下2 cm处剪毛消毒（图4-40），用长15 cm（16~18号）的针头，垂直刺入皮肤后，针头朝向左侧肘突（左前下方）方向刺入8~10 cm（刺入瓣胃内时常有沙沙声），以注射器注入20~50 mL生理盐水后立即回抽，如见混有草屑等胃内容物，即可注入治疗药物。注射完迅速拔出针头，按照常规消毒法消毒。

（八）皱胃注射法

将病牛站立保定，消毒注射位点，皱胃位于右侧第12、13肋骨

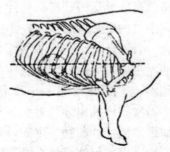

图4-40 瓣胃注射部位

后下缘，若右侧肋骨弓或最后 3 个肋间显著膨大，且呈现叩击钢管清朗的铿锵音，也可选此处作为注射点。局部剪毛消毒，取长 15 cm（6~18 号）的针头，朝向对侧肘突刺入 5~8 cm，有坚实感即表明刺入皱胃，先注入生理盐水 50~100 mL，立即抽回，若其中混有胃内容物（pH 值 1~4），即可注入事先备好的治疗药物。注完后，常规消毒注射点。

（九）乳池注射法

乳池注射即将药物注入乳房的乳池中，用于预防或治疗乳腺炎，是奶牛场常用的注射方法（图 4-41）。将放奶针头（或称导乳针头）消毒备用。

图 4-41 乳池注射法

具体操作方法：将牛适当保定，用干净温水清洗、擦干乳房；挤净乳房内积存的奶汁，用酒精棉球擦拭消毒乳头及乳头下端中央的乳头管开口；左手护住乳头下端，使乳头管口偏向操作者，右手持针，把针头缓缓插入乳头管内 23~35 cm；把持乳头的左手同时捏住导乳针底座，右手将吸好药液的针管连接到针头底座上（通常可用一小段乳胶管连接），将药液缓缓推入乳池中。注完后抽出导乳针头，用手稍微捏一会儿乳头或轻揉乳头，如果是治疗性药物，则需一只手捏住乳头下端，另一只手轻上托按摩乳房，促使药液在乳池内向上串开。操作时要注意保定好奶牛，以防被奶牛踢伤。注入药液的一般容量要求每个乳池 50~

100 mL。采用乳池注射法治疗乳腺炎，注射前一定要把乳房内炎性乳汁挤净，在挤完奶后，立即进行乳池注射。每次挤完奶后，都要进行乳池灌注，使乳池内长时间具有有效治疗药物。

四、灌肠法

灌肠是为了治疗某些疾病，向肠内灌入大量的药液、营养物或温水，使药液或营养很快吸收或促进粪便排出，除去肠内分解产物与炎性渗出物的方法。

事先备好灌肠器、压力气筒、吊桶和灌肠溶液等。灌肠液常用微温水、微温肥皂水或3%~5%单宁酸溶液、0.1%高锰酸钾溶液、2%硼酸溶液等具有消毒、收敛作用的溶液，或葡萄糖溶液、淀粉浆等营养溶液。

灌肠分为浅部灌肠与深部灌肠两种。浅部灌肠仅用于排除直肠内积粪，而深部灌肠则用于肠便秘、直肠内给药或降温等。

（一）浅部灌肠

将病牛在柱栏内站立保定，并吊起尾巴。将灌肠液盛入漏斗或吊桶内，在灌肠器的橡胶管上涂液状石蜡或肥皂水，术者将灌肠器胶管的前端缓缓插入病牛肛门，再逐渐向直肠内推送；助手高举灌肠器漏斗端或吊桶，亦可固定于柱栏架上，使溶液徐徐流入直肠内，如流入不畅，可适当抽动橡胶管。注入一定液体后，牛便出现努责，让直肠内充满液体，再与粪便一起排出。如此反复进行多次，直到将直肠内洗净为止。

（二）深部灌肠

深部灌肠是在浅部灌肠的基础上进行，使用的灌肠器皮管较长、硬度适当。橡皮管插入直肠后，连接灌肠器，伴随灌肠液体的进入，不断将橡皮管内送，如用唧筒代替高举或高挂的灌肠器（图4-42），液体进入肠道的速度就更快。

在边灌边将橡皮管内送的同时，压入液体的速度应放慢，否

图 4-42　唧筒灌肠器

则会因液体大量进入深部肠道，反射性刺激肠管收缩而把液体排出，或使部分肠管过度膨胀（特别在有炎症、坏死的肠段），造成肠破裂。在灌肠过程中，随时用手指刺激肛门周围，使肛门紧缩，防止灌入的溶液流出。灌肠完毕后，拉出胶管，解除保定。

五、牛常用穿刺方法

通过穿刺，可以获得病牛体内某一特定器官或组织的病理材料，做必要的现场鉴别或实验室诊断，确诊疾病；而当急性胃肠臌气时，穿刺排气，可以缓解或解除病症。

（一）瘤胃穿刺术

瘤胃严重臌气会导致呼吸困难，应立即对牛实施瘤胃穿刺术，排放气体，缓解症状，创造治疗时机。

穿刺部位在左肷部的髋结节和最后肋骨中点连线的中央。瘤胃臌气时，取其臌胀部位的顶点。穿刺时，将病牛站立保定，术部剪毛消毒，将皮肤切一小口，术者以左手将局部皮肤稍向前移，右手持消毒的套管针迅速朝向对侧肘头方向刺入约 10 cm深，固定套管，抽出针芯，用纱布块堵住管口，施行间歇性放气，使瘤胃内的气体断续、缓慢地排出。若套管堵塞，可插入针芯疏通或稍摆动套管。排完气后，插入针芯，手按腹壁并紧贴胃壁，拔出套管针。术部涂以碘酒。

为防止臌气继续发展，造成重复穿刺，必要时套管不要拔出，继续固定，经留置一定时间后再拔出。若没有套管针，可用大号长针头或穿刺针代替，但一定要避免多次反复穿刺，必要时，可进行第二次穿刺，但不宜在原穿刺孔进行。排出气体后，为防止复发，可经套管向瘤胃内注入防腐消毒剂等。

（二）胸腔穿刺术

一般用于探测胸腔有无积液并采集胸腔积液进行病理鉴定，排出胸腔内的积液或注入药液及冲洗治疗等。

将病牛站立保定，针对病症要求选择穿刺部位。左侧穿刺部位为第 7 肋间胸外静脉上方，右侧穿刺部位为第 6 肋间胸外静脉上方，或肩关节水平线下方 2～3 cm 处。术部剪毛消毒，术者左手将术部皮肤稍向前移，右手持连接胶管与注射器的 16～18 号针头沿肋骨前缘垂直刺入约 4 cm，然后连接注射器，抽取胸腔积液。术后严格消毒。

无积液排出时，应迅速将针头上的胶管回转、折叠压紧，使管腔闭合，防止发生气胸。

（三）腹腔穿刺术

腹腔穿刺术主要用于采集腹腔液鉴别诊断相关疾病，排出腹腔积液、腹腔注射药液及进行腹腔冲洗治疗等。

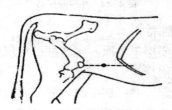

图 4-43 牛腹腔穿刺部位

实施腹腔穿刺术前，备好消毒套管针，若没有专用套管针，可选用 16 号针头代替。将病牛站立保定，或将后肢拴系保定。

在脐与膝关节连线的中点（图4-43），剪毛消毒，术者蹲下，右手控制套管针的刺入深度，由下向上垂直刺入，左手固定套管，右手拔出套管针芯。采集积液送检。术后常规消毒。

（四）膀胱穿刺术

膀胱穿刺一般是在尿道完全堵塞，有膀胱破裂危险时，而采取的临时性治疗措施，亦用于公牛的导尿等。

将病牛站立保定。按照直肠检查操作要领，首先充分排出直肠蓄粪，清洗消毒术者手臂，然后将装有长胶管的14～16号针头握在手掌中，术者手呈锥形，缓缓进入直肠。在膀胱充满的最高处，将针头向前下方刺入，并固定好针头，使尿液通过针头沿事先装好的橡胶管流出（图4-44）。待尿液彻底流完后，再把针头拔出，同样握在掌中，带出直肠。

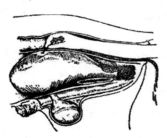

图4-44　牛膀胱穿刺

（五）心包穿刺术

心包穿刺术主要用于采取心包液进行病理鉴定，以及心包积脓时的排脓与清洗治疗。

将术牛站立保定，并使病牛的左前肢向前伸出半步，充分暴露心区。在左侧第5肋间，肩端水平线下2 cm处剪毛消毒，一手将术部皮肤向前推移，一手持带胶管的16～18号长针头，沿第6肋骨前缘垂直刺入约4 cm，连接注射器，边抽边进针，至抽出心包液为止。

操作过程要谨慎小心，避免针头晃动，或刺入过深伤及心脏。进针过程或注药的换药过程都要把胶管折叠、回转压紧，保持管腔闭合，防止形成气胸。

六、子宫冲洗法

子宫冲洗主要用于治疗阴道炎和子宫内膜炎、子宫蓄脓、子宫积水等生殖道疾病。由于用大量消毒液冲洗子宫，会降低子宫上皮的抵抗力和防御机能，发生子宫严重弛缓，导致"治疗性"不孕，故应尽量少用。

冲洗前，应按常规消毒子宫冲洗器具。在没有专用子宫冲洗器的条件下，一般可用马的导尿管或硬质橡皮管、塑料管代替子宫冲洗管，有条件的话，可采用胚胎采集管代替。用大玻璃漏斗或搪瓷漏斗代替唧筒或挂桶，消毒备用。

冲洗时，消毒牛的外阴部和术者的手、臂。通过直肠将导管小心地从阴道插入子宫颈内，或进入子宫体，抬高漏斗或挂桶，使药液通过导管徐徐流入子宫。待漏斗或挂桶内药液快完时，立即降低漏斗或挂桶位置，借助虹吸作用使子宫内液体自行流出。更换药液，重复进行2~3次，直至药液流出子宫时保持原来色泽状态不变为止。为使药液与黏膜充分接触及冲洗液顺利排出，冲洗时，术者应一手伸入直肠，在直肠内轻轻按摩子宫，并掌握药液流入与排出情况，并务必排完冲洗药液。建议隔日一次，每次备药量10 000 mL。冲洗次数不宜太多，以免导致"治疗性"不孕。

冲洗药液应根据炎症经过而选择，常用的有微温生理盐水、0.1%~0.5%高锰酸钾溶液、0.1%~0.2%依沙吖啶溶液，以及抗生素、磺胺类制剂等。

七、导尿法

导尿主要用于尿道炎、膀胱炎治疗，以及采取尿液检验等，母牛膀胱过度充满而又不能排尿时应施行导尿术。做尿液检查而一时未见排尿，可通过导尿术采集尿样。

将病牛柱栏内站立保定，用 0.1% 高锰酸钾溶液清洗肛门、外阴部，酒精消毒。选择适宜型号的导尿管，放在 0.1% 高锰酸钾溶液或温水中浸泡 5～15 min，前端蘸液状石蜡。术者左手放于牛的臀部，右手持导尿管伸入阴道内 15～20 cm，在阴道前庭处下方用食指轻轻刺激或扩张尿道口，在拇指、中指的协助下，将导尿管引入尿道口，把导尿管前端头部插入尿道外口内；在两只手的配合下，继续将导尿管送入约 10 cm，可抵达膀胱。导尿管进入膀胱后，尿液会自然流出。排完尿液后，在导尿管后端连接冲洗器或 100 mL 注射器，注入温的冲洗药液，反复冲洗，直至药液透明为止。常用的冲洗药液主要有生理盐水、2% 硼酸溶液、0.1%～0.5% 高锰酸钾溶液、0.1%～0.2% 依沙吖啶溶液、0.1%～0.2% 石炭酸，以及抗生素、磺胺类制剂等。

公牛导尿，可通过直肠穿刺进行。

八、公牛去势

公牛去势即摘除睾丸或人为破坏公牛睾丸的正常机能，使其失去分泌和释放雄激素的功能。公牛去势后，变得温驯、乖巧、老实，便于日常管理。将公牛去势同时具有提高牛肉产品质量和风味的作用。研究表明，雄激素与生长激素具有协同作用，因而不去势的牛相对生长速度较快，因此，实践中可根据经营方式和产品目标确定是否去势及去势时间（月龄）。建议繁育牛群（即与母牛混群饲养的小公牛），以及幼幼育肥、生产特色牛肉小公牛应在 6 月龄左右去势；而生产优质牛肉的大型育肥场，公牛去势可避开快速生长期，推迟到 18 月龄左右去势。

公牛的睾丸位于阴囊之中，阴囊位于两后腿之间，阴囊的上部通常缩小为细而长的颈部。睾丸呈长椭圆形，纵轴垂直于阴囊内。附睾位于睾丸的后面。睾丸纵隔明显呈带状。

常用的去势方法分为有血去势和无血去势两种。有血去势应提前 1 周注射破伤风类毒素，或在术前一天注射破伤风抗毒素。去势时，对去势牛实施站立或横卧保定，术部消毒后，即可进行手术。一般不需要麻醉，必要时或为便于保定，术前可肌内注射静松灵 2~3 mL，也可进行局部皮下浸润麻醉或精索内麻醉。

（一）有血去势法

术者左手握住阴囊颈部，将睾丸聚到阴囊底部，使阴囊壁紧张，按如下方法切开阴囊，摘除睾丸去势。

1. 纵切法

纵切法适用于成年公牛。阴囊的后面或前面沿阴囊缝际两侧 2 cm 处做平行缝际的纵切口，下达阴囊的底部，挤出睾丸，分别结扎索后切除睾丸。

2. 横切法

横切法适用于 6 月龄左右小公牛。在阴囊底部做垂直阴囊缝际的横切口，同时切开阴囊和总膜，睾丸露出后，剪断阴囊韧带，挤睾丸，结扎精索，切除睾丸和附睾。

3. 横断法

横断法俗称大揭盖，适用于小公牛。术者左手握住阴囊底部的皮肤，右手持刀或剪刀，切除阴囊底部皮肤 2~3 cm，然后切开阴囊总鞘膜，挤出睾丸，分别结扎精索后切除。

4. 锉切法

锉切法多用于小公牛。切开阴囊及总鞘膜，露出睾丸，剪断阴囊韧带，用锉刀钳剪断精索，除去睾丸。

（二）无血去势法

无血去势法适用于不同月龄的公牛去势，方法简便，节省材料，手术安全，可避免术后并发症。采用无血去势钳在阴囊颈部的皮肤上挫断精索，使睾丸失去营养而萎缩，达到去势的目的。

将公牛栏内站立保定，常规消毒手术部位。用无血去势钳隔着阴囊皮肤夹住精索部，用力合拢钳柄，听到类似筋腱被切断的音响，继续钳压 1 min，再缓慢张开钳嘴；然后在钳夹的下方 2 cm处，再钳夹一次，采用同样的方法夹断另一侧精索。术部皮肤涂碘酒消毒。术后阴囊肿胀，可达正常体积的 2～3 倍，约 1 周后不治自愈，3 周后睾丸出现明显变形和萎缩。

采用耳夹子式的两个木棍夹住阴囊颈部，使一侧睾丸的阴囊壁紧张，阴囊底朝上，用棒槌对准睾丸猛力捶打，将睾丸实质击碎，然后用手掌反复挤压，至呈粥状感，用同样的方法处理另一侧睾丸，也可达到去势的目的。处理后阴囊皮肤涂布碘酒消毒。这种方法去势后，阴囊极度肿大，需每天早晚牵引运动，一般经 1 个月左右肿胀消失，睾丸萎缩。

九、牛洗胃术

（一）适应证

当病牛出现以下情况时，可以使用牛洗胃术。

（1）当牛过量食用富含碳水化合物的精料（如麦、薯、玉米等）使瘤胃 pH 值下降时。

（2）豆类（黄豆、豆饼）腐解使瘤胃发生泡沫性膨胀时。

（3）盐类药物（硫酸钠、人工盐）滞留瘤胃致胃内容渗透压升高，引起机体脱水时。

（4）不论原发还是继发的前胃弛缓后期，反刍停止，瘤胃内容物腐败发酵时。

（5）当瓣胃、皱胃、肠阻塞，饮水大多进入瘤胃时。

（6）某些引起中毒的物质滞留瘤胃必须排出时。

（二）洗胃操作要领

（1）用保定栏保定，用平带绳兜腹、压背，并前拦后堵，防止牛上跳、瘫卧、前窜后退。

（2）应备 100 kg 35 ℃ 左右的温水。

（3）用笼头式开口器开口，畜主扶牛角鼻绳。

（4）准备好大号胃导管或直径 2.5 cm 左右的胶管（塑料管应用热水泡软），将洗净的导管甩去管腔积水，将导管循着上颌向咽部送进，导管送进 40~60 cm 时，助手在牛两侧颈静脉沟同时摸，如有圆而硬的管状物可随导管进出而移动，即证明导管已在食管中，可继续伸入直至瘤胃。

（5）证实导管已入胃后，将导管抽出 20~40 cm，即有胃液流出，立即用 pH 试纸测定；而后即灌入温水 50 kg，稀释胃内容物，便于虹吸。

（6）如抽出部分导管，胃水不能顺利排出，可将导管转半圈，使导管弯向下方，灌一盆水后再虹吸。

（三）几种特殊情况的处理

（1）在洗胃中如病牛发生呕吐，要压低牛头防止呕吐物进入气管。如导管移动有阻碍，将导管抽出，除掉导管外的草沫后，将清洗净的导管再次送入胃中。

（2）当抽出或送入导管时发生"咯咯"声，说明草米在导管内形成阻塞，可注水将草米冲入瘤胃，或抽出导管排除管腔草米后再洗。

（3）如遇泡沫性膨胀时，抽出导管虹吸，管内都是泡沫，阻碍瘤胃水的排出，可灌入松节油 70 mL、液状石蜡 250 mL，再加点水冲净油类，抽出导管暂停 1~2 小时后消沫消胀后再洗。

（4）反复灌水和虹吸排出，水已较清时即可停止，如水仍浑浊，而牛体弱不支，可将洗胃分 2~3 次进行。

（5）洗胃结束后，卸下开口器发现口舌黏膜有损伤时，用高锰酸钾液冲洗。

（6）为增加牛对洗胃的耐受力，用 10%~25% 葡萄糖500 mL 和 10% 安钠咖 30 mL 静脉注射。

十、牛乳房送风疗法

乳房送风是临床上治疗奶牛产后瘫痪的常用治疗措施，其实质就是往乳房内注入洁净空气，该法是实践中治疗奶牛产后瘫痪简便而有效的方法。产后瘫痪又称生产瘫痪、乳热症、产褥热等，其标准治疗法是静脉注射钙剂，而乳房送风法比钙疗法简便易操作，效果也较好，特别是对钙疗法反应不佳或复发的病例应用乳房送风疗法效果较好，且治愈后复发率低。

（一）乳房送风的治疗原理

向乳房内打入空气之后，乳房的内压升高，乳房内的血管受到压迫，流向乳房的血液减少，泌乳受到抑制，流向乳房的血钙受到阻滞，全身血压升高，机体内血钙的含量得以积累增加，缓解了血钙浓度剧烈降低，从而达到治疗病因的效果。另一方面，向乳房内打入空气，可以刺激乳腺的神经末梢，刺激传至大脑，提高其兴奋性，消除抑制状态，缓解奶牛四肢麻痹（瘫痪）的神经症状。

（二）乳房送风的操作

操作前先将送风器（图 4-45）各部件消毒处理，并在送风器的金属筒内放入干燥的消毒棉花，以便过滤空气，防止感染。连续打气球可使用人用血压计上的打气球代替。空气过滤器可使用 500 mL 容积的生理盐水瓶代替。可用乳房送风器的 16、18、20 号粗针头，把针尖磨平磨圆代替乳导管使用。如果没有玻璃管插头，可将乳胶管直接套在长针头座上。空气经半瓶纯净水过滤，可避免空气中杂质、灰尘及微生物等被随风带入乳房。

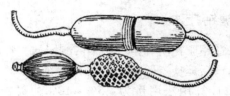

图4-45 乳房送风器

消毒乳头、乳头管口，挤净乳房内积存的乳汁，把乳房送风器的导乳管（或无尖粗针头）消毒后插入乳头管中，开始打气送风。先送压在下部的乳区，后送上部的乳区，四个乳区均应打满空气。打入空气的数量，以乳房的皮肤紧张、乳腺基部的边缘清楚并且变厚，达到乳房膨满、指弹鼓响音为标准。当某个乳区发炎时，要先打健康乳区，后打发病乳区，以防感染。

每个乳区注满气体后，拔出乳导管时要轻轻捻揉乳头，促进乳头括约肌收缩，防止气体外溢。如乳头括约肌松弛并有空气溢出，可用宽纱布条或绷带结扎乳头，防止空气溢出。两小时后解开结扎的纱布条。

若一次乳房送风治疗效果不明显，可间隔6~8小时后再行一次。绝大多数病例，打入空气之后约半小时，病牛能够自行站立。治疗越早，打入的空气量足，效果越好。一般打入空气10分钟后，病牛鼻镜开始湿润，15~30分钟后病牛眼睁开，开始清醒，头颈部的姿势恢复自然状态，反射及感觉逐渐恢复，体表温度升高，驱之起立，开始有些肌肉颤抖，数小时后痊愈。

（三）注意事项

乳房送风仅用于产后瘫痪的病牛，产前瘫痪的病牛禁用。瘫痪的病牛有时伴有其他症状，可对症治疗，如瘤胃膨气，可进行穿刺放气等，但一般禁止通过口腔灌药，以防稍有不慎引起异物性肺炎。

十一、糖钙疗法

糖钙疗法适用于预防和治疗奶牛的酮尿病、骨质疏松症、前胃弛缓、产前产后瘫痪、胎衣不下等病。依照奶牛的体重状况，以 500 kg 体重计算用法用量为：5% ~ 10% 葡萄糖注射液 500 ~ 1 000 mL，10% 葡萄糖酸钙注射液 400 ~ 500 mL（5% ~ 10% 葡萄糖注射液 500 ~ 1 000 mL，5% 氯化钙 200 ~ 300 mL），静脉注射，每天 1~2 次。

（一）临产前

奶牛出现食欲减退或废绝，心跳、体温正常时可用糖钙疗法。治疗后可促进食欲，加强子宫阵缩，促进分娩，能预防产前产后瘫痪的发生。

（二）产后

奶牛出现食欲减退或废绝，心跳、体温正常，有前胃弛缓症状时可用糖钙疗法。该法对已发生产后瘫痪的牛可起治疗作用；对未瘫痪的牛可以起到预防，并促进食欲与胎衣的脱落，促使子宫的恢复与恶露的排出。

（三）泌乳阶段的牛

日产奶量在 25 kg 以上，心跳、体温正常，食欲减退或废绝，突然或持续降奶，步行不稳时，可用糖钙疗法。这样即能促进食欲，又可以提高产奶量。

十二、牛修蹄术

牛的修蹄术主要用于各种变形蹄的修整和治疗。四柱栏或二柱栏内站立保定，对性情暴躁的牛，为了保证安全，可横卧保定并注射 846 合剂。术者站立于所修蹄的外侧，根据不同蹄形和病情，分别进行修蹄。

（1）长蹄用蹄刀或截断刀将蹄支过长部分修去，并用修蹄刀，将蹄底面修理平整，再用锉将其边缘锉平，使呈圆形。

（2）宽蹄将蹄刀或截断刀放于蹄背边缘，用木槌打击刀背，将过宽的角质部截除，再将蹄底面修理平整，用锉将边缘锉平。

（3）翻卷蹄将翻卷侧蹄底内侧缘增厚部除去，用锯锯除过长的角质部，再将边缘锉平。

修蹄时，应先去掉过长的角质，再用镰形刀或蹄铲削蹄负面，从蹄踵部开始，削向蹄尖。蹄间面和蹄壁负缘可用镰形刀削修。对内外不同大小的蹄，应先削切较大的蹄。修整蹄形、矫正蹄角度时，则应从较小的蹄开始。修蹄时一般要多削蹄尖部，少削或不削蹄壁、蹄踵。蹄尖壁的长度一般为四横指，大蹄为四指半，小蹄为三指半。蹄负面切削要平坦，内外蹄大小一致，并保持蹄与系的方向一致。修蹄后，应将病牛置于干净、干燥的地面上单独饲喂。

十三、普鲁卡因封闭疗法

封闭疗法是使用不同浓度和剂量的普鲁卡因溶液（在炎症时还可加入青霉素粉剂）注入一定部位的组织或血管内，以改变神经的反射兴奋性，促进中枢神经系统机能恢复正常，改善组织营养，促进炎症修复过程。它是一种辅助的疗法，在治疗过程中与其他疗法配合应用。

封闭疗法临床上常用的有病灶周围封闭法和静脉内注射封闭法。病灶周围封闭法主要适用于创伤、烧伤、蜂窝织炎、乳腺炎，也适用于各种急性、亚急性炎症等。静脉内注射封闭法适用于肠痉挛、风湿病、各种创伤、挫伤、烧伤、乳腺炎。

普鲁卡因封闭疗法只是一种辅助性疗法，在治疗过程中应与其他疗法配合应用。

（一）病灶周围封闭法

病牛柱栏内站立保定，病灶及其周围剪毛，常规消毒。将

0.25%~0.5%盐酸普鲁卡因溶液，分数点注入病灶周围健康组织内的皮下与肌肉深部或病灶基底部，使普鲁卡因药液包围整个病灶，药量以能达到浸润麻醉的程度即可，一般用50~100 mL，每天或隔天1次。

为了提高疗效，可于药液内加入50万~100万U青霉素。本法常用于治疗创伤、溃疡、急性炎症等，乳腺炎时可将药液注入乳房基部的周围。注意不可将针头穿过病灶，以免扩散感染。

（二）四肢环状封闭法

该法用于四肢和蹄的炎症及慢性溃疡等。将0.25%~0.5%盐酸普鲁卡因溶液，注射于四肢病灶上方3~5 cm处的健康组织内，分别在前、后、内、外从皮下到骨膜进行环状分层注射药液。剪毛消毒后，对皮肤成45°角或垂直刺入皮下，先注射适量药液，再横向推进针头，一面推一面注射药液，直达骨膜为止；拔出针头，再以同样方法环绕患肢注射数点，注入所需量的药液。用量应根据部位的粗细而定，每天或隔天1次。注射时针头不要损伤较大的神经和血管。

（三）静脉内封闭法

将普鲁卡因溶液注入静脉内，使药物作用于血管内壁感受器，以达到封闭目的。方法与一般静脉注射法相同，但注入速度要缓慢。一般用等渗盐水或5%葡萄糖生理盐水配制的0.1%~0.25%普鲁卡因注射液，中等体型的牛每次用量100~200 mL，每2天1次，连用3~4次。本法适用于蜂窝织炎、顽固性浮肿、久不愈合的创伤、风湿症、化脓性炎症、乳腺炎及过敏性疾病等。

（四）尾骶封闭

病牛站立保定，举起尾部，刺入点在尾根与肛门形成三角区中央，相当于中兽医的后海穴或交巢穴处，其间有腰荐神经丛、阴部神经和直肠后神经。用长15~20 cm的针头，垂直刺入皮下，将针头稍上翘并与荐椎呈平行方向刺入，先由正中边注边拔针，然后再分别向左、右各注入 1 次，使药液分布呈扇形。一般注入 0.25%普鲁卡因溶液 150~250 mL。该法可用于治疗子宫脱、阴道脱和直肠脱，或上述各器官的急、慢性炎症及其脱垂的整复手术。

（五）穴位封闭法

在针灸穴位上进行封闭注射。临床上常用 0.25%~0.5%盐酸普鲁卡因溶液注入抢风穴或巴山穴，分别治疗前肢、后肢疾病，每天 1 次，连用 3~5 次。具体操作是剪毛消毒后，用连接胶管的封闭针头于皮肤垂直刺入 4~6 cm 深，回抽不见血液后，即可缓慢注入药液。要注意定准穴位，深度适当，防止针头折断。

第五章　牛常见病的防制

第一节　病毒性疾病

一、口蹄疫

口蹄疫俗称口疮、蹄癀，是由口蹄疫病毒引起的一种人和偶蹄动物的急性发热性、高度接触性传染病。主要临床症状表现为口腔黏膜、唇、蹄部和乳房皮肤发生水疱和溃烂（图5-1）。

（一）病因

该病由口蹄疫病毒引起。口蹄疫病毒是动物 RNA 病毒，呈圆形，直径 20～25 nm。该病毒具有多型性、变异性等特

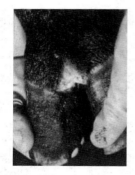

图5-1　牛蹄叉溃烂型

点，目前全世界有 7 个主型：A、O、C、南非 1、南非 2、南非 3 和亚洲 I 型。各型之间不能互相免疫，即感染此病毒的动物，仍可感染其他型病毒。各型的临床表现相同。该病毒对动物致病力特强，1 g 新鲜的牛舌皮毒，捣碎成糊状，稀释107～108 倍后，取 1 mL 舌面接种牛，还能使牛发病。病毒存在于病牛的水疱、唾液、血液、粪、尿及乳汁中。病毒对

外界抵抗力很强，不怕干燥，但对日光、热、酸、碱均敏感。

（二）诊断

1. 流行病学

不同地区可表现为不同的季节性，牧区一般从秋末开始，冬季加剧，春季减轻，夏季平息。在农区，这种季节性不明显。病牛是传染源，传播途径是通过直接接触或间接接触，经消化道、损伤的黏膜、皮肤和呼吸道传播。口蹄疫病毒传染性很强，一旦发病则呈流行性，且每隔一两年或三五年就流行一次，有一定的周期性。

2. 症状

潜伏期平均为 2~4 天，长者可达一周左右。病牛体温升高至 40~41 ℃，精神不振，食欲减退，流涎。1~2 天后，唇内面、齿龈、舌面和颊部黏膜出现 1~10 cm^2 的白色水疱，大量流涎，水疱破裂形成糜烂，病牛因口腔疼痛采食困难，进食减少或不进食。水疱破裂后，体温下降至正常，糜烂部位逐渐愈合。与水疱出现的同时或稍后，蹄部趾间、蹄冠的皮肤也出现水疱，并很快破裂，病畜不愿意行走，严重者蹄匣脱落。在牛的鼻部和乳头上也出现水疱，之后破裂，形成粗糙的、有出血的颗粒状糜烂面。感染的怀孕母牛经常出现流产。病程为 1 周左右，病变部位恢复很快，全身症状也渐好转。如果发生在蹄部，病程较长，为 2~3 周，死亡率低，不超过 1%~3%，但是如果病毒侵害心肌，可使病情恶化，导致心脏出现麻痹而突然倒地死亡。

3. 病理变化

主要在口腔黏膜、蹄部、乳房皮肤出现水疱及糜烂面。病毒毒素侵害心肌而死亡的牛，心肌变性、出血，在心肌上可看到许多大小不等、形态不整齐的灰白色或灰黄色混浊无光泽的条纹样病灶，称之为"虎斑心"。

4. 实验室检查

做病毒分离，采用鸡胚和细胞培养分离病毒。血清学检查主要应用反向间接血凝试验、酶联免疫吸附试验等检测病毒抗原。

本病应与牛黏膜病、牛恶性卡他热、水疱性口炎相区别。牛黏膜病口腔黏膜虽有糜烂，但无水疱形成；牛恶性卡他热散发性发生，全身症状重，有角膜混浊，死亡率高；水疱性口炎流行范围小，发病率低。

（三）防制

口蹄疫一般情况下不允许治疗，应严格执行我国《口蹄疫防制技术规范》规定的处理措施，扑杀病牛，并对尸体进行无害化处理。对疑似病例，可采取如下处置措施。

1. 立即隔离病牛

对牛场进行全方位消毒，对所有道路、圈舍、运动场铺撒生石灰，限制牛群和人员的流动。对挤奶设备严格消毒，乳头药浴，每天一次牛体喷雾消毒。

2. 加强饲养管理

提高饲养标准，提高饲料中维生素的含量，降低挤奶次数，每次必须挤净。降低酒糟、青贮饲料和多汁饲料的供给量。添加黄芪多糖类或清热解毒类中药于饲料中，提高牛自身免疫力。

3. 全群预防性治疗

喂抗生素和解热药，一天 2 次，连用 4 天。后改为双黄连或穿心莲连用 3~4 天。

4. 局部处理

（1）口腔发生病变时，用盐水、高锰酸钾、白矾等溶液清洗口腔后，涂布冰硼散或碘甘油。对病情严重的牛要精心饲养，加强护理，全身给予糖、钙支持疗法。肌内注射抗生素控制继发感染。

（2）乳房乳头溃烂，把云南白药、浙贝、凡士林混合后涂布，也可用防腐生肌散、冰片滑石粉涂布，或是甲紫涂布，同时肌内注射抗生素、维生素 C 等。奶牛乳头疼痛不让挤奶，可用普鲁卡因表面麻醉后挤奶。这样的病牛建议只饲喂干草，迅速干奶，不然很容易转成乳腺炎造成淘汰。乳头结痂后不要人为撕开，否则容易造成出血、感染，延长病程。最好是自行脱落。

（3）蹄部可以喷洒 10% 碘酒或直接用硫酸铜浴蹄，每次 20 分钟，一般 3 次就能显著减轻跛行症状。严重的配合抗生素治疗。蹄部清洗后涂布松流油，绷带包扎。

（4）有心肌炎症状的病牛，用黄芪注射液或丹参注射液配合抗生素治疗。输液和糖钙、强心药要谨慎使用，一定要监控心脏功能。强心药在心肌炎时使用容易造成心衰。

（5）病初有条件时可以用高免血清，疗效好但费用较高。

5. 发生口蹄疫时的处置措施

（1）加强管理：严格执行防疫消毒制度。场门口要有消毒间、消毒池，进出牛场必须消毒。严禁非本场的车辆入内。猪肉及病畜产品严禁带进牛场食用，每月定期对畜舍、牛栏、运动场用 2% 氢氧化钠溶液或其他消毒药进行消毒，消毒一定要严、要彻底。

周边地区发生口蹄疫疫情后，除加强免疫和管理外，给易感牛口服一些抗病毒的中药或相关产品，以提高牛免疫力，增强抗力。同时，要加强营养，改善日粮水平，增强牛体质。

减少与疫区人员、运输工具等的接触，如需接触，必须经严格消毒。

（2）疫情报告：任何单位和个人发现牛有口蹄疫临床异常情况后，应及时向当地动物防疫监督机构报告，动物防疫监督机构应立即按照有关规定进行现场核实。

1）疑似疫情的报告：县级动物防疫监督机构接到报告后，立即派出 2 名以上具有相关资格的防疫人员到现场进行临床和病理诊断。确认为疑似口蹄疫疫情的，应在 2 小时内报告同级兽医行政管理部门，并逐级上报至省级动物防疫监督机构。省级动物防疫监督机构在接到报告后，1 小时内向省级兽医行政管理部门和国家动物防疫监督机构报告。

诊断为疑似口蹄疫病例时，采集病料，并将病料送省级动物防疫监督机构，必要时送国家口蹄疫参考实验室。

2）确诊疫情的报告：省级动物防疫监督机构确诊为口蹄疫疫情时，应立即报告省级兽医行政管理部门和国家动物防疫监督机构；省级兽医管理部门在 1 小时内报省级人民政府和国务院兽医行政管理部门。

国家参考实验室确诊为口蹄疫疫情时，应立即通知疫情发生地省级动物防疫监督机构和兽医行政管理部门，同时报国家动物防疫监督机构和国务院兽医行政管理部门。

省级动物防疫监督机构诊断新血清型口蹄疫疫情时，将样本送至国家口蹄疫参考实验室。

3）疫情确认：国务院兽医行政管理部门根据省级动物防疫监督机构或国家口蹄疫参考实验室确诊结果，确认口蹄疫疫情。

（3）疫情处置：严格遵循我国《口蹄疫防制技术规范》，具体要求如下。

1）疫点、疫区、受威胁区的划分：

疫点为发患病牛所在的地点。相对独立的规模化养殖场（户），以牛所在的养殖场（户）为疫点；散养户以牛所在的自然村为疫点；放牧的兼用性牛以病牛所在的牧场及其活动场地为疫点；在运输过程中发生疫情，以运载患病牛的车、船、飞机等为疫点；在市场发生疫情，以患病牛所在市场为疫点；在屠宰加工过程中发生疫情，以屠宰加工厂（场）为疫点。

疫区是由疫点边缘向外延伸 3 km 内的区域。受威胁区是由疫区边缘向外延伸 10 km 的区域。在划分疫区、受威胁区时，应考虑所在地的饲养环境和天然屏障（河流、山脉等）。

2）疑似疫情的处置：对疫点实施隔离、监控，禁止牛、奶产品、肉产品及其他有关物品移动，并对其内、外环境实施严格的消毒措施。必要时采取封锁、扑杀等措施。

3）确诊疫情处置：疫情确诊后，立即启动相应级别的应急预案。

封锁：疫情发生所在地县级以上兽医行政管理部门报请同级人民政府对疫区实行封锁，人民政府在接到报告后，应在 24 小时内发布封锁令。跨行政区域发生疫情的，由共同上级兽医行政管理部门报请同级人民政府对疫区发布封锁令。

疫点采取的措施：扑杀疫点内所有患有口蹄疫及同群易感牛，并对病死牛、被扑杀牛及其产品进行无害化处理；对排泄物、被污染饲料、垫料、污水等进行无害化处理；对被污染或可疑被污染的物品、交通工具、用具、牛舍、场地进行严格彻底消毒；对发病前 14 天售出的牛及其产品进行追踪，并做扑杀和无害化处理。

疫区采取的措施：在疫区周围设置警示标志，在出入疫区的交通路口设置动物检疫消毒站，执行监督检查任务，对出入的车辆和有关物品进行消毒；对所有牛进行紧急强制免疫，建立完整的免疫档案；关闭相关产品交易市场，禁止牛或其他易感动物进出疫区及产品运出疫区；对交通工具、畜舍及用具、场地进行彻底消毒；对易感家畜进行疫情监测，及时掌握疫情动态；必要时，可对疫区内所有易感动物进行扑杀和无害化处理。

受威胁区采取的措施：对最后一次免疫超过一个月的所有牛进行一次紧急强化免疫；加强疫情监测，掌握疫情动态。

疫源分析与追踪调查：按照《口蹄疫流行病学调查规范》，由相关部门和单位对疫情进行追踪溯源、扩散风险分析。

4）解除封锁：口蹄疫疫情解除的条件为疫点内最后 1 头病

牛死亡或扑杀后连续观察至少 14 天，没有新发病例；疫区、受威胁区紧急免疫接种完成；疫点经终末消毒；疫情监测阴性。

新血清型口蹄疫疫情解除的条件：疫点内最后 1 头病牛死亡或扑杀后连续观察至少 14 天没有新发病例；疫区、受威胁区紧急免疫接种完成；疫点经终末消毒；对疫区和受威胁区的易感动物进行疫情监测，结果为阴性。

解除程序：动物防疫监督机构按照上述条件审验合格后，由兽医行政管理部门向原发布封锁令的人民政府申请解除封锁，由该人民政府发布解除封锁令。必要时由上级动物防疫监督机构组织验收。

二、牛流行热

牛流行热，简称牛流行性感冒，又称三日热或暂时热，是牛的一种急性、热性、高度接触性传染病。临床特征表现为突发高热、流泪、流涎、呼吸促迫、四肢关节障碍及精神抑郁（图 5-2）。

图 5-2　流行热病牛

（一）病因

该病由流行热病毒引起。病毒粒子呈子弹状或圆锥状，尖端直径 16.6 nm，底部直径 70～80 nm，高 145～176 nm。病毒抵抗力不强，对酸、碱、热、紫外线照射均敏感。

（二）诊断

1. 流行病学

病牛是传染源，病毒主要存在于病牛高热期血液和呼吸道分泌物中。在自然条件下，本病传播媒介为吸血昆虫，经叮咬皮肤感染。多雨潮湿的季节容易造成本病的流行。本病传播迅速，短期内可使很多牛感染发病，不同品种、性别、年龄的牛均可感染发病，呈流行性或大流行性，3~5 年流行一次。

2. 症状

潜伏期 2~10 天，常突然发病，迅速波及全群。病牛体温升高到 40 ℃以上，持续 2~3 天，病牛精神不振，鼻镜干燥发热，反刍停止，奶产量急剧下降。全身肌肉和四肢关节疼痛，步态不稳，又称"僵直病"。高热时，呼吸急促，呼吸次数每分钟可达 80 次以上，肺部听诊有高亢肺泡音，支气管音粗粝。眼结膜充血、流泪、流鼻漏、流涎，口边粘有泡沫。病牛尿量减少，怀孕牛容易流产。病程为 2~5 天，有时可达 1 周，绝大多数能够恢复。

3. 病理变化

该病主要病变在呼吸道，有明显肺间质性气肿，部分病例可见肺充血及水肿，肺体积增大。严重病例全肺膨胀充满胸腔。在肺的心叶、尖叶、隔叶出现局限性暗红色，重者出现红褐色小叶肝变区。气管和支气管有泡沫状液体。全身淋巴结呈不同程度的肿大、充血和水肿。实质器官多呈现明显的浑浊肿胀。此外，还发现关节、腱鞘、肌膜的炎症变化。

4. 实验室检查

用病死牛的脾、肝、肺、脑等组织及人工感染乳鼠脑组织制成超薄切片，或细胞培养物经处理后用负染法，在电镜下观察病毒颗粒。

血清学检查可将从病牛采集的急性期和恢复期双份血清做补

体结合试验、ELISA 试验和中和试验，以检测特异性血清抗体。

应与类蓝舌病、牛呼吸道合胞体病毒感染及牛传染性鼻气管炎相区别，类蓝舌病不出现全身肌肉和四肢关节疼痛症状；牛呼吸道合胞体病流行季节在晚秋，症状以支气管肺炎为主，病程长；牛鼻气管炎多发生在寒冷季节，症状以呼吸道症状为主，少见全身性症状。

（三）防制

本病为良性经过，应对症治疗并加强护理，如解热、补糖、补液等，数日后可恢复。对严重病例，在加强护理的同时，应采取解热、消炎、强心等。此外，可静脉放血（1 500～2 500 mL），以改善小循环，防止过度水肿。对瘫痪的牛，在卧地初期，可应用安乃近、水杨酸、葡萄糖酸钙等静脉注射。在流行季节到来之前，接种牛流行热亚单位疫苗或灭活疫苗。在吸血昆虫滋生前 1 个月接种，间隔 3 周后进行第 2 次接种，部分牛有接种反应，奶牛接种后 3～5 天奶产量会有轻微下降。对假定健康牛和附近受威胁地区牛群，可用高免血清进行紧急预防。吸血昆虫是媒介，因此，消灭吸血昆虫及防止叮咬，也是防制的一项重要措施。

三、牛海绵状脑病（疯牛病）

该病由朊病毒引起，以行动异常、运动失调、轻瘫、脑灰质海绵状形成和神经元空泡形成为特征。

（一）病因

牛海绵状脑病是由一种朊病毒引起，该病毒分布于病牛脑、颈部脊髓、脊髓末端和视网膜等处。正常情况下，该病毒以无害的细胞蛋白质形式存在，但可以变异，使动物及人发病。病毒对热抵抗力很强，100 ℃也不能完全使其灭活。

（二）诊断

1. 流行病学

该病 1965 年首先在英国发现，之后在英国蔓延。美国、加拿大、瑞士、葡萄牙、法国、德国、日本等均发生过本病。患病的绵羊、牛及带毒牛是本病的传染源，饲喂含有疯牛病病毒的骨粉可成为病毒携带者。传播途径主要通过消化道感染，猫和多种野生动物、人也可感染。

2. 症状

潜伏期 4~6 年，甚至更长，呈散发性。多发生于夏季和初秋，发病初头部颤动，左右摇晃，进而烦躁不安、行动反常，对声音及触摸十分敏感。由于恐惧、狂躁而表现出攻击性，行动失调，步态不稳，胡乱蹬踢。有些牛可出现头部和肩部肌肉颤抖和抽搐，后期出现强直性痉挛，最后极度消瘦而死亡，病程 14~180 天。

3. 病理变化

脑组织呈海绵状即脑组织空泡化，脑灰质形成明显的空泡，神经元变性、坏死，星状胶质细胞增生。

4. 实验室检查

据报道，已分离出能分辨出脑部正常型朊病毒和疾病型朊病毒的 15B3 抗体，可以据此确诊本病。

（三）防制

无特效疗法，应以预防为主，严禁饲喂肉骨粉，引种时应特别注意，加强检疫。

第二节　细菌性疾病

一、布鲁氏菌病

本病也称传染性流产，是由布鲁氏菌引起的人畜共患的一种接触性传染病，特征为流产和不孕。

（一）病因

本病由布鲁氏菌引起，该菌微小，近似球状（$1 \sim 5 \ \mu m \times 0.5 \ \mu m$），不形成芽孢、无荚膜（图5-3），革兰染色阴性，需氧兼性厌氧菌。布鲁氏菌对热抵抗力不强，60 ℃ 30分钟即可杀死，对干燥抵抗力强，在干燥的土壤中可生存2个月以上，在毛、皮中可生存$3 \sim 4$个月。一般消毒剂也可将其杀死。病菌从损伤的皮肤、黏膜侵入机体，致使发病。

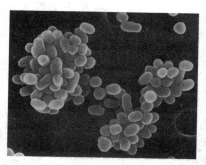

图5-3　布鲁氏菌

（二）诊断

1. 流行病学

春、夏容易发病，病畜为传染源，病菌存在于流产的胎儿、胎衣、羊水、流产母畜阴道分泌物及公畜的精液内。传染途径是直接接触性传染，受伤的皮肤、交配、消化道等均可传染，呈地方性流行。发病后可出现母畜流产，在老疫区出现关节炎、子宫内膜炎、胎衣不下、屡配不孕、睾丸炎。犊牛有抵抗力，母畜易感。

2. 症状

流产是最主要的症状，流产多发生在妊娠后第5~8个月，产出死胎或弱胎、胎衣不下，流产后阴道内继续排出褐色恶臭液体，母牛流产后很少发生再次流产。公畜常发生睾丸炎或副睾丸炎。病牛发生关节炎时，多发生在膝关节及腕关节。

3. 病理变化

病牛除流产外，在绒毛叶上有多数出血点和淡灰色不洁渗出物，并覆有坏死组织；胎膜粗糙、水肿、严重充血或有出血点，并覆盖一层纤维蛋白质。胎盘有些地方呈现淡黄色或覆盖有灰色脓性物。子宫内膜呈卡他性炎或化脓性内膜炎。流产胎儿的肝、脾和淋巴结呈现程度不同的肿胀，甚至有时可见散布的炎性坏死小病灶。母牛常有输卵管炎、卵巢炎或乳腺炎。公牛精囊常有出血和坏死病灶，睾丸和附睾坏死，呈灰黄色。

4. 实验室检查

病原学检查可采用流产胎盘和胎儿胃液或流产后2~3天的阴道分泌物做成涂片，革兰染色，进行镜检，可见革兰阴性球杆菌，常散在排列，无鞭毛、芽孢，大多数情况不形成荚膜。采集病牛的血、脊髓液、流产胎儿等，进行培养分离病菌，在血清肝汤琼脂内做振荡培养后，经3~7天，牛流产布鲁氏菌可于表面下0.5 cm处形成带状生长。

本病应与其他病因引起的流产相区别，如机械性流产、滴虫性流产、弯曲菌性流产、变动性流产。

（三）防制

首先进行隔离，对流产伴有子宫内膜炎的母牛，可用0.1%

高锰酸钾溶液冲洗子宫和阴道，每天各一次，然后注入抗生素，也可用中药治疗，即益母草 30 g、黄芩 18 g、川芎 15 g、当归 15 g、熟地 15 g、白术 15 g、双花 15 g、连翘 15 g、白芍 15 g，研为细末。

免疫方面，应用 19 号活菌苗，犊牛 6 月龄接种一次，18 月龄再接种一次，免疫效果持续数年。预防上要定期检疫，消毒。

二、结核病

结核病是由结核分枝杆菌（图 5-4）引起的人畜共患的一种慢性传染病，特征是在机体组织中形成结核结节性肉芽肿和干酪样、钙化的坏死病变。

（一）病因

本病由结核分枝杆菌引起，病菌分为牛型、人型、禽型。病菌长 1.5~5 μm、宽 0.2~0.5 μm，为两端钝圆、平直或稍弯曲的纤细杆菌，无芽孢、荚膜、鞭毛，没有运动性，需氧，革兰阳性。对外界抵抗力强，对干燥和湿冷抵抗力更强。对热抵抗力差，60 ℃ 30 分钟可死亡，100 ℃沸水中立即死亡。一般消毒药，如 5% 来苏儿，3%~5% 甲醛，70% 乙醇，10% 漂白粉溶液等可杀灭病菌。

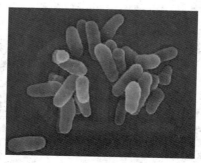

图 5-4　结核分枝杆菌

患牛是本病的传染源，不同类型的结核杆菌对人和畜有交叉感染性。病菌存在于鼻液、唾液、痰液、粪尿、乳汁和生殖器官的分泌物中，可以对饲料、饮用水和空气、周围环境造成污染。本病可通过呼吸道和消化道感染，环境潮湿、通风不好、牛群拥挤、饲料营养缺乏维生素和矿物质等均可诱发本病。

（二）诊断

1. 临床症状和病理变化

潜伏期一般为 10~45 天，呈慢性经过。结核病有以下几种类型。

（1）肺结核：长期干咳，之后变为湿咳，早晨和饮水后较明显，渐渐咳嗽加重，呼吸次数增加，且有淡黄色黏液或黏性鼻液流出。食欲减退、消瘦、贫血、产奶量减少，体表淋巴结肿大，体温一般正常或稍高。

（2）淋巴结核：肩前、股前、腹股沟、颌下、咽及颈部等淋巴结肿大，有时可能破裂形成溃疡。

（3）乳房结核：乳房淋巴结肿大，常在后方乳腺区发生结核，乳房肿大、有硬块，产奶量减少，乳汁稀薄。

（4）肠结核：多发生于犊牛，下痢与便秘交替，之后发展为顽固性下痢，粪便带血、腥臭，消化不良，渐渐消瘦。

本病的剖检特征主要为形成结核结节，肺部及其所属淋巴结结核，其次为胸膜、乳房、肝和子宫、脾、肠结核等。肉眼可发现脏器有白色或黄色结节，切面呈干酪化坏死，有的呈钙化，有的形成空洞（图5-5）。胃肠道

图 5-5　病牛肺部病变

黏膜有大小不等的结核结节或溃疡。乳房结核，在病灶内含干酪样物质。

2. 实验室诊断

采集病畜的痰、乳及其他分泌物，做抹片镜检。制作抹片时，应首先经牛结核酸碱处理，使组织和蛋白液化，用抗酸性染色。

（三）防制

应用链霉素、异烟肼、对氨基水杨酸钠及利福平等药治疗本病，在初期有疗效，但不能根治。因此，一旦发现病牛，应立即淘汰。应采取严格的检疫、隔离、消毒措施，加强饲养管理，培养健康牛群。

三、破伤风

破伤风，又名强直症，是破伤风梭菌经伤亡感染引起的一种急性、中毒性人畜共患传染病。破伤风梭菌是一种厌氧菌，广泛存在于施肥的土壤、尘土及腐臭淤泥中，家畜和人的粪便中也可存在。

（一）临床症状

病牛发病时体温正常，肌肉僵硬，张口困难，运动拘谨，呆立，反刍和嗳气减少，瘤胃臌气；随后呈现头颈伸直，两耳竖立、牙关紧闭、四肢僵硬及尾巴上举等症状，严重时关节弯曲困难，对外界刺激的反向兴奋性增高不明显，病死率较低。

（二）诊断

破伤风后期病牛的临床症状非常典型，而症状轻微的病例则需仔细观察。在许多情况下，可能做出错误的诊断。常见的情况是把胃肠道臌气错误地诊断为创伤性网胃腹膜炎或消化不良。并非所有患牛都会出现上述典型的临床症状，有两种物理检查法可帮助判断。

根据临床症状的严重程度和感染部位，患牛可能有不同的预后。重症病牛或症状发展快速的牛不能站立，不断试图起立，最终因活动时呼吸肌搐搦而死于呼吸衰竭。患牛一旦单侧躺卧，就可能"自我毁灭"，因为试图举起颈部和弯曲肢时强直加剧，形成侧卧、伸肌强直、疼痛、惊慌和挣扎的恶性循环。

　　大多数死于破伤风的患牛是因为呼吸衰竭。臌气和吸入性肺炎一样也能导致死亡。肌肉骨骼的损伤、股骨骨折和髋关节脱位也是引起破伤风患牛死亡的另一类常见的原因。养在光滑地面上的病牛也易发生肌肉骨骼损伤、站立困难或呼吸衰竭。

　　（三）防制

　　平时要注意饲养管理和环境卫生，防止牛受伤。在发病较多的地区，每年定期预防注射一次破伤风疫苗，成年牛每头注射1 mL，注射后21天产生免疫力，免疫期为1年。第二年再加强免疫一次，免疫期为4年。幼牛出生后5~6周注射0.5 mL。牛一旦发生外伤，应及时清创、消毒、治疗。

　　对病牛先进行外伤处理。伤口及周围的被毛要剪掉，用3%的双氧水擦洗创口及周围，对伤口的擦洗应直到流出鲜红色血液为止，然后在伤口及周围涂抹碘酊。对创口已经开始愈合的，要进行扩创，用5%的碘酊消毒后，撒碘仿硼复合剂。在创口周围注射青霉素80万IU，清除感染；用精制破伤风抗毒素15万IU，分2次肌内注射，首次加倍，次日15万IU；用青霉素200万~250万IU，每天2次肌内注射，连用3天。中药可用苍耳草（去根）500~800 g或干苍耳草120~150 g，水煎汁候温灌服，每天服1次，连用5~7天；也可用大蒜（以独头蒜为佳）65 g，天南星、防风、僵蚕、蝎子、枸骨根各32 g，乌梢蛇16 g，天麻、羌活各14 g，蔓荆子、蒿本各13 g，蝉蜕10 g，蜈蚣3条，水煎汁加黄酒300 g灌服，每头每天1剂，连服2天。

　　对病牛要加强护理，将患牛放在光线暗、干燥清洁的厩舍内，冬季保持温度在 20 ℃ 左右，严防寒邪侵袭。保持环境安静，防止各种刺激，站立保定避免摔倒，给予易消化的饲料和充足的饮水。对不能采食的病牛要进行鼻饲半流食物汁 2~3 次，使病牛适当运动，促进肌肉功能恢复。

四、牛巴氏杆菌病

巴氏杆菌病是由多杀性巴氏杆菌感染引起的发生在各种家畜、家禽和野生动物的一种传染病的总称。牛巴氏杆菌病，又称牛出血性败血症，是牛的一种急性传染病，临床上以高热、肺炎和内脏广泛出血为主要特征。

（一）病原及流行病学特点

多杀性巴氏杆菌是两端钝圆、中央略凸的短杆菌，革兰染色阴性，用瑞氏、姬姆萨氏法或亚甲蓝染色，镜检，菌体两端着色深，中央着色浅，像两个并列球菌，故又被称为两极杆菌。本菌对外界抵抗力较弱，在血液和粪便中可存活 10 天，在干燥环境中存活 2~3 天，在腐尸内可存活 1~3 个月。阳光直射、高温和常用消毒药可灭活本菌。患病牛或健康带菌牛是主要的传染源，病菌可随分泌物与排泄物排出体外，污染环境。该病可经消化道和呼吸道等传播。

（二）临床症状与病理变化

本病潜伏期为 2~5 天。根据临床症状可将本病分为两个类型。

1. 急性败血型

病牛体温突然升高，可达 40~42 ℃，精神不振，拒食，呼吸困难，可视黏膜发绀。有的病例从鼻孔流出带血泡沫。有的病例发生腹泻，粪便带血，一般于发病 24 小时内因衰竭而死亡。没有特征性的剖检变化，只见黏膜和内脏表面点状出血。

2. 肺炎型

患牛呼吸困难，痛性干咳，鼻孔流出无色泡沫，听诊有支气管啰音或胸膜摩擦音，叩诊胸部出现浊音区。严重病例头颈伸直，张口伸舌，呼吸高度困难，颌下、喉头及颈下方出现水肿，颈部与背部皮下出现气肿，常死于窒息。2 岁以下的牛常伴有剧烈腹泻，粪便带血。剖检可见胸腔内有大量蛋花样液体，肺、胸膜及心包发生粘连，出现纤维素性肺炎，肺组织肝样变，切面呈红色、灰黄色或灰白色，有散在的小坏死灶（图 5-6）。腹泻病牛的胃肠黏膜严重出血。

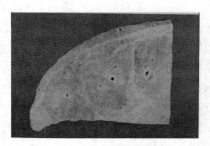

图 5-6　巴氏杆菌病牛肺部病变

（三）诊断

根据流行病学材料、临床症状和病理变化可对该病做出诊断，也可进行实验室诊断，如病原形态观察或细菌分离鉴定，或进行小鼠试验感染。在临床上注意本病与炭疽、气肿疽、恶性水肿、牛肺疫的鉴别诊断。

（四）防制

加强饲养管理，增强牛抗病能力，注意环境卫生消毒工作，消除应激因素。在疫区，用牛出血性败血症氢氧化铝菌苗对牛群进行免疫接种。对病牛和疑似病牛，应进行严格隔离，积极治疗。对污染的厩舍和用具用 5% 漂白粉液或 10% 石灰乳消毒。

对病牛可用恩诺沙星、环丙沙星等抗菌药静脉注射。如环丙沙星，肌内注射量 2.5~5 mg/kg，静脉注射量 2 mg/kg，一天两次。四环素、青霉素、链霉素、庆大霉素及磺胺类药物对该病也有很好疗效。如配合使用抗出血性败血症多价血清，成年奶牛60~100 mL，犊牛 30~50 mL，一次注入，效果更好。对有窒息危险的病牛，可做气管切开术。

五、放线菌病

（一）病原及流行病学特点

牛放线菌病主要是由牛放线菌林氏放线杆菌感染牛引起的，以色列放线菌、金黄色葡萄球菌与化脓性棒状杆菌也可引起本病。放线菌随植物的芒刺损伤口腔黏膜或窜入唾液腺导管开口处感染牛。年轻牛更换永久齿，可经破损的齿龈黏膜感染放线菌。深部的软组织感染后，放线菌可经血管或淋巴管侵入远处器官。

（二）临床症状

有的病例下颌骨表现化脓性骨化性骨膜炎（图5-7）或骨髓炎。随病程的发展，骨层板和骨小管遭到破坏，出现骨疽性病变，下颌骨肿大，呈粗糙海绵样多孔状，甚至局部形成瘘管，有脓汁排出。有的病例呈现上颌骨放线菌病，病变扩展到上颌窦，在窦腔有放线菌增生物。在面部形成瘘管口（图5-8）。

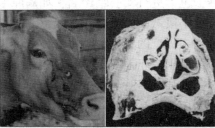

图5-7　下颌骨化脓性骨化性骨膜炎　　　图5-8　面部形成瘘管口

有的病牛咽部与喉部出现放线菌病灶，病灶呈蕈状增生物。软部组织放线菌病，在病灶中心有大量多形核白细胞，周围有新生肉芽组织，外层为成纤维细胞形成的包膜。在这些结节性病灶周围，可不断生出新的结节，被结缔组织围绕，持续扩大，形成大型肉芽肿——放线菌肿，有时放线菌肿包内有大量白细胞浸润，并使组织崩解，形成脓肿和瘘管，向外排脓。

外科手术是治疗牛放线菌病的主要方法。

1. 保定与麻醉

对小肉芽肿病例可施行站立保定。对大型肉芽肿且根蒂较深者，可采用右侧侧卧保定。常用局部浸润麻醉。

2. 手术方法

肉芽肿及瘘管在急性感染早期，可先给予抗感染治疗，如已形成脓肿须切开排脓，待急性炎症完全消退后，再择期手术。

手术时，在病变基部皮下作浸润麻醉。在球状肉芽肿底部两侧，沿被毛方向做一大于肉芽肿纵径的梭形皮肤切口。切开两侧皮肤后，用组织钳或止血钳牵引两侧皮瓣；用刀或剪分离肉芽肿周围组织，再用双股粗丝线或锐齿拉钩将肉芽肿组织提起，并继续分离。向深部分离时，如处在颈静脉分叉处，必须注意避免损伤血管。沿肉芽肿分离周围组织时，不要紧贴索状根蒂，而应多带一些周围组织，以防剥破管壁，造成术部污染。显露肉芽肿根蒂部，仔细分离并向上追踪至腮腺或颌下腺甚至咽喉部病灶中心部。用止血钳夹住根蒂部，再用缝线结扎并切除根蒂。有时为了单纯追求深度，可能严重损伤腺体造成与咽喉腔相通。在术部操作时，要善于识别唾液腺体、大血管及神经。唾液腺被误切或损伤后，应做两层连续内翻包埋缝合，以防术后形成唾瘘。创内充分止血后，缝合皮肤并做引流。对于单纯性放线菌脓肿，待脓肿成熟后，切开排脓，而不做完整摘除，很多病例也可痊愈。术后使用抗生素预防切口感染，8~10天后拆除皮肤缝线。

六、附红细胞体病

附红细胞体病（简称附红体病）是由附红细胞体（简称附红体）引起的一种人、兽共患传染病，以贫血、黄疸和发热为主要临床表现。

（一）病原与流行病学特点

目前，多数学者认为附红细胞体为立克次体目、无浆体科、附红细胞体属成员。附红细胞体是一种多形态微生物，呈环形、球形、卵圆形、顿号形或杆状，革兰染色阴性，在红细胞表面单个或成团寄生，在血浆中呈游离状态。多种家畜和人类均可感染。本病的确切传播途径尚不清楚，可能经接触、血源及媒介昆虫等途径传播，或可垂直传播。

（二）临床表现

多数动物呈隐性感染。随动物种类不同，潜伏期有较大差异，一般为2~45天。发病动物精神委顿，食欲减退，发热，便秘或腹泻，皮肤有出血点，淋巴结肿大，病程长的可出现贫血，黏膜黄染。有的病例出现心悸、呼吸加快、咳嗽等。病程长短不一，严重可导致死亡。

病理剖检，可视黏膜、浆膜黄染，肝肿大（图5-9）、有实质性炎性变化和坏死，胆汁浓稠，脾肿胀，被膜有结节，肾肿胀、出血，肺、心等发生不同程度的炎性变化。

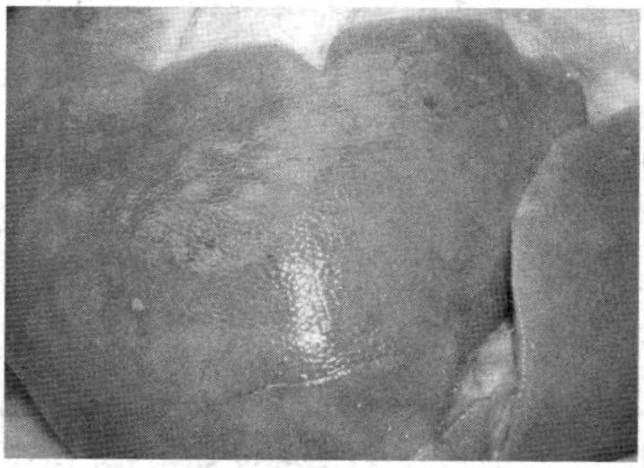

图5-9　肝肿大

（三）诊断

根据临诊症状可做出初步诊断。确诊需依靠实验室检查，可采用直接镜检、补体结合试验、间接血凝试验、荧光抗体试验、酶联免疫吸附试验等方法进行检测。

（四）防制

采取综合性措施预防本病，注意杀灭吸血媒介昆虫，减少应激因素。用四环素族抗生素、贝尼尔等对牛进行药物预防。对患病动物，可用四环素、多西环素、土霉素、贝尼尔、咪唑苯脲等进行治疗。

第三节　牛主要寄生虫病

一、泰勒氏焦虫病

泰勒氏焦虫病是一种由残缘璃眼蜱侵袭牛等家畜引起的急性、热性、传染性寄生虫病，以高热稽留、贫血和体表淋巴结肿大为特征。

（一）发病原因

泰勒氏焦虫是寄生在红细胞内的虫体，以环形虫体较多，直径 $0.75 \sim 1.4\ \mu m$。在单核巨噬细胞内形成多核的虫体，即裂殖体（石榴体或柯赫兰氏体）。

（二）流行特点与临床症状

环形泰勒氏焦虫病在北方流行。本病由残缘璃眼蜱传播，主要在舍饲条件下发生。多发于 $1 \sim 3$ 岁的牛，患过本病的牛可获得 2.5 年的免疫力。

该病多呈急性经过，潜伏期 $14 \sim 20$ 天。初期牛高热稽留，精神沉郁，淋巴结肿大且有痛感，食欲废绝，可视黏膜、肛门周围、尾根等皮薄处有出血斑，贫血，产奶量下降。

（三）病理变化

剖检全身皮下、肌间、黏膜和浆膜上均有大量的出血点和出血斑。因全身淋巴结肿大，在体表出现增生性结节（图5-10），淋巴结切面多汁。皱胃黏膜肿胀，有许多溃疡病灶（图5-11）。脾肿大，脾髓质软呈黑色泥糊状。肾脏肿大、质软。肝脏肿大，质脆。

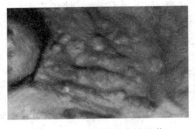

图5-10　牛体表增生性结节

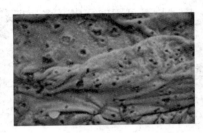

图5-11　皱胃黏膜上的溃疡病灶

（四）诊断与防制

淋巴结穿刺涂片镜检，可发现石榴体。耳静脉采血涂片镜检，可在红细胞内找到虫体。

1. 对症治疗

对症治疗包括强心、补液、止血、健胃、缓泻、输血等。

2. 药物治疗

贝尼尔（血虫净、三氮咪）对多种巴贝斯焦虫有效。除作肌内和皮下注射外，还可用1%的水溶液静脉注射。每日或隔日1次，连用2~3次。还可用磷酸伯氨喹（PMQ），0.75~1.5 mg/kg，每天口服1次，连用3天。

3. 预防

残缘璃眼蜱在圈舍内的土地上产卵。3~4月和9~11月用水泥等将圈舍内离地面1 m高范围内的缝隙堵死，将蜱闷死在洞穴内。

二、肝片吸虫病

牛肝片吸虫病是由片形科片形属的肝片吸虫或大片形吸虫寄生于牛的肝脏胆管中所引起的一种较为严重的寄生虫病。多流行于夏、秋季，常呈地方流行性，对幼畜危害严重。本病可引起牛急性、慢性肝炎和胆管炎，同时伴发全身性中毒和营养障碍，最后牛因衰竭而死亡。1.5 岁以下的幼龄牛死亡率较高，成年牛不易死亡。该病给畜牧业生产造成一定的经济损失。

（一）临床症状与病理变化

急性感染多发于夏末和秋季，系短时间内遭受严重感染所致，病势猛，可引起患牛突然死亡，但此类型较少见。临床上多呈慢性经过，患牛逐渐消瘦，被毛粗乱且易脱落，黏膜苍白，贫血，食欲减退，反刍不正常；继而出现周期性瘤胃胀气或前胃弛缓，便秘与下痢交替发生；到后期下颌、胸下出现水肿，触诊水肿部呈波动状或捏面团样感觉，无热痛。患畜即使在良好的饲养条件下也日渐消瘦，母牛发生流产，如不治疗常引起死亡。

本病是由肝片吸虫或大片形吸虫寄生在牛肝脏胆管内产出虫卵，虫卵随胆汁进入消化道与粪便混合，最后随粪便一起排出牛体，入水后经 10~25 天孵化出毛蚴，毛蚴在水中游动，钻入中间宿主椎实螺体内，在椎实螺体内发育最后成尾蚴。尾蚴在水中游动一个短时期后，即附着于草上，或就在水面上脱去尾部形成囊蚴。牛采食了带有囊蚴的草或饮水后，囊蚴的被膜在消化道中被溶解，此后幼虫沿胆管或穿过肠壁和肝实质到肝脏胆管内寄生，然后刺激胆管、肝细胞或微血管，引起急性肝炎、肝出血、肝肿大、肝硬化，胆管扩张，管壁增厚并纤维化或钙化。同时虫体分泌一种有毒物质，可引起肝炎。毒素进入血中引起红细胞溶解，出现全身中毒、贫血、浮肿、消瘦等症状。

（二）诊断

根据临床症状、剖检结果及虫卵检查诊断肝片吸虫病。

患牛消瘦，被毛粗乱且易脱落，黏膜苍白，贫血，食欲减退，反刍不正常，出现周期性瘤胃胀气或前胃弛缓，便秘与下痢交替发生，下颌、胸下出现水肿。触诊水肿部呈波动状感，无热痛。

剖检，肝脏出血、肿大，被膜上有纤维素性沉着物，切开胆管，管壁增厚并纤维化可钙化。胆管内有形似木耳状成虫钻出，伸展开后形似柳叶状呈红棕色，长 20~75 mm，宽 10~13 mm。

采取新鲜粪便，用沉淀法检查，检出粪便中有椭圆形、金黄色肝片吸虫虫卵。

（三）防制

治疗本病主要是驱出体内寄生的肝片形吸虫，选用以下药品：阿苯达唑，内服 10 mg/kg，对成虫的驱虫率可达 99%；硝氯酚（国产拜耳 9051）内服，童虫 8 mg/kg，成虫 6 mg/kg；克洛杀 0.1 mg/kg 做皮下注射，效果极佳。

通过驱虫，半个月后病牛采食可增加，反刍正常，下痢停止，粪便趋于正常，被毛开始光亮，再重复用药一次，病牛可完全康复。

要预防牛肝片形吸虫病，应采取相应的措施。一是要春、秋两季定期进行驱虫，杀死幼虫及成虫；二是搞好圈舍环境卫生，牛排出的粪便不能乱丢乱放，要集中堆积进行发酵处理，防止污染牛舍和草场使再感染发病；三是不到沼泽、低洼潮湿地带放牧及饮水；四是消灭中间宿主椎实螺，可用 1：5 000 的硫酸铜溶液喷洒草场；五是患牛内脏不能乱丢，应进行深埋或焚烧等销毁处理。

三、牛肺线虫病

牛肺线虫病是几种网尾线虫寄生在牛的支气管、气管内引起的疾病。病原主要是丝状网尾线虫和胎生网尾线虫。雌虫排卵，虫卵随支气管、气管分泌物到达咽或口腔，经吞咽进入胃肠内，随粪便排出体外。在外界适宜的条件下，可发育为有感染性的幼虫。在湿润的环境中，如清晨有露水时，这种幼虫喜欢在草上爬，当牛吃进感染性幼虫后，幼虫边发育边侵入肠壁的血管、淋巴管，随着血液循环到肺部，从血管钻进肺泡，从肺泡逐渐游向支气管、气管，在那里成熟、产卵。虫卵在外界的发育条件是温暖潮湿，因此春、夏是本病的主要感染季节。

（一）诊断要点

1. 在流行地区的流行季节，注意本病的临床表现

本病的临床表现主要是咳嗽，但一般体温不高，在夜间休息时或清晨，能听到牛群的咳嗽声及拉风匣似的呼吸声，在驱赶牛时咳嗽加剧。病牛鼻孔常流出黏性鼻液，并常打喷嚏。被毛粗乱，逐渐消瘦，贫血，头、胸下、四肢可有水肿，呼吸加快，呼吸困难。犊牛症状严重，严寒的冬季可发生大批死亡。成年牛如感染较轻，症状不明显，呈慢性经过。

2. 用粪便或鼻液做虫卵检查

如发现虫卵或幼虫，即可确诊。剖检病死牛时，若支气管、气管黏膜肿胀、充血，并有小出血点，内有较多黏液，混有血丝，黏液团中有较多虫体、卵或幼虫，也可确诊。

（二）防制

预防，一是要到干燥清洁的草场放牧，要注意牛饮水的卫生；二是要经常清扫牛舍，对粪尿污物要发酵处理，杀死虫卵；三是要每年春秋两季，或牛由放牧转为舍饲时，集中进行驱虫。但驱虫后的粪便要严加管理，一定要发酵杀死虫卵。

治疗，应用丙硫苯咪唑，每千克体重用药 5~10 mg，配成悬液，一次灌服。四咪唑，可气雾给药，在密闭的牛舍内进行，喷雾后应使牛在舍内呆 20 分钟。1%伊维菌素注射剂，每千克体重用药 0.02 mL，一次皮下注射。氰乙酰肼，每千克体重用药 17.5 mg，口服，总量不要超过 5 g。发病初期只需一次给药，严重病例可连续给药 2~3 次。

四、牛绦虫病

牛绦虫病是由寄生在牛小肠中的几种绦虫引起的一种寄生虫病。病原主要有扩展莫尼茨绦虫、贝莫尼茨绦虫、曲子宫绦虫等。这些绦虫的形态和发育过程都差不多。如扩展莫尼茨绦虫是长袋状、分节的，颜色乳白，长可达 10 m，该绦虫的孕卵节片脱落后，随牛的粪便排出体外。这种节片被一种叫土壤螨的昆虫吞食，虫卵发育成感染性幼虫。在牧场，这类土螨很多，它们在早晚有露水和阴天时，喜欢爬到草叶上，牛吃草时就被虫卵感染。感染性虫卵在牛的小肠，经约 40 天左右即发育为成虫。犊牛易感性高，病情也较重。大量绦虫寄生时，可引起小肠狭窄、阻塞或破裂。绦虫一昼夜可长 8 cm，要夺取很多营养，加上分泌的毒素可影响牛的消化和代谢，妨碍犊牛的生长。

（一）诊断

主要是注意生前症状和虫卵检查。感染程度较轻的，症状不明显，或仅有轻微的消化不良。感染程度较重的，食欲不佳，精神不振，喜欢饮水，腹泻或便秘，多为腹泻，腹痛，便中可见到虫体的节片。病牛发生慢性臌气，贫血，黏膜苍白，消瘦。严重的，呈全身衰竭，卧地不起，经常做咀嚼动作，口周围有许多泡沫，此时对外界几乎失去反应，有的发生死亡，但是，这些症状无特异性。确认主要依据虫卵检查。牛生前的粪便中发现虫卵或孕卵节片，即可确诊。死后剖检，见病尸消瘦，贫血，胸腹腔有较多积液，肠黏膜炎症变化，可见到绦虫虫体。

（二）防制

预防，可在放牧后一个月左右对牛群进行一次驱虫。驱虫 2~3 周后再驱一次，有利于驱杀感染的幼虫。如有条件，可对土壤螨多的牧场，结合草库伦建设和轮牧进行有计划的休牧，两年后螨的数量可明显减少。

治疗，应用硫氯酚，每千克体重 40~60 mg，一次灌服；阿苯达唑，每千克体重 10~20 mg，制成悬液，一次灌服；氯硝柳胺，每千克体重 60~70 mg，制成悬液，一次灌服；吡喹酮，每千克体重 50 mg，一次灌服；1% 硫酸铜液，犊牛每千克体重 2~3 mL，一次灌服。

五、牛囊尾蚴病

该病又称牛囊虫病，是牛带绦虫的幼虫（牛囊尾蚴）寄生在牛的肌肉组织中所起的一种寄生虫病。患者空肠中的牛带绦虫长达 5~10 m，最长的有 25 m，带状，乳白色。它的卵随人的粪便排出体外，污染草场和饮水。在有些牧区，卫生条件差，人随地大小便极常见。牛在采食或饮水时，经口将虫卵吃进体内。在牛的消化道内，虫卵的膜被破坏，卵中的"六钩蚴"被释放出来。幼虫钻进肠壁，进入血液循环，到达牛全身的肌肉组织，主要部位是舌肌、咬肌、心肌、三头肌、颈肌、臀部肌肉，有时在肺、肝、脑、脂肪组织内也可出现。经 10~12 周，发育为牛囊虫。人吃了含牛囊虫的不熟牛肉后，牛囊虫在人小肠内经 2~3 个月发育成牛带状绦虫，在人体内可存活 20~30 年。犊牛比成年牛更容易感染本病。

（一）诊断

生前诊断很困难，现在还没有完全准确诊断的方法，主要是依靠宰后检验，在肌肉或一些器官中发现牛囊虫。病牛的症状无特异性，严重感染的牛，初期体温升高到 40~41 ℃，腹泻，食欲降低，反刍减少或停止，黏膜苍白，呼吸困难，心跳加快，后期卧地死亡。宰后检验，在肌肉或一些器官中发现牛囊虫，牛囊虫黄豆大小，白色，半透明，囊泡内充满液体，囊壁上有一个小米粒大的头节。发现牛囊虫，即可确诊。

（二）防制

预防，主要是做好牛带绦虫的普查和驱虫，可用仙鹤草、氯硝柳胺、槟榔南瓜籽合剂、吡喹酮、阿苯达唑等药物，给患者驱虫。在农村、牧区，修建厕所，管好人便，加强牛的管理，不让其接触人粪。加强牛肉的卫生检疫，对有牛囊虫的牛肉按规定进行处理，不准进入市场。牛肉一定要熟透后再吃。

治疗无特别有效的方法，可试用吡喹酮或甲苯达唑，前者每千克体重 50 mg、灌服，后者每千克体重 10 mg、灌服。

第四节　营养代谢性疾病

一、维生素 A 缺乏症

该病是由于饲料中维生素 A 及 β-胡萝卜素不足所引起的一种营养代谢病。病初呈夜盲症状，在月光或微光下看不见障碍物。以后角膜干燥，畏光流泪；角膜肥厚、浑浊；皮肤干燥，被毛粗乱，皮肤上常积有大量麸样落屑；运动障碍，步态不稳；体重减轻；营养不良，生长缓慢。常伴有角膜炎、霉菌性皮炎、胃肠炎、支气管炎和肺炎等。母牛易发生流产、早产、死胎或生出眼盲、角膜瘤、裂唇等先天性畸形犊牛，母牛产后常有胎衣不下现象；犊牛生活力差，在短时间内死亡。公牛由于精子畸形和活力差，受胎率降低。犊牛主要表现食欲减退，消瘦，发育迟滞，有时前肢和前躯皮下发生水肿。

预防，主要是合理配合日粮，加强饲料保存，保证饲料中有足够胡萝卜素；注意肝脏疾病和胃肠疾病的预防和治疗；妊娠母牛要适当运动，多晒太阳。

治疗，发生维生素 A 缺乏症时，应立即更换饲料，多喂富含胡萝卜素的饲料；内服鱼肝油，成年牛 50～100 mL，犊牛 20～50 mL，每天 1 次，连续数天；或用维生素 A 注射液，肌内注射 5 万～7 万 IU，每天 1 次，连续 5～10 天；也可一次大剂量注射 50 万～70 万 IU。给予抗生素和磺胺药以预防并发感染；同时，采取对症治疗，如消化不良给予健胃药，腹泻时给予消炎止泻药等。

二、佝偻病

该病又称为维生素 D 缺乏症，是犊牛由于缺乏维生素 D 所引起的钙、磷代谢障碍性疾病。常因母牛维生素 D、钙、磷缺乏致发先天性佝偻病，或因饲料中维生素 D 缺乏，或钙、磷比例不当，缺少光照等因素引起后天性佝偻病。发病犊牛出生后不能起立，严重者两前肢扒开，身体衰弱，拱背，站立时四肢弯曲，两侧的下颌骨、腕关节或飞节大小不一致且不对称。患后天性佝偻病的病犊，食欲逐渐减退，消化不良，精神沉郁，喜卧，行动迟缓，逐渐消瘦，被毛逆立，局部脱毛，生长停滞。常发生异嗜，导致胃肠机能紊乱。肢体软弱无力，站立时，四肢频频交换负重，运步时步样强拘，甚至跛行。骨骼变形，关节肿大，骨端粗厚。肋骨扁平，胸廓狭窄，脊柱弯曲，肋骨与肋软骨结合部呈串珠状肿胀。头骨肿大。四肢弯曲，呈内弧（"O"状）或外弧（"X"状）肢势。病犊体温、脉搏及呼吸一般无变化。

预防本病，要加强对妊娠牛和哺乳牛的饲养管理，经常补充维生素 D 和钙；犊牛要经常运动，多晒太阳，给予良好的青干草和青草；及时治疗胃肠道疾病及体内寄生虫病。

发病后，要改善饲养管理，给予骨粉及富含维生素 D 的饲料，适当运动，多晒太阳。药物治疗主要是补充维生素 D 和钙，可用鱼肝油 10~15 mL 内服，每天 1 次，发生腹泻时停止服用；骨化醇 40 万~80 万 IU 肌内注射，每周 1 次；或用维生素 D_2 胶性钙液 1~4 mL，皮下注射或肌内注射，每天 1 次；或用乳酸钙 5~10 g 内服，每天 1 次；10%氯化钙 5~10 mL 或 10%葡萄糖酸钙 10~20 mL，静脉注射，每天 1 次。

三、骨软症

该病是由成年牛饲料中缺磷引起的磷钙代谢紊乱性疾病，主要因长期单纯喂给钙多于磷的饲料，或钙、磷均少的饲料，导致钙磷比例不平衡而发病。妊娠牛因胎儿生长的需要，以及产奶盛期大量钙磷随乳排出，均可使体内钙磷相对缺乏。病初，表现为消化不良、异食、舔食墙壁、泥土、沙石、砖块等，不断地磨牙或空嚼。随后病牛喜卧，不愿站立，伏卧时常变换体位，有时呻吟；站立时拱背，四肢叉开，运步不灵活，出现不明原因的一肢或多肢跛行，或交替出现跛行。严重者骨骼肿胀、变形、疼痛，下颌骨肿大增厚使口腔闭合困难，各关节尤其是四肢关节粗大不灵活，四肢骨、肋骨、脊椎骨弯曲易骨折，尾椎骨移位、变软，肋骨与肋软骨结合部肿胀（图 5-12）。

图 5-12　骨软症病牛

平时按饲养标准配合日粮，保证日粮中钙、磷含量及其比例 [一般钙磷比例在（1.5~2）∶1，不要低于 1∶1，或超过 2.5∶1]，适当运动，多晒太阳，可预防本病。

发病后，要改善饲养管理，多喂青干草或富含磷的饲料，减少蛋白质或脂肪性饲料，适当运动，多晒太阳。药物治疗，主要是补钙、磷及维生素 D，可用骨粉 250 g 内服，每天 1 次，5~7 天为一疗程；磷酸二氢钠 80~120 g 内服，每天 1 次，连用 3~5 天；20%磷酸二氢钠液 300~500 mL 或 3%次磷酸钙液 1 000 mL，静脉注射，每天 1 次，连用 3~5 天；磷酸氢钙每次 10~40 g，或乳酸钙每次 10~30 g，鱼肝油每次 20~60 mL，每天 2~3 次混入饲料中喂给。对严重病例，可静脉注射 10%葡萄糖酸钙 200~600 mL，或 5%氯化钙 100~250 mL；肌内注射维生素 AD 液 5~10 mL，也可肌注或皮下注射维生素 D_2 胶性钙液 2.5 万~10 万 IU，每天 1~2 次。

四、白肌病

该病是由于硒和维生素 E 缺乏所引起的一种疾病，以骨骼肌和心肌发生的变性、坏死为特征。犊牛（1~3 月龄）多发，常呈地区性发生。主要是因牛采食缺硒地区的饲草或缺硒的饲草、饲料而引起硒缺乏；长期舍饲含维生素 E 很低的草或长期放牧在干旱的枯草牧地，引起维生素 E 缺乏；采食丰盛的豆科植物，或在新近施过含硫肥料的牧地放牧，也会导致维生素 E 缺乏和肌营养不良。此外，含硫氨基酸（胱氨酸、蛋氨酸）的缺乏，各种应激因素的刺激，也可成为诱发白肌病的因素。

（一）临床表现

该病按病程可分为最急性、急性和慢性三种病型。最急性型，不表现任何异常，往往在驱赶、奔跑、蹦跳过程中突然死亡。急性型，病牛精神沉郁，可视黏膜淡染或黄染，食欲大减，肠音弱，腹泻，粪便中混有血液和黏液，体温多不升高。背腰发硬，步样强拘，后躯摇晃，后期常卧地不起，臀部肿胀，触之硬固。呼吸加快，脉搏增数，犊牛达 120 次/分以上。慢性型，病牛运动缓慢，步态不稳，喜卧。精神沉郁，食欲减退，有异嗜现象。被毛粗乱，缺乏光泽，黏膜黄白，腹泻多尿，脉搏增数，呼吸加快。

（二）预防

平时加强妊娠牛和犊的饲养管理，冬季多喂优质干草，增喂麸皮和麦芽等。在产前 2 个月，每天可补喂卤碱粉 10 g。在白肌病流行地区，入冬后对妊娠牛每两周肌内注射维生素 E200～250 mg，每 20 天肌内注射 0.1%亚硒酸钠液 10～15 mL，共注射 3 次。对犊牛也可采用同样的预防方法，剂量减半。

（三）治疗

常用 0.5%亚硒酸钠液 8～10 mL，肌内注射，隔 20 天再注一次；维生素 E 注射液 50～70 mL，肌内注射，每天 1 次，连用数日。同时，应进行对症治疗。

五、奶牛酮病

酮病，是由于糖、脂肪代谢障碍，使血液中酮体含量异常增多，出现以消化机能障碍为特征的一种营养代谢病。主要是因日粮中精料与粗饲料比例不当，如精料过多而粗饲料不足，矿物质缺乏，导致能量代谢紊乱，酮体生成增多。当奶牛患真胃变位、创伤性网胃炎、子宫内膜炎、产后瘫痪、低钙血症、低磷血症、低镁血症等疾病时，常引起脂肪代谢障碍，造成继发性酮病。

（一）临床症状

分娩后几天至数周内发病，患牛精神沉郁，食欲反常，初期拒食精料，吃少量粗饲料，后期食欲废绝，瘤胃蠕动减弱或停止，反刍、嗳气紊乱。泌乳下降或停止，明显消瘦，严重脱水，皮肤弹性降低，被毛粗乱无光泽。病牛站立时拱腰，垂头，眼半闭，有时眼睑痉挛，步态不稳，易摔倒。有的病牛神态异常（图5-13），兴奋不安，惊恐（图5-14），摇头，呻吟，磨牙，肩胛及肷部肌肉不时抽搐，或前奔，或后退。排出球状的少量干粪，附有黏液，或排出带臭味的软便。呼出气和挤出的乳汁有丙酮气味。体温一般正常，或偏低。

图 5-13　病牛神态异常

图 5-14　病牛惊恐的神情

（二）预防

饲喂含足够蛋白质、能量和微量元素的全价日粮。对于泌乳期的牛更要如此。牛既不能营养不良，也不要过于肥胖。妊娠后期，限制挤奶次数，饲喂优质牧草，避免饲喂发酵青贮。分娩前后，可投喂丙酸钠，每次 120 g，每天 2 次，连用 10 天，预防效果较好。在管理上，要做到厩舍清洁，冬暖夏凉，空气流通，牛床干燥，环境舒适。妊娠后期，应在平坦运动场做适量运动。此外，对前胃疾病、真胃变位、产科病和各种中毒病等，应早期确诊，及时治疗，以减少继发酮病发生的概率。

（三）治疗

补充葡萄糖，每天不少于 1 000 g，口服或静脉注射；可用25%~50%葡萄糖 500~1 000 mL、地塞米松 40 mL、5%碳酸氢钠注射液 500~1 000 mL、辅酶 A 500 IU，一次静脉注射；也可用丙酸钠、丙三醇 250 ~ 500 g，内服，每天 2 次，可收到较好效果；还可用促肾上腺皮质激素 100 ~ 200 IU、泼尼松龙 0.2 ~ 0.4 g 或地塞米松 10 ~ 20 mg，1 次肌内注射，若与葡萄糖溶液并用，疗效更好。为解除酸中毒，可用 5% 碳酸氢钠 500 ~ 1 000 mL，1 次静脉注射。维生素 A 每千克体重 500 IU 内服，维生素 C 2 g、维生素 E 1 000 ~ 2 000 mg，1 次肌内注射，可收到一定辅助效果。有神经症状的，可用水合氯醛或氯丙嗪等药物治疗。

六、青草搐搦

青草搐搦，又称青草蹒跚、泌乳搐搦、低镁血性搐搦和低镁血症等。本病是指母牛由采食牧草等多种原因引起血液中镁含量减少，临床上以呈现兴奋、痉挛等神经症状为特征的矿物质代谢性疾病。本病多发生于在人工草场（过多施用氮、钾肥料）上放牧的牛群，在天然草场上放牧的牛群极少发生。本病属世界性疾病，多数地区发病率为 1% ~ 2%，少数地区可达 20% 左右，死亡率高达 70% 以上。

（一）发病原因

本病的发病原因是血镁含量减少。

1. 土壤中镁缺乏和钾过多

涉及本病病因的土壤可分为镁含量较低或缺乏和钾含量过多两大类型。前者是由花岗岩、火山灰等酸性土壤自身或气候，以及人为条件等使土壤中镁缺乏或镁溶解流失，导致镁含量减少；后者是由于草场（人工草场）施用钾肥料过多而使土壤中钾含量增多，这时即使土壤中镁含量多，也会由于钾离子和镁离子的拮抗作用而阻碍植物对镁吸收，结果生长出缺镁或镁含量过少饲草饲料。

2. 发病季节与天气因素

本病在低温（8 ~ 15 ℃）、多雨的初春和秋季，尤其在早春牧草生长繁茂期，放牧开始 2~3 周内发病较多。寒冷、多雨和大风等天气，或使牛发生应激反应（影响瘤胃和蜂巢胃对镁的吸收），或使牧草吸收镁受到阻碍，或使泌乳母牛甲状腺功能亢进导致镁消耗量加大等，结果使低镁血症发病率升高。

3. 牧草中矿物质（化学成分）含量不平衡

青草搐搦的发生与牧草的化学成分有密切关系。牧草中镁含量占其干物质的 0.2% 以下时，氮和钾含量显著增多；牧草中 K/（Ca+Mg）物质的量比在 1.8 以上时易发青草搐搦。在氮含量过多的草场上放牧的牛群，其瘤胃内产生大量氨（40~60 mg/100 mL），结果氨与磷、镁结合成不溶性磷酸铵镁，阻碍牛对镁的吸收。同时，采食氮含量过多的牧草可诱发牛群下痢，也影响消化道对镁的吸收，导致血镁含量减少。

在钾含量过多的草场上放牧牛群，钾离子可使机体肌肉和神经的兴奋性提高，而镁离子则刚好相反。青草搐搦发生时，血液中镁、钙和氢离子的含量少，钾的含量多，故神经对刺激的反应性升高，呈现兴奋和痉挛等症状。

牧草中有机酸（枸橼酸和反乌头酸）含量增多时，与镁结合阻碍镁的有效利用，也成为低镁血症的原因。

4. 品种、年龄和泌乳因素

据资料分析，奶牛、肉牛品种之间的发病无差异，但 3 岁以上、分娩 70 天以内的带犊母牛发病率较高。这是放牧后带犊泌乳母牛血镁含量减少的缘故，尤其是 7~8 岁的奶牛，其血镁含量减少更为显著。妊娠母牛在分娩前由于妊娠而镁消耗量增大，在分娩后又由于大量泌乳使镁消耗更大，加上瘤胃内氨产生过多等致使对镁的吸收不充分，而导致血镁含量减少。

（二）临床表现

本病在临床上以低镁血性痉挛为特征性表现，所以，与神经型酮病、乳热等病的临床表现极为相似。本病的前驱症状是在发病前 1～2 天出现食欲减退、精神不安、兴奋等类似发情表现，有的精神沉郁、呆立、步样强拘、后躯摇晃等。

1. 急性

在正常采食中突然抬头鸣叫，盲目地乱走，随后倒地，发生间歇性肌肉痉挛，在历时 2～3 小时的反复发作过程中，呼吸中枢衰竭死亡。

2. 亚急性

精神沉郁，步态跟跄。随之呈现感觉过敏、不安和兴奋，全身肌肉震颤、搐搦，眼瞬膜露出，牙关紧闭或磨牙（空嚼），耳、尾和四肢肌肉强直，以及全身间歇性和强直性痉挛发作，倒地站不起来。水牛患本病后多为亚急性经过。

3. 慢性

发生在泌乳性能高的奶牛，病情逐渐恶化，历时较长，出现运动失调和意识障碍等症状，结局多死亡。病牛以对轻微刺激反应敏感为其特点，使头颈、腹部和四肢肌肉发生震颤，甚至强直性痉挛，不能站立而呈角弓反张。体温在 38.3～39.4 ℃，脉搏增数（82～105 次/分），呼吸促迫增数（60～82 次/分）。在间歇性痉挛发作中，可视黏膜发绀，呼吸困难，心音混浊、不清，节律不齐，口角流出泡沫状唾液，排泄水样软便及频尿等。

急性病牛多数在发病后 2～3 小时内死亡。亚急性病牛，如不早期治疗也可在发病后 2～3 天内因呼吸中枢衰竭死亡，但若及早地应用镁制剂治疗，只要无并发症，其预后一般良好。

（三）治疗

针对病症补给镁和钙制剂有明显效果。通常将氯化钙（30 g）和氯化镁（8 g）溶解在蒸馏水（250 mL）中，煮沸消毒，缓慢地静脉注射；还可将 8～10 g 硫酸镁溶解在 500 mL 的 20% 葡萄糖酸钙溶液中制成注射液，在 30 分钟内缓慢地静脉注射，均取得较好疗效。

除上述药物治疗外，可针对心脏、肝脏、肠道机能紊乱等情况，给予对症疗法，以强心、保肝和止泻等为主，必要时应用抗组胺制剂进行治疗。在护理上应将病牛置于安静、无过强光线和任何刺激的环境饲养。对不能站立而被迫横卧地上的病牛，应多敷褥草，时时翻转卧位，并施行卧位按摩等措施，防止褥疮发生。

（四）预防

1. 草场管理

对镁缺乏土壤应施用含镁化肥，其用量按土壤 pH 值、镁缺乏程度和牧草种类而有所差别。一般为提高牧草的镁含量，可在放牧前每周对每 100 m^2 草场撒布 3 kg 硫酸镁溶液（2% 浓度）。同时要控制钾化肥施用量，防止破坏牧草中镁、钾之间平衡。

2. 对放牧牛群的措施

首先要对牛群进行适应放牧的驯化，在寒冷、多雨和大风等恶劣天气放牧时，应避免应激反应，防止诱发低镁血症，对放牧牛群，在放牧前一个月就应进行驯化，使其具有一定适应能力；其次是补饲镁制剂，放牧牛群，尤其是带犊母牛，在放牧前 1~2 周内可往日粮中添加镁制剂补料；再者在本病易发病期间，除半天放牧外，宜在补饲野草和稻草的同时，在饮水和日粮中添加氯化镁、氧化镁和硫酸镁等，每头牛每天补饲量以 50~60 g 为宜。

最近，有的国家为预防本病发生，在牛网胃内置放由镁、镍和铁等制成的合金锤（长约 15 cm），任其缓慢腐蚀溶解，可在 4 周内起到补充镁的作用，有较好的预防效果。

七、生产瘫痪

生产瘫痪是母牛分娩前后突然发生的一种严重代谢性疾病，其特征是低血钙、知觉丧失、肌肉无力及四肢瘫痪，亦称乳热症或低血钙症，为母牛产后常见病之一。主要发生于饲养良好的高产奶牛，在产奶量最高的胎次，多数见于第3~6胎，在顺产后3天之内发病（多数在产后12~48小时）。初产母牛几乎不发此病，也有在分娩前或分娩过程中发病的。本病散发，但复发率高，并有遗传倾向，如娟姗牛较多发。我国高产的犏牛，也常发此病。

（一）发病原因

本病发病机制尚不完全清楚，但引起本病的直接原因主要是分娩前后血钙浓度剧烈降低，也有人认为本病与大脑皮层缺氧有关。

1. 血钙降低

正常情况下，产后健康牛的血钙浓度为 0.08~0.12 mg/mL，平均为 0.1 mg/mL，病牛则下降至 0.03~0.07 mg/mL，同时血磷、血镁含量也降低。引起血钙浓度急剧下降的原因如下。

（1）血钙大量进入初乳并被排出，而干奶期母牛甲状旁腺机能减退，动用骨钙的能力下降；同时母牛消化机能尚未恢复，从肠道吸收的钙量显著减少。血钙的流失超过了从肠道吸收和骨钙动用的补充。

（2）怀孕后期，胎儿迅速发育，钙的需求大增，骨骼吸收钙量减少，影响钙的储存，使能动用的钙减少。

（3）分娩使大脑皮层从过度兴奋转入抑制，分娩后腹压突然下降使脑部出现暂时贫血、抑制加深，影响了甲状旁腺的机能，以致难以调节体内钙的平衡。

2. 大脑皮层缺氧

有人认为本病为一时性脑贫血所致的脑皮层缺氧、脑神经兴奋性降低的神经性疾病，而低血钙则是脑缺氧的一种并发症，依据如下。

（1）脑缺氧先表现短暂的兴奋（不易观察到），随后表现出功能丧失，这与本病症状的发展过程很吻合。

（2）有些病例补钙后，症状并未见好转，而乳房送风却有效果。乳房送风使乳房内大部分血液进入循环，从而使血压上升，改善了脑循环，缓解了脑贫血。应用氢化可的松治疗本病，也是这个原理。乳房送风不仅缓解了脑贫血，也提高了血钙含量，两者不能截然分开。

（二）临床症状

母牛的生产瘫痪虽有典型与非典型（轻症）之分，但临床报道所见大多为轻症，且极少报道见到病初短暂的兴奋症状。

1. 典型症状

精神沉郁，不愿走动，后躯摇摆，站立不稳，起卧困难，最终不能起立，四肢屈曲或伸展于腹下（图5-15），头弯向胸侧，可用手拉直，但一松手，头仍弯向胸侧，是本病典型卧姿。进而意识抑制、知觉丧失，各种反射微弱至消失，患牛昏睡，皮温和四肢温度降低，体温下降，至35~36 ℃。脉搏微弱，呼吸深慢，最终可昏迷而死。

图5-15 生产瘫痪病牛

2. 轻症

主要特征是躺卧时头颈姿势不自然，呈"S"状弯曲，但并非都能见到。病牛精神沉郁，但不昏睡；反射减弱，但不消失。

（三）诊断

诊断本病的主要依据是病牛胎次（3~6胎）、产奶量高、产犊不久（3天之内）、特征的卧地姿势及血钙降低（8 mg以下）。

本病需与酮病、生产瘫痪、低血镁症相区别。酮病患牛的奶、血、尿中丙酮含量增加，呼出气体有丙酮味。有资料表明，相当比例病例两病并发。生产瘫痪，仅不能起立，其他均无异常。低血镁患牛表现搐搦和感觉过敏，而无麻痹、昏迷等典型瘫痪症状。

（四）防制

发病早（产后 8 小时以内），病程进展快，病情严重的，有可能死亡。一般只要治疗及时、正确，90%以上均可痊愈。预后良好的标志是治疗后体温较快回升，如果继续下降，则预后不良。复发者预后都不良。传统和最有效的疗法仍是静脉补钙和乳房送风，治疗越早，疗效越好。

1. 静脉补钙

最常用的是硼葡萄糖酸钙溶液，即在葡萄糖酸钙溶液中加入 4%硼酸以提高其溶解度和稳定性。奶牛一次静注 20%~25%硼葡萄糖酸钙 500 mL。葡萄糖酸钙刺激性小，可以做皮下注射。据报道，将硼葡萄糖酸钙总注射量的一半静脉注射、一半皮下注射，治疗后 12 小时，患牛血钙含量高于全部静脉注射，复发率也由全部静脉注射时的 38%下降到 4%~8%。注射硼葡萄糖酸钙的疗效一般在 80%左右，注后 6~12 小时病牛如无反应，可重复注射。如再无效说明补钙对该病例没有作用。如无硼葡萄糖酸钙，可注射 10%葡萄糖酸钙溶液。补钙要掌握量和速度，不能超过 1 g/50 kg 纯钙，静脉注射 500 mL 至少需要 10 分钟，并注意心律的变化。对怀疑伴发血磷、血镁降低的病例，可同时静脉注射 40%葡萄糖溶液和 15%磷酸钠溶液各 200 mL，及 25%硫酸镁溶液 50~100 mL。

2. 乳房送风

乳房送风仍是治疗本病最简单有效的疗法，特别适用于补钙疗效不佳和复发的病例。

常规消毒乳头，缓慢将导乳管插入乳头管直至乳池内，先注入青霉素 40 万 U，以防感染，再连接乳房送风器或大容量注射器打气。一般先打无病乳区，后打患病乳区，4 个乳头均要注入。充气不足无疗效，充气过量则易使乳泡破裂。以乳房皮肤紧张，乳基部边缘轮廓清楚，用手轻叩呈鼓音为度。然后用宽纱布轻轻扎住乳头，经 1~2 小时后解开，一般在打入空气后 1~3 小时病牛即可自行站立。

在采取乳房送风疗法的同时，为增强其治疗效果，可配合给予患牛静脉注射 10%葡萄糖酸钙 500~1 000 mL，或者用 10%氯化钙 100~200 mL，加入 25%葡萄糖 1 000~1 500 mL，并用羌活 30 g、防风 30 g、川芎 30 g、当归 60 g、细辛 15 g、炒白芍 30 g、桂枝 30 g、独活 30 g、党参 30 g、白芷 30 g、钩藤 30 g、姜半夏 30 g、茯神 30 g、远志 30 g、菖蒲 30 g、甘草 15 g，姜枣为引，煎水给牛喂服。

3. 激素疗法

一般与补钙配合使用。据报道，对补钙疗效不佳的病例，使用地塞米松 20 mg/次，治愈率达 64.7%；如地塞米松配合钙一起治疗，治愈率可达 92.8%。也可用 25 mg 氢化可的松加入 2 000 mL 糖盐水中静脉注射，一天 2 次，连用 1~2 天。

生产瘫痪主要是高产奶牛的一种代谢病，进行科学饲养，避免片面强调产量是最有效的预防方法。试验证明：在干奶期中，至少在预产期前两周开始，给母牛饲喂低钙高磷饲料，将每天钙的摄入量限制在 60 g 以下，增加谷物精料，减少豆科干草和豆饼，使钙、磷摄入比例保持在 1.5 : 1~1 : 1，可有效防止本病的发生。

分娩之后，立即一次肌内注射 10 mg 双氢速甾醇（DT10），预防本病也比较有效。如在第一次补钙的同时使用双氢速变固醇，还可减少本病的复发率。

第五节　常见产科及犊牛疾病

一、牛子宫内膜炎

子宫内膜炎是子宫内膜炎症的统称，可分为产后子宫内膜炎和慢性子宫内膜炎。前者是产后子宫内膜的急性炎症，多伴有全身症状；后者多为缺乏全身症状的局部感染，是不孕的主要原因。急性子宫内膜炎主要是因分娩时或产后，病原微生物入侵产道或周围炎症感染，尤其是难产、胎衣不下、子宫脱、子宫复旧不全及胎儿浸溶等病，极易引起子宫内膜炎症。本病亦可继发于一些生殖系统的传染病，如布鲁氏菌病、沙门菌病等。

（一）临床症状

根据子宫内膜炎感染的病理过程，分为三个阶段。

第一阶段，在产后 20 天以内，为产褥期恶露排除阶段。该阶段分娩机体抵抗力下降，生殖道发生损伤，并易引起急性炎症。如果感染扩散，会引起全身性疾病。

第二阶段，产后 20~40 天，为生殖道复旧和子宫自净阶段，机体调动各种抗感染机制，修复创伤，感染被局限化，并转为慢性。发情周期开始恢复。

第三阶段，产后 40~50 天以后，为生殖道结构机能和正常发情周期恢复阶段，感染成为慢性或隐性。

（1）急性黏液性脓性子宫内膜炎：恶露排出时间延长，转为黏液性、脓性分泌物，臭味不显著。阴道视诊，宫口开张，黏膜潮红，有炎性分泌物。直肠触诊，子宫角复旧差，收缩反应弱，壁厚，蓄积液多时有波动感。全身症状轻微，食欲减弱，泌乳减少。

（2）纤维蛋白性子宫内膜炎：临床少见，炎性分泌物呈污红色或褐红色稀糊状液体，混有灰白色组织块、恶臭。全身症状明显，体温升高，食欲废绝，反刍、泌乳停止。

（3）胎盘坏死性子宫内膜炎：宫阜（胎盘）分解呈豆腐渣样排出，腐败臭。全身症状严重，精神沉郁，不愿站立，体温升高，呼吸、脉搏加快，食欲废绝。有可能继发败血症或脓毒血症。临床已很少见。

（4）慢性卡他性子宫内膜炎：阴道分泌物稀黏状稍混浊，并混有絮状物，发情周期不正常或正常。直肠触诊，子宫角增粗，壁较厚，收缩反应弱。冲洗子宫回流液略浑浊，如淘米水样。

（5）慢性脓性子宫内膜炎：阴道分泌物呈脓性，阴门和尾根粘有脓痂，宫颈充血、外口微开。发情周期紊乱。触诊子宫角粗大、壁厚薄不均，收缩反应微弱或消失。

（6）子宫积液：由子宫角内炎性分泌物不能排出蓄积而成，分子宫积水（图5-16）、子宫积液和子宫积脓（图5-17）。母牛停止发情，子宫颈口不开，阴门无分泌物流出。直肠触诊，子宫角膨大，一侧性或两侧同大、有波动感。子宫积水时，子宫壁薄、波动明显，积液可在两子宫内流动。子宫积脓时，子宫壁厚，波动不如积水明显，流动性差。卵巢上均有黄体存在（持久黄体）。积水和积黏液为稀薄或稍稠的灰白色液体，或呈棕黄色、红褐色。积脓为稠的脓液。前者由卡他性炎继发，后者由脓性炎继发。

（7）隐性子宫内膜炎：特征是发情周期基本正常；屡配不孕；发情时排出分泌物较正常的多，稍稀略浑浊。冲洗回流液静置后有沉淀或有絮状物浮游。B超断层扫描子宫可鉴别炎症情况。

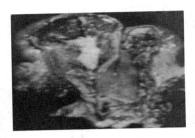

图 5-16　子宫积水

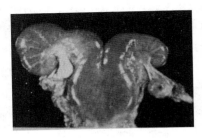

图 5-17　单侧子宫蓄脓

（二）治疗

1. 急性炎症

对体温升高、全身症状严重的，需全身使用大剂量广谱抗菌药物，并采取大量补液等措施（参考产后感染），促使全身状况好转。待体温下降后再对子宫局部进行处理，冲洗子宫清除炎性分泌物及分解腐败产物，投入广谱抗菌药物，使用催产素促使子宫收缩等。冲洗液宜加温（40～45 ℃），常用的有生理盐水、0.05%～0.1%高锰酸钾溶液、0.01%～0.05%苯扎溴铵溶液、0.1%依沙吖啶溶液等。

2. 慢性炎症

利用生殖系统的自净作用和天然抗感染功能促进生殖机能早期恢复。使用雌激素、催产素冲洗子宫，冲洗后根据炎症程度可分别投入青霉素、链霉素或四环素类，选用市售的露它净、宫得康、宫炎灵、宫炎净、清宫合剂等注入。复方碘溶液（100 mL溶液含5%复方碘溶液）有很强杀菌力，且可刺激子宫机能的恢复和加强其自净作用，可用于治疗病程较长的脓性炎症。

3. 子宫积水或蓄脓

首先促使宫颈张开排出积液，前列腺素 PGF2a 有特效，配合使用雌激素和催产素，雌激素可促使宫颈开张、并提高子宫肌对催产素的敏感性，然后冲洗子宫排净子宫内积液，再投入广谱抗菌药物。治疗时可间隔数日，重复使用，至发情周期恢复、子宫分泌物清亮。

4. 隐性子宫内膜炎

可在配种前用含有青霉素 40 万 U、链霉素 0.5 g 的生理盐水或 5%葡萄糖溶液冲洗子宫，或配种后注入青霉素、链霉素。治疗前如能采分泌物做细菌培养和抑菌试验，然后对菌选药，可获一次灭菌的良好效果。

治愈子宫内膜炎的标准：临床症状消失；配种受孕，正常分娩。轻度炎症可以达到痊愈，炎症重、病程长的往往只能消除症状。

要预防牛子宫内膜炎，分娩助产时要严格消毒，操作正确，防止损伤和感染。对难产、胎衣不下、子宫脱等围产期疾病要及早治疗，并防止急性炎症的发生。炎症发生后，抓紧在急性期治愈，同时，要提高配种人员素质，严格按规程操作，杜绝配种感染。母牛分娩开口期末做产道子宫内检查，以便及时解救难产，减少感染。

二、牛阴道脱出

阴道脱出是指阴道壁的部分或全部内翻，脱离原来正常位置，突出于阴门之外。当牛妊娠后期，胎盘产生过多的雌激素，或患有卵巢囊肿时产生大雌激素，可使骨盆内固定阴道的韧带松弛，引起阴道脱出；或者是胎儿过大，胎水过多，或怀双胎，使腹内压增高，也易造成阴道脱出。饲养管理不当，营养不良，体弱消瘦，运动不足，全身组织特别是盆腔内的支持组织张力降低，也可引起本病。此外，当牛患有瘤胃臌气、积食、便秘、下痢、产前截瘫、直肠脱出，或严重的骨软症等疾病时，也可继发阴道脱出。许多牛在产前多发生阴道部分脱出，在卧地时，可见到有一鹅蛋大或拳头大的粉红色瘤状物夹在两侧阴唇之间，或露出于阴门之外；站立时，脱出部分多能自行缩回。如时间过长，脱出的阴道壁会肿大，患牛起立后需经过较长时间才能缩回，或不能自行完全缩回。阴道脱出时间过久，表面常被粪便、褥草、泥土等污染，从而发生溃疡、坏死。阴道全部脱出时，可见到宫颈口，也可触及胎儿的肢体。病牛常表现不安、拱背、努责，时常做排尿动作。如脱出的阴道损伤严重，可能引起胎儿死亡和流产。

站起后能自行恢复的阴道部分脱出，特别是快要生犊的牛，分娩后多能自愈。对不能自行缩回的，或阴道全部脱出的，可实行站立保定，不能站立的要垫高后躯。还可用 2% 普鲁卡因 10 mL，在第 1~2 尾椎间进行硬膜外麻醉，或用 1% 明矾水、0.1% 高锰酸钾液清洗脱出的阴道。有出血和伤口的，进行止血和必要的缝合。有水肿的，用消毒针头乱刺，用清洁纱布挤出水肿液。要注意保护孕牛子宫颈黏液塞，不要破坏和污染。用消毒纱布缠包脱阴道，在助手的帮助下，用手将脱出的阴道送回盆腔，并加以适当固定。

三、胎衣不下

该病是指母牛产出胎儿后，在 8~10 小时内胎衣不能脱落而滞留在子宫内。多见于老龄牛，奶牛多发，黄牛发病率约为 1%。

（一）病因

日粮不平衡、矿物质、维生素缺乏，或精料喂量过多，机体过胖，激素失常，导致胎衣不下；胎盘不成熟，如应激、变态反应、子宫过度扩张（胎儿过大、胎水过多、双胎）、子宫损伤等，导致怀孕期缩短，而使胎盘不能完成成熟过程，导致胎衣不下；妊娠期延长，胎盘结缔组织增生，也可阻止胎盘的分离；胎盘充血、发炎或坏死，引起胎盘粘连；子宫乏力，如营养不足、循环障碍、激素失调、代谢性疾病（低血钙、酮病等）、慢性疾病、难产、子宫扭转、运动不足等均可导致子宫乏力，从而导致胎衣不下。

（二）临床症状

全部胎衣不下时，外观仅有少量胎膜悬于阴门外，阴道检查可发现未下的胎衣。患牛无任何异常表现，一些头胎母牛可见举尾、弓腰、不安和轻微努责。部分胎衣不下时，大部分胎衣脱落而悬垂于阴门外。胎衣初为粉红色，因长时间悬垂于后躯，极易受外界污染，胎衣上附着粪便、草屑、泥土，容易发生腐败，尤其是夏季炎热天气。腐败时，胎衣色呈熟肉样，有剧烈难闻的恶臭味，子宫颈开张，阴道内温度增高，积有褐色、稀薄腥臭的分泌物。患牛由于胎衣腐败、恶露潴留、细菌繁殖、毒素被吸收，呈现体温升高、精神沉郁、食欲减退或废绝。

（三）治疗

1. 剥离胎衣

对胎衣容易剥离的牛，可进行胎衣剥离，反之则不易硬剥。

2. 抗生素疗法

将广谱抗生素（四环素或土霉素 2~4 g）装于胶囊，以无菌操作送入子宫，隔日 1 次，共用 2~3 次，以防止胎衣腐败和子宫感染，等待胎盘分离后自行排出，也可用其他抗生素。

3. 激素疗法

可应用促使子宫颈口开张和子宫收缩的激素，如每天注射雌激素 1 次，连用 2~3 天，并每隔 2~4 小时注射催产素 30~50 IU，直至胎衣排出。

4. 钙疗法

钙剂可增强子宫收缩，促进胎衣排出，用 10% 葡萄糖酸钙注射液、25% 葡萄糖注射液各 500 mL，一次静脉注射，每天 2 次，连用 2 天。当胎衣剥离后，仍应隔日灌注抗生素，以加速子宫净化过程。

平时要加强饲养管理，注意精粗饲料喂量比例，保证矿物质和维生素供给，加强对老龄牛临产前的护理。

四、牛乳腺炎

乳腺炎是奶牛最常见的疾病之一。乳腺炎分为亚临床型乳腺炎、亚急性临床型乳腺炎、急性乳腺炎、慢性乳腺炎和无菌性乳腺炎5种。隐性乳腺炎不仅使奶产量减少，而且使乳的品质大大下降，乳腺炎每年都造成巨大经济损失。

（一）病原

乳腺炎的病原体有细菌、真菌、病毒、霉形体等。主要的病原菌是链球菌属、金黄色葡萄球菌、大肠杆菌和霉形体。这些病原菌还可以分为接触传染性（无乳链球菌、金黄色葡萄球菌、霉形体）和环境性（乳房链球菌、停乳链球菌、大肠杆菌）。

（二）发病机制

微生物入侵乳腺主要通过乳头管、血液、皮肤创伤。病原菌一旦通过乳头管屏障，先在接近乳头的乳区下部的乳管壁或分泌组织中生长和繁殖，建立感染区，然后向上扩散到乳区的其他部位。

乳腺感染初期，受感染部分乳区的血管扩张，血液增多，血流减缓，毛细血管的渗透性增加。感染轻微的，在感染消退后，受感染乳区乳的分泌将增加，几天内恢复到接近正常。如果感染后损害很严重，乳管被堵塞的时间长，超过3~4天，分泌细胞消失，乳的分泌停止，要到下次产犊时才能恢复。如果损害特别严重，很多分泌细胞被破坏，乳管持续堵塞，使堵塞后部的脓堆积，该部就会形成疤痕组织，或在乳区中留下一个潜在的感染区，细胞和细菌可间歇性地排入乳中。乳腺组织中大量这种死亡的区域，可融合成大的脓肿，脓肿通过皮肤破溃，或破溃进入乳管。

（三）临床症状

1. 革兰阳性细菌引起的乳腺炎

链球菌和葡萄球菌入侵后，有 3~5 天的潜伏期。乳管和腺泡的细胞极度水肿，血浆蛋白渗出，乳汁发生凝结，泌乳减少。乳中体细胞数量显著升高。

（1）链球菌性感染（无乳链球菌、停乳链球菌、乳房链球菌）：与葡萄球菌性感染比较，在急性期，前者乳中体细胞数（SCC）更高、乳产量更低。在慢性期，后者基质纤维样变性和乳腺萎缩，并伴发乳房纤维化和变硬。慢性感染在临床上检出困难，但由于乳腺中存在感染病灶和封闭的脓肿，使乳中体细胞数持续升高，所以，桶奶 SCC 容易检出。

（2）急性金黄色葡萄球菌感染：β 毒素和 δ 毒素可导致血管坏死，局部血管血栓形成，坏疽及皮肤和乳头的脱落。坏疽性乳腺炎常见于泌乳早期和较年青的母牛。这些毒素可被机体吸收，导致全身毒血症而危及患牛生命。

2. 革兰阴性菌引起的乳腺炎

通常是大肠杆菌，侵入后有一最初的潜伏期，约 10 小时。乳房局部被感染乳区均匀肿大，无任何柔软空隙，乳汁水样内含小纤维素或硬块，或仅能挤出少量黄色液体，又称无乳症。另外，本病从开始到消退有一个特点，即没有从急性到慢性或慢性到急性的变化过程。

3. 其他病原菌引起的乳腺炎

（1）霉形体乳腺炎：有 2~3 天的初期潜伏期，然后临床突然发作，开始在一个乳区，随后波及其他乳区，或同时侵袭 4 个乳区，乳房严重肿胀。奶产量急降，变为鞣酸样褐色，上浮一层沙质样物。可能并发关节炎或跛行，无明显全身症状，其结果导致乳房纤维化发展和乳腺细胞的萎缩。

（2）表皮葡萄球菌乳腺炎：葡萄球菌在环境中普遍存在，

引起乳房的轻度炎症。乳中体细胞数增加，呈隐性感染，而不表现临床症状。

（四）诊断

1. 临床型乳腺炎

主要是个体病牛的临床诊断，方法仍然是一直沿用的乳房的视诊和触诊、乳汁的肉眼观察，以及必要的全身检查。

2. 隐性乳腺炎

采用间接诊断法——美国加州乳腺炎试验（CMT）、乳汁体细胞计数、乳汁电导率测定和乳汁病原体鉴定。

（1）CMT法（美国加州乳腺炎试验）：该法为化学检验法，可在牛体旁进行，现被世界各国包括我国普遍采用，方法简易、效果准确，可以定量。基本原理是用一种阴离子表面活性物质——烷基或烃基硫酸盐，破坏乳中的体细胞，释放其中的蛋白质，蛋白质与试剂结合产生沉淀或凝胶。细胞中聚合的脱氧核糖核酸（DNA）是 CMT 产生阳性反应的主要成分。乳中体细胞数越多，释放的 DNA 越多，产生的凝胶也就越多，凝结越紧密。根据这一原理我国不少地方利用国产的烷基或烃基硫酸盐原料先后研制出了诊断隐性乳腺炎试剂，达到了 CMT 试剂的国产化。CMT 试剂的配方和应用简介如下。

1）试剂配方：烷基或烃基硫酸盐 30~50 g、氢氧化钠 15 g、溴甲酚紫 0.1 g（pH 值颜色指示剂），蒸馏水 1 000 mL。

2）方法：乳汁检验盘，4 个乳区的乳汁分别挤入 4 个检验盘中，倾斜检验盘 60°，流出多余乳汁，各加等量（2 mL）试液，随之平持检验盘旋转摇动，使试剂与乳汁充分混合，10 秒后观察判定。

3）判定标准：阴性（－）无变化，不出现凝块；可疑（±）微量沉淀，有不久即消失的倾向；弱阳性（＋）部分形成凝胶状；阳性（＋＋）全部呈凝胶状，回转摇动时凝块向中央集中，停止摇动时凝块呈凹凸状附于皿底；强阳性（+++）全部呈凝胶状，回转摇动时凝块向中央集中，停止摇动时仍保持原状，并固着于皿底；酸性（pH 值 5.2 以下）乳汁变黄色，意味着细菌增多，乳糖被分解；碱性（pH 值 7.0 或 7.0 以上）乳汁呈深紫色，为接近干奶期、感染乳腺炎、泌乳量降低的表现。

（2）乳汁电导率值试验：该法是物理检验法，乳腺感染后，血-乳屏障的渗透性改变，Na^+、Cl^-进入乳汁，使乳汁电导率值升高。

桶奶试验可以评估一个牛群隐性乳腺炎的感染水平。

（五）治疗

首先是消除原因与诱因，改善饲养和挤乳卫生条件等是取得良好疗效的基础。具体可采用如下治疗措施。

（1）乳房神经封闭，如乳房基底神经封闭。

（2）经乳头管注药，可用通乳针连接注射针筒直接注药。常用的药物有 3% 硼酸液、0.1%~0.2% 过氧化氢液、青霉素、链霉素、四环素、庆大霉素等抗生素，最好进行药敏试验。

（3）物理疗法，如乳房按摩、温热疗法、红外线和紫外线疗法等。乳头药浴是防制隐性乳腺炎的有效疗法，必要时可配合全身治疗，如肌内注射青霉素、土霉素、磺胺二甲嘧啶等。

（六）预防

1. 挤奶卫生

母牛要整体清洁，尤其是乳房要清洁、干燥。乳头在套上挤奶杯前，用最少量的水冲洗，用单一纸巾清洁和擦干。

2. 乳头浸浴

在每次挤奶后进行，浸液的量不要多，但要能浸没整个乳头。

3. 干奶期预防

泌乳期末，每头母牛的所有乳区都要用抗生素进行治疗。药液注入前，要清洁乳头，乳头末端不能有感染。

4. 淘汰慢性乳腺炎病牛

这些病牛不仅奶产量低，而且从乳中不断排出病原微生物，已成为感染源。

5. 保护牛群的"封闭"状态

避免因牛的引进或出入带来新的感染源。

6. 定期评价挤奶机的性能

虽然大量研究指出，挤奶机的影响大约只占乳腺炎问题的5%，但仍要保持挤奶机好的真空稳定性和正常的脉动频率，不要因此而损害乳头管的防护机能。要保持挤奶杯的清洁。及时更换易损坏的挤奶杯"衬里"，因为它容易"滑脱"而造成感染。

7. 定期检测桶奶或个体奶牛奶中的体细胞数

根据细胞的数目，采取相应的防制措施。奶业生产者应该了解传染性病原菌、奶的体细胞数和奶产量损失之间的关系，认识预防隐性乳腺炎的重要性。

第六节　常见消化系统疾病

一、牛口炎

（一）发病原因

多是饲喂不当，如吃了粗糙和尖锐的饲料，饲料中混有木片、玻璃或麦芒等杂物所造成。牙齿磨灭不正或各种坚硬机械的刺激，或服用高浓度的刺激性药物如冰醋酸、酒石酸锑钾等，吃了有毒植物，误饮氨水，维生素缺乏等，都可引起本病。此外，继发于某些传染病，如口蹄疫等。

（二）临床症状

任何一种性质的口炎，初期都会表现采食困难，咀嚼缓慢，饲料吞进后又吐出，从口腔内流出大量的唾液，口角外附有泡沫样黏液，口腔内黏液潮红肿胀，舌苔黄厚，口臭，严重时有水疱、溃疡或创伤等症状。当然，口炎的性质不同，临床症状也不一样。

1. 卡他性口炎

口腔黏膜弥漫性或斑点状潮红，硬腭肿胀。唇黏膜的唾液腺阻塞时，散在小结节或烂斑。舌面上有灰白色或草绿色舌苔。牛因丝状乳突上皮增殖，舌面粗糙，呈白色或黄色。夏收季节如因麦芒刺伤，舌系带、颊及齿龈等部位常有成束的麦芒。

2. 水疱性口炎

唇内面、硬腭、口角、颊、舌缘和舌尖及齿龈有粟粒大乃至蚕豆大透明水疱，3~4天破溃后形成鲜红色烂斑。体温间或轻微升高。口腔疼痛，食欲减退，5~6天后痊愈。

3. 溃疡性口炎

一般多在门齿和犬齿的齿龈部分发生肿胀，呈暗红色或紫红色，容易出血。1~2天后，病变部变为黄色或黄绿色糊状脂样的坏死、糜烂，逐渐与邻近唇黏膜或颊黏膜形成污秽不洁的溃疡。口腔散发腐败性腥臭味、流涎混血丝带恶臭。往往伴发败血症，患牛食欲废绝、下痢、消瘦、体质衰退。

（三）预防

改善饲养管理，合理调配饲料，对粗硬饲草可进行碱化、粉碎处理；防止物理、化学性因素或有毒物质的刺激。兽医在灌药时，注意药物不能太烫，投服丸剂时注意动作要轻，检查口腔使用开口器时亦避免损伤口腔黏膜。若在牛群中发现口炎病牛，应仔细检查，尤其在冬、春季节更应慎重，应将病牛隔离观察治疗，并对全场牛只进行监测，以防止某些传染病的发生。

（四）治疗

口炎病情轻，为一般性质疾病，但影响消化和营养，甚至继发感染，可引起全身败血症，故不能掉以轻心，必须及时治疗。一般治疗原则，着重排除病因，针对口炎症状，采取消炎、收敛、净化口腔等治疗措施，促进康复。

净化口腔、消炎、收敛，可用1%食盐水或2%~3%硼酸溶液洗涤口腔，每天洗涤3~4次。口腔有恶臭，宜用0.1%高锰酸钾溶液冲洗。不断流涎时，则用明矾溶液或硼酸溶液洗涤口腔。洗口后可用碘甘油（5%碘酒1份，甘油9份）或10%磺胺甘油涂抹，每天2次。也可用青霉素1 000 IU加适量蜂蜜混匀后，涂患部。溃疡面好转后，再继续用消毒溶液或收敛溶液洗涤口腔，并用维生素B$_6$和维生素C肌内注射。若病牛继发全身感染，发生全身败血症时，应及时应用磺胺类药物肌内或静脉注射抗生素如青霉素和链霉素等。对齿龈发炎并有出血现象的病牛，可静脉注射抗坏血酸30~50 mL，50%葡萄糖溶液500 mL，一天1次，连注3次。如是特殊病原所致的传染性口炎，应着重治疗原发病，并注意实施隔离。

中药治疗方法：用清水或者淡盐水冲洗口腔后，再用白砂糖直接撒在口中，每天3次；山药30 g，冰糖30 g，共研为末，撒在口腔患处，每天2次；蒲黄、干姜等份，共研为末，涂在舌上后再揉搓，每天2次。

二、牛异食癖

异食癖是指由于环境、营养、内分泌和遗传等因素引起的，以舔食啃咬通常不采食的异物为特征的一种顽固性味觉错乱的新陈代谢障碍性疾病。

（一）常见病因

（1）饲料单一。钠、铜、钴、锰、铁、碘、磷等矿物质不足，特别是钠盐不足。

（2）钙、磷比例失调。

（3）缺乏某些维生素。

（4）佝偻病、软骨病、慢性消化不良、前胃疾病、某些寄生虫病等可成为异食的诱发因素。

（二）临床症状

（1）乱吃杂物，如粪尿、污水、垫草、墙壁、食槽、新垫土、砖瓦块、煤渣、破布、围栏、产后胎衣等。

（2）患牛易惊恐，对外界刺激敏感性增高，以后则迟钝。

（3）患牛逐渐消瘦、贫血，常引起消化不良，食欲进一步恶化。在发病初期多便秘，其后下痢，或便秘和下痢交替出现。

（4）怀孕的母牛，可在妊娠的不同阶段发生流产。

（三）治疗

治疗原则是缺什么，补什么。继发性的疾病应从治疗原发病入手。

（1）钙缺乏时补充钙盐，如磷酸氢钙。注射一些促进钙吸收的药物，如1%维生素D 5~15 mL，维生素AD 5~15 mL。也可内服鱼肝油20~60 mL。碱缺乏的供给食盐、小苏打、人工盐。

（2）贫血和微量元素缺乏时，可内服氯化钴0.005~0.04 g，硫酸铜0.07~0.3 g。缺硒时，肌内注射0.1%亚硒酸钠5~8 mL。

（3）调节中枢神经，可静脉注射安溴100 mL或盐酸普鲁卡因0.5~1 g，或氢化可的松0.5 g加入10%葡萄糖中静脉注射。

（4）瘤胃环境的调节，可将酵母片100片、生长素20 g、胃蛋白酶15片、龙胆末50 g、麦芽粉100 g、石膏粉40 g、滑石粉40 g、多糖钙片40片、复合维生素B 20片、人工盐100 g混合，内服，1天1剂，连用5天。

（四）预防

必须在病原学诊断的基础上，有的放矢地改善饲养管理。应根据动物不同生长阶段的营养需要喂给全价配合饲料。当发现异食癖时，适当增加矿物质和微量元素的添加量，此外喂料要定时、定量、定饲养员，不喂冰冻和霉败的饲料。在饲喂青贮饲料的同时，加喂一些青干草。同时根据牛场的环境，合理安排牛群密度，搞好环境卫生。对寄生虫病进行流行病学调查，从犊牛出生到老龄淘汰，定期驱虫，以防寄生虫诱发的恶癖。

三、牛食道梗塞

该病又称为食管阻塞，是由于吞咽物过于粗大或咽下机能紊乱所致发的一种食管疾病。常由采食胡萝卜、白薯类块根或未被打破和泡软的饼类饲料所引起。患牛突然发生采食中止，头颈伸直、流涎、咳嗽，不断咀嚼伴有吞咽而不能的动作，摇头晃脑，惊恐不安。食道梗塞可分为食道前部阻塞与胸部食道阻塞两种。食道前部阻塞可以在颈侧摸到，而胸部食道阻塞可从食道积满唾液的波动感诊断。

牛发生食道阻塞后，必须紧急抢救。治疗的原则主要是及时排出食道阻塞物，使之畅通。

（1）自行解除法：油水等量混合后灌服，然后把牛缰绳拴紧于牛后蹄上，使牛头低下，在路面上急赶数十次，有时可使阻塞部自行通开。适用于颈部及胸部的食道阻塞。

（2）用手推压法：将牛保定好，拉出舌头，打开牛口，紧收右手五指，顺势深入咽后抓住阻塞物取出。若阻塞物在食管下部，可把胃管涂油送至病患部，把阻塞物推入胃内。或将滑石粉、猪油各100 g调匀灌入，再用手按压食道，从上部用手固定阻塞物，用力向下推送，这样反复进行多次，把阻塞物推压下去。

（3）向食管内打气法：把胃导管送至病患部，用漏斗灌入豆油150 mL左右，再把打气筒接到胃导管上，一人有节奏地打气，一人前后推动胃导管，进行多次，趁食管扩张时，可把牛噎在食管里的阻塞物推入胃内。

（4）用喷雾器向食管内压水法：把胃导管送至病患部，接上喷雾器，向管内压水 500～1 000 mL，撤掉喷雾器，把压入胃导管内的水全部放出来，再接上喷雾器注水，进行几次，常能把阻塞物冲压下去。

（5）用套环套取阻塞物法：先用 4 m 长 8 号铁丝线，对折双叠，在前端做一个略小于阻塞物的铁丝环。牛站立保定，固定头部，打开口腔，把套取器由口腔经咽部慢慢送入食道异物阻塞部，套住阻塞物后慢慢向外拉，到咽部时，迅速拉出套取器。一次不成，可重复操作几次。

（6）把阻塞物压碎法：对容易被压碎的阻塞物，可在阻塞部位的一侧，垫上附有柔软物的硬板，再把另一侧垫上柔软物，用平滑的木棒轻轻挤压，压碎阻塞物，便于食物排出。适于块根类饲料阻塞时采用。

（7）软化食团法：用胃管灌服豆油 200～300 mL，灌服后，吊高牛头，经 1～3 小时后，油水浸透软化食团，可使阻塞物进入胃内。适用于牛采食草料过急过快而造成的食道阻塞。

（8）兴奋平滑肌，腺体分泌法：先灌入豆油 100～200 mL，再皮下注射 3%硝酸毛果芸香碱液 3 mL，一般 3～4 小时可治愈。

（9）食管切开法：经用多种方法不见效且有憋死牛的危险时，可进行常规外科手术疗法，但必须由专业人员操作且要注意术后护理。

注意，平时用玉米、红薯、萝卜、土豆等块状饲料喂牛时，一定要切碎再喂。发现牛偷吃玉米棒、胡萝卜等时，不要突然大声惊吓。

四、牛前胃弛缓

该病是指前胃神经肌肉感受性降低，收缩力减弱，瘤胃内容物迟滞所引起的一种消化不良综合征。常因长期大量饲喂粗硬难消化的饲料，过食浓厚、劣质、发霉变质糟渣饲料，运动不足，维生素、矿物质缺乏所致；也可继发于其他疾病。病初，食欲减退，瘤胃蠕动减弱或丧失，反刍次数减少后期停止，间歇性胀肚。后期排出黑便、干粪，外有黏液，恶臭，有时干稀交替发生，呈现酸中毒症状。久病不愈者多数转为肠炎，排棕色稀便。

为排出前胃内容物，可选用缓泻止酵剂，如硫酸钠、酒精、鱼石脂或豆油 1 000 mL。为加强前胃蠕动，可灌服酒石酸锑钾和硫氯酚，同时配合瘤胃按摩和牵引运动。当呈现酸中毒症状时可用葡萄糖盐水、碳酸氢钠、安钠咖静脉注射。

五、牛瘤胃积食

该病又称瘤胃食滞、瘤胃阻塞，也称为急性瘤胃扩张，中医称宿草不转。前胃收缩力减弱，采食的大量干燥饲料停滞，导致急性瘤胃扩张。该病主要是因采食饲料过多引起，是牛常发生的一种疾病。主要表现为病初食欲、反刍、嗳气减少或停止，背拱起时做努责状，头向后躯顾盼，后肢踢腹，磨牙、摇尾、呻吟、站立不安，时卧时起，卧地时一般右侧横卧。

预防：主要是草不要铡得太短，填精料时要注意与草拌匀，没分槽定位的牛不能精料归堆，不能让一头牛独占独食过多精料。

治疗：主要是泻下，可投入 500 ~ 1 000 g 硫酸钠（镁）溶液，也可用液体石油。对严重的牛可进行补液，防止酸中毒。每次可补 2 000 ~ 4 000 mL，加入碳酸氢钠 300 ~ 600 mL，同时也可给刺激瘤胃兴奋的药，如新斯的明、氨钾酰胆碱等。

六、牛瘤胃膨气

该病俗称胀肚。

(一) 临床症状

1. 原发性膨气

通常多发生于牧草旺盛的夏季，饲喂过多豆科植物或容易发酵、含水量多的青草，如未成熟或长得快的豆科牧草、谷类作物、油菜、甘蓝、豌豆、黄豆等，以及高蛋白的幼嫩青草。此外，饲喂过碎的谷类饲料不当时，使瘤胃 pH 值发生改变，适宜一些产气微生物的繁殖。在这些条件下，瘤胃内较快地产生小气泡，不能融合在一起，形成泡沫性膨气。

牛患原发性膨气时虽然整个腹部都增大，但以左上腹肋部最明显。初期表现不适、频频起卧、蹴踢腹部、呼吸显著困难，呼吸次数每分钟达 60 次以上，并伴有张口呼吸、伸舌、流涎、头颈伸直，偶尔发生喷射状呕逆和肛门挤出稀粪。初期瘤胃蠕动增加，但蠕动音不高，发病初期尚有嗳气和反刍，但在瘤胃膨胀后，瘤胃蠕动音减弱或完全消失，嗳气反刍废绝，叩诊产生特征性的鼓音。原发性膨胀，病程较短，一般在出现症状后 3~4 小时可死亡，死前虚脱，几乎无任何挣扎。如用套管针穿刺或胃管排气，只能放出少量气体，且管子常被泡沫物堵塞。

2. 继发性膨气

在食道梗阻或食道受到肿胀物压迫发生嗳气受阻，如膈疝、感染破伤风时可继发此病。当前胃弛缓、酸中毒，皱胃、肠道变位时，在全身性炎症或乳腺炎、子宫炎及中毒或其他疾病时，阻碍了前胃运转功能，也可继发瘤胃膨气。慢性瘤胃膨胀还可发生于长期饲喂高水平谷类饲料造成反刍异常的牛，6 月龄以上犊牛因消化不良等常伴发此病。

继发性膨气常见于前胃弛缓，创伤性网胃炎、食道阻塞、痉挛和麻痹、迷走神经胸支或腹支损伤、纵膈淋巴结结核肿胀或肿瘤、瘤胃与腹膜粘连、瓣胃阻塞、膈疝或前胃内存有泥沙、结石或毛球等，都可引起排气障碍，致使瘤胃壁扩张而发生膨胀。继发性臌胀通常在瘤胃内容物上方有大量游离性气体，通过胃管或插入套管针，能排出大量气体。随后，臌胀部下陷，如因食道梗阻或食道受压迫，通过胃管时受阻。

（二）治疗

瘤胃臌气发病迅速、急剧，必须及时抢救，防止窒息。治疗原则是及时排出气体，制止瘤胃内容物继续发酵，理气消胀，健胃消导，强心补液，适时急救。治疗措施包括缓解臌胀和消除病因。低血钙引起的气体性臌气病例在实施胃管放气的同时注射钙制剂。伴有臌气的消化不良需胃管放气并给予钙剂、轻泻剂、制酸剂和促反刍剂。食道阻塞的病例需人工或器械轻柔地操作，消除阻塞。存在原发性局灶性腹膜炎的动物应给予抗生素，减少活动并实施磁吸铁器或瘤胃切开术（取金属异物），调整日粮（穿孔性真胃溃疡）。怀疑有咽损伤时应给予广谱抗生素和止痛药，插入胃管时动作要轻柔。

插入胃管对急性泡沫性臌气极少有效，但此法有助于诊断，可同时给予表面活性剂如聚羟亚烃（浓缩型口服剂）或植物油以消除泡沫。有些病例使用大口径胃管可能缓解臌胀。为加速瘤胃排空，可给予促反刍-轻泻-制酸合剂（温水送服），并注射钙剂。

除极严重的病例急需缓解臌胀外，一般应避免给患急性臌气的牛行瘤胃穿刺术。套管针穿刺会导致腹膜炎，可能是致命的。术后动物可能出现发热和腹膜炎症状（包括瘤胃臌气），影响对原发病的诊断。

1. 急性和最急性病例

对该类病例必须采取急救措施，如瘤胃穿刺术（图5-18）

或切开术，泡沫性臌气还须给予止酵剂，如植物油、矿物油及一些表面活性剂。

图5-18　牛瘤胃穿刺术部位

瘤胃穿刺是用套管针直接穿刺瘤胃，既要动作迅速，又要操作严密。牛站立保定，术部在左腰肠管外角水平线中点上。术部剪毛，皮肤用碘酊消毒，套管针应煮沸消毒或以75%乙醇擦拭。手术刀切开皮肤1~2 cm长后，套管针斜向右前下方猛力刺入瘤胃到一定深度拔出针拴，并保持套管针一定方向，防止瘤胃蠕动时套管离开瘤胃，损伤瘤胃浆膜造成腹腔污染。当泡沫性臌气时，泡沫和瘤胃内容物容易阻塞套管，用针拴上下捅开阻塞，有必要时通过套管向瘤胃内注入制酵剂（1%~2%甲醛溶液或松节油等）。拔出套管针时，先插入针拴，一手压紧创孔周围皮肤，另一手将套和针拴一起迅速拔出。拔出后，以一手按压创口几分钟，将手释去，皮肤消毒，必要时切口做1~2针缝合。

药物治疗的目的是消除臌气，原发性是消除泡沫，继发性是消除瘤胃弛缓、食道阻塞等原发病。可用松节油30~60 mL、鱼石脂10~15 g，加乙醇30~40 mL；或液状石蜡、豆油等植物油200~300 mL加适量清水，充分震荡后灌服。

2. 严重病例

对臌气严重、有窒息危险的则应采取急救措施，可用胃管放气，或用套管针穿刺放气，穿刺部位选择在左侧腹壁的上部，即中兽医所讲的锒眼穴（位于髂结节与最后肋骨连线的中点），将针向右肘方向刺入，刺入后抽出针芯。为了防止再度发酵，宜用鱼石脂 15~25 g、95%乙醇 100 mL、自来水 1 000 mL，一次内服；或从套管针内注入 5%~10%生石灰水或 8%氧化镁溶液，或者注入稀盐酸 10~30 mL，加适量水。此外在放气后，用 0.25%普鲁卡因溶液 50~100 mL 将 200 万~500 万 U 青霉素稀释，注入瘤胃，效果很好。如有条件，可在放气后接种健康牛瘤胃液 3~6 L，效果更佳。值得注意的是，无论哪种放气，都不宜过快，以防止血液重新分配后引起大脑缺血而发生昏迷。在牧区牧民通常是用刀子放气，目的是暂时不发生死亡，回到家中再屠宰。

3. 非泡沫性膨胀

除穿刺放气外，放气宜用稀盐酸 10~30 mL，或鱼石脂 10~25 g、乙醇 100 mL、自来水 1 000 mL，也可用生石灰水 1 000~3 000 mL。放气后，可选用 0.25%普鲁卡因溶液 50~100 mL、青霉素 100 万 U，注入瘤胃，效果更为理想。

4. 泡沫性膨胀

以消泡、消胀为目的，宜用表面活性药物，如二甲基硅油等；临床常用下列配方：可选用豆油、花生油或菜籽油，用量一般为 250~500 mL，二甲基硅油（消胀片）30~60 片（每片含 15 mg）、松节油 30~60 mL、鱼石脂 10~20 g、乙醇 30~40 mL，配成合剂应用，对泡沫性和非泡沫性膨气都有较好的效果。对于泡沫性膨气，放气效果不明显，可用长的针头向瘤胃内注入止酵剂或抗生素，如松节油、青霉素等。

5. 中药疗法

中兽医称瘤胃膨胀为气胀病或肚胀，治疗以行气消胀、通便止痛为主。

（1）牛用消胀散：炒莱菔子 15 g，枳实、木香、青皮、小茴香各 35 g，槟榔（玉片）17 g，二丑 27 g，共研为末，加清油

300~500 mL，大蒜 60 g（捣碎），水冲服。

（2）木香顺气散：木香 30 g，厚朴、陈皮各 10 g，枳壳、藿香各 20 g，乌药、小茴香、青果（去皮）、丁香各 15 g，共研为末，加清油 300~500 mL，水冲服。

（3）针治：脾俞、百会、苏气、山根、耳尖、舌阴、顺气等穴。在农村、牧区，紧急情况下，可用醋、稀盐酸、大蒜、食用油等内服，具有消胀和止酵作用。另外用大戟 20 g、芫花 20 g、甘草 30 g、甘遂 20 g、三棱 40 g、莪术 40 g、厚朴 36 g、枳实 40 g、大黄 80~100 g、芒硝 150~200 g，共研为末，加植物油 1 000~2 000 mL，一次灌服。

6. 其他解除气胀的简易办法

病的初期，对病情较轻的病例，使病畜头颈抬起，适度按摩腹部，可促进瘤胃内气体的排出，同时用松节油 20~30 mL、鱼石脂 10~15 g、95%乙醇 30~50 mL，加适量的水内服，具有消胀作用，也可用大蒜酊。有人用小木棒（最好是椿木）涂擦松馏油或食盐，横衔于口中，两端用绳子固定于角根后部，将病畜牵拉于斜坡上，前高后低，使之不断咀嚼，促进嗳气，促进唾液的分泌，也可拉舌运动，左腹按摩。徒手打开口腔牵拉牛舌，口中衔入木棒或在棒上、鼻端涂些鱼石脂，促进其咀嚼和舌的运动，增加唾液分化，以提高嗳气反射，促进排气。

为了排出瘤胃内易发酵的内容物，可用盐类或油类泻剂，如硫酸镁、硫酸钠 400~500 g，加水 8 000~10 000 mL 内服，或用液状石蜡 1 000~1 500 mL 内服，也可用其他盐类或油类泻剂。为了增强心脏机能，改善血液循环，可用咖啡因或樟脑油。根据临床经验，无论是哪种臌气，首先灌服液状石蜡 800~1 000 mL，可收到良好的效果。在临床实践中，应注意调整瘤胃内容物的 pH 值，可用 2%~3% 的碳酸氢钠溶液洗胃或灌服。当药物治疗效果不显著时，应立即施行瘤胃切开术，取出内容物。此外因慢性瘤胃臌气多为继发性瘤胃臌气，因此，除应用急性瘤胃臌气的疗法缓解臌气症状外，必须治疗原发病。

七、瓣胃秘结

该病中医称为"百叶干"，是前胃弛缓、瓣胃收缩力减弱、内容物充满、干燥所致发的瓣胃阻塞和扩张。多发于冬、春季节。主要是因为采食了大量坚硬含粗纤维多的、带泥沙不洁的糟、糠和霜冻饲料，饮水量又不足，也可继发于前胃迟缓、瘤胃积食、真胃阻塞、扭转等病的过程中。初期与一般消化不良相似。1周后体温上升，饮欲、食欲废绝，反刍停止，鼻镜干燥无汗甚至龟裂、伴有呻吟。排粪减少呈顽固性便秘，排算盘珠或栗子样干便，且附有黏液。

治疗时宜增加瓣胃蠕动，软化干硬内容物促使其排出。多用液状石蜡、蓖麻油、浓盐水、葡萄糖液、安钠咖静脉注射，也可在医生指导下往瓣胃内注射硫酸镁液、液状石蜡、鱼石脂。

八、牛便秘

便秘是由肠平滑肌蠕动机能降低所致的排粪迟滞，常发于结肠。多见于成年牛、老龄牛。主要原因是饲料过粗，缺乏饮水，重度使役，长期大量饲喂浓质料，或饲料过干，混有大量植物根须、毛发，阻塞肠管。临床上主要表现为腹痛，排粪停止，脱水。病牛不吃不喝，反刍减少或废绝，有的拱背、努责，屡呈排便姿势，或蹲伏，或后肢踢腹部，有的喜卧不愿站立，后期排便停止，或仅排出一些胶冻样团块，并呈现脱水症状。预防该病主要是供给充足的饮水，减少粗老、干硬饲料。一旦牛患便秘，应采取镇痛、通便、补液、强心的治疗手段。镇痛可选用哌替啶注射液或阿片酊；通便可投服硫酸镁或硫酸钠 500~800 g，也可用液状石蜡 1 500~2 000 mL。上述方法无效后，可采用直肠破结法。

九、牛胃肠炎

胃肠炎是指胃肠黏膜及其深层组织发生的炎症。主要是由胃肠受到强烈有害的刺激所致，多因吃了品质不良的草料，如霉变的干草，冷冻腐烂块根、草料，变质的玉米等；有毒植物、刺激性药物及农药污染的草料，可直接造成胃肠黏膜损伤，引起胃肠炎；因营养不良、过度劳役或长途运输造成机体抵抗力降低，胃肠道内的条件性致病菌（大肠杆菌、坏死杆菌等）毒力增强，引起胃肠炎。此外，滥用抗生素，也可造成胃肠菌群紊乱，引起二重感染。主要临床表现为剧烈腹泻，粪便稀薄，常混有黏液、血液及脱落的坏死组织碎片等，有时混有脓汁，气味恶臭。病程延长，出现里急后重等症状。此外，可见病牛精神沉郁、食欲废绝、饮欲增加、反刍停止、体温升高等症状。

治疗时，首先要去除病因，加强护理，绝食1~2 d，以后喂给少量柔软易消化的饲料，病初虽排恶臭稀便，但排粪不通畅时，应清理胃肠，给予300~400 g硫酸钠（镁）缓泻药等。当肠内容物已基本排空，粪的臭味不大而仍腹泻不止时，则要止泻，用0.1%高锰酸钾液3 000~5 000 mL内服，或用其他止泻药。消除炎症，可选用抗生素等。肠道出血可给予维生素K。此外，应根据情况给予补液和缓解酸中毒。

十、创伤性网胃炎

创伤性网胃炎，是由于随草料吞咽尖锐的金属异物刺伤网胃而引起网胃的炎症。临床上以网胃区疼痛、消化障碍、间歇性臌气等为特征。

（一）发病原因

主要是由于误食混入饲料中的铁钉、铁丝、发针、缝针等尖锐的金属异物，异物进入网胃后，由于网胃的体积小，强力收缩时，容易刺伤、穿透网胃壁，从而发生网胃炎，甚至损伤其他脏器，引起其他脏器的炎症。牛采食迅速，不经细嚼即吞咽。同时，口黏膜对机械性刺激敏感性差，舌、颊黏膜有朝后方向的乳头等，因此，极易将混在饲料中的铁钉、铁丝、铁片、缝针等异物囫囵吞下。异物进入网胃，在网胃的强力收缩下，可能刺伤或穿透网胃壁，而伤及邻近器官和组织。若网胃中的尖锐异物，仅刺伤网胃，则引起创伤性网胃炎；若尖锐异物穿透网胃壁、横膈膜，并伤及心包膜时，便成为创伤性网胃-心包炎。

另外，在腹内压增高的情况下，如瘤胃积食、臌气、奔跑、跳沟、突然摔倒等，以及妊娠和分娩均易促进本病的发生。

（二）临床症状

在正常的饲养管理条件下，患畜突然呈现前胃弛缓症状，即精神沉郁，食欲、反刍障碍，鼻镜干燥，呻吟，瘤胃蠕动音减弱，蠕动次数减少，常有慢性瘤胃臌气、磨牙现象。触诊瘤胃内容物黏硬，按前胃弛缓治疗，特别是应用前胃兴奋剂后，病情不但不见好转，反而更加恶化。触诊网胃时，表现疼痛不安，后肢踢腹，呻吟，或躲避检查，有的病牛表现不明显。

病初体温升高，脉搏增快，以后体温虽然逐渐恢复正常，但脉数仍逐渐增多；白细胞的总数增多，核左移。由于消化紊乱，病畜逐渐消瘦，乳牛奶量减少或停止。当异物造成膈穿孔或损伤心包、肺或肝时，则病程迅速，而且出现一系列症状。如刺伤心肌，则有肌肉震颤、出汗、心动急速、节律不齐等症状；若刺伤脏器（肝、脾、肺），则引起这些脏器的脓肿，呈现弛张热型、白细胞增多等症状。多预后不良。

（三）诊断

该病的早期诊断甚为重要。按照常规，根据病史，临床上突然发生前胃弛缓，疼痛不安和异常姿态，肘头外展，按前胃弛缓治疗无效、反而恶化，以及金属探测器等的判定，可以做出诊断。

病牛呈现顽固性的前胃弛缓症状。精神沉郁，食欲减退或废绝，反刍缓慢或停止，鼻镜干燥，磨牙呻吟，瘤胃蠕动减弱或消失，瘤胃内容物松软或黏硬。病程绵延，久治不愈。

随着病情的进展，逐渐呈现网胃炎的症状。病牛的行动和姿势异常，站立时，肘头外展（图 5-19），多取前高后低姿势；运步时，步样强拘，愿走软路而不愿走硬路，愿上坡而不愿下坡；卧地时，表现非常小心；起立时，多先起前肢（正常情况下是先起后肢）。网胃触诊，疼痛不安，抗拒检查。体温多升高到 40 ~ 41 ℃，脉搏增数。

图 5-19　病牛肘头外展

根据国外报道，在临床上进行腹水检查（颜色、气味、细胞分类、计数），在确定创伤性网胃炎诊断中是有价值的辅助方法，所获得的资料比从血液的白细胞分类、计数所提供的资料要可靠得多。判断标准如下。

（1）腹水多，并且是病理性的（混有血液，混浊、恶臭，有白细胞），很可能是创伤性网胃炎，即可早期施行手术，以提高治愈率。

（2）抽出黏脓性腹水是局限性或弥散性腹膜炎的主要特征，

根据病情即可采取相应的措施。

（四）治疗

根本的疗法是早期手术，摘除异物。但创伤性网胃炎经常伴发创伤性心包炎，由心包取出异物一般效果不理想。

（1）保守疗法：可让病牛安静休息，保持前高后低的姿势站立，同时大剂量应用抗生素（如青霉素和链霉素合用等）或磺胺类药物，以控制炎症的发展。

（2）根治方法：宜早期实行瘤胃切开术，取出异物。结合消炎，应用抗生素或磺胺类药物，控制炎症发展，同时采取对症治疗（但禁用大量泻剂和能引起网胃收缩的各种药物）。但多数病例，如不除去异物，则终致死亡。

急性病例一般首先采用保守疗法，包括投服磁铁、注射抗生素和限制活动，以固定金属异物、控制腹膜炎和加速创伤愈合。其他对症疗法，如给予流质食物、促反刍剂，补充钙剂及其他电解质。出现脱水和已发生碱中毒时，可实施液体疗法并经口或静脉注射给予氯化钾（每次 30~60 g，每天 2 次）。重度碱中毒动物应避免使用碱性促反刍剂。保守疗法应在 48~72 小时内判定疗效，若动物开始采食、反刍和泌乳，则预后良好；若病情没有改善或食欲和瘤胃活动时好时坏，可考虑实施瘤胃切开术。投服磁铁后，磁铁首先进入瘤胃，然后通过有效的瘤胃-网胃收缩，将磁铁送达网胃并吸附固定金属异物。所以，若瘤胃处于停滞状态，则磁铁难以到达预定位置。病畜出现症状时若体内已放置磁铁，宜及早进行剖腹术和瘤胃切开术，这种情况见于金属异物太长（>15 cm）或不能为磁铁吸附者，如铝针。剖腹后若发现瘤胃或网胃已发生明显粘连，最好不要触摸以防腹膜炎扩散。打开瘤胃后需仔细探查整个网胃并取出刺伤网胃的金属异物（可能仅部分存留在网胃内）。

抗生素治疗至少应持续 3~7 天，以确保完全控制局灶性网胃腹膜炎，防止创伤部位发生脓肿。青霉素、头孢噻呋、氨苄西林、四环素已成功地应用于上述治疗。

亚急性或慢性发病动物，已出现顽固性厌食、脱水、重度碱中毒时，应及早进行液体疗法、抗生素疗法和瘤胃切开术，仅用保守疗法难以治愈。通常还需瘤胃转宿、补充钙剂和长期的抗生素治疗。

第七节　牛常见中毒及其他疾病

一、有机磷农药中毒

该病主要是由牛采食了喷洒有机磷杀虫剂的农作物、牧草和青菜；或误食了拌过有机磷杀虫剂的种子；或用敌百虫、乐果等防制吸血昆虫和驱除体内寄生虫时，用量过大或使用方法不当所致。中毒后，牛狂暴不安，可视黏膜淡染或发绀；流口水，流泪，鼻液增多，反刍、嗳气停止；瘤胃臌气，腹痛，呻吟，磨牙，不时排泄软稀便、水样便，粪便中混有黏液和血液；尿频，出汗，呼吸困难；瞳孔缩小，视力减退或丧失，眼睑、面部肌肉及全身发生震颤，最后从头到全身发生强直性痉挛，步态强拘，共济失调。病后期体温升高，惊厥，昏迷，大出汗，心跳加快，呼吸肌麻痹，最终死于心力衰竭。

如经皮肤沾染中毒，应尽快应用1%肥皂水或4%碳酸氢钠溶液（敌百虫中毒除外）洗涤体表，对误饮或误食有机磷杀虫剂的患牛，用2%~3%碳酸氢钠溶液或生理盐水洗胃，并灌服活性炭。用解磷定每千克体重20~50 mg静脉注射；同时用阿托品每千克体重0.5 mg，以总剂量的1/4溶于5%含水量糖盐水中，静脉注射，其余的剂量分别肌内注射和皮下注射，经1~2小时后症状未减轻时，可减量重复应用。此后应每隔 3～4 小时皮下或肌内注射一般剂量的阿托品。还可用双解磷，首次用量为 3～6 g，溶于适量 5% 葡萄糖或生理盐水中，静脉注射或肌内注射，以后每隔 2 小时用药一次，但剂量减半。在应用特效解毒药的同时或其后，采取对症治疗。

预防：用农药处理过的种子和配好的农药溶液不得随便乱放，配制及喷洒农药的器具要妥善保管；喷洒农药最好在早晚无风时进行；喷洒过农药的地方，1 个月内禁止放牧或割草；不滥用农药来驱杀牛体表寄生虫。

二、亚硝酸盐中毒

该病是富含硝酸盐的饲料在饲喂前的调制中或被采食后在瘤胃内产生大量亚硝酸盐，造成高铁血红蛋白血症，导致组织缺氧而引起的中毒。富含硝酸盐的饲料有燕麦草、苜蓿、甜菜叶、包心菜、白菜、野苋菜、菠菜、大麦、黑麦、燕麦、高粱、玉米等。凡是连续几天或更长时间饲喂富含硝酸盐饲草和饲料的牛，多数在无任何征兆情况下突然发病，精神沉郁，茫然呆立，不爱走动，运动时步态不稳；反刍停止，瘤胃臌气；流涎、磨牙、呻吟、腹痛、腹泻。重症者，全身肌肉震颤，四肢无力，卧地不起，体温降低，呼吸浅表、促迫。同时心跳加快，脉搏每分钟 170 次以上；颈静脉怒张；可视黏膜发绀；乳房和乳头淡紫或苍白；孕牛多发生流产。发生虚脱后 1～2 小时内死亡。

发现中毒后，立即用 1% 亚甲蓝液，按每千克体重 20 mg 静脉注射；也可用 5% 甲苯胺蓝液，按每千克体重 5 mg 静脉注射或肌内注射；或用 5% 维生素 C 液 60～100 mL 静脉注射。此外，还可用尼克刹米、樟脑油等药物对症治疗；瘤胃内投入大量抗生素和大量饮水，可阻止细菌对硝酸盐的还原作用。

在种植饲草或饲料的土地上，限制施用家畜的粪尿和氮肥。

严格控制饲喂含有硝酸盐的饲草和饲料，或只饲喂硝酸盐含量低的作物或谷实部分。病牛或体质虚弱犊应禁止喂这类饲草、饲料。给奶牛饲喂富含碳水化合物成分的饲料，并添加碘盐和维生素 A、D 制剂。也可用四环素饲料添加剂按每千克体重 30～40 mg，或金霉素饲料添加剂按每千克体重 22 mg，添加于饲料中，可在两周内有效地控制硝酸盐转化成亚硝酸盐的速度。

三、尿素中毒

尿素为一种非蛋白质含氮物，可作为反刍动物的饲料添加剂使用，但若补饲不当或用量过大，则可导致中毒。发病常因尿素保管不当，被牛大量偷食，或误作食盐使用所致。此外，用尿素喂牛的量，成年牛应控制在每天 200～300 g，且在饲喂时，尿素的喂量应逐渐增多，若初次即突然按规定的量喂牛，则易发生牛尿素中毒。此外，在喷洒了尿素的草场上放牧，含氮量较高的化肥（如硝酸铵、硫酸铵等）保管不善被牛误食，日粮中豆科饲料比例过大、肝功能紊乱等，可成为发病的诱因。

牛过量采食尿素后 30～60 min 即可发病，病初表现不安、呻吟、流涎、口炎、整个口唇周围沾满唾液和泡沫。肌肉震颤，体躯摇晃，步态不稳。瘤胃蠕动减弱，臌气，全身强直性痉挛。呼吸困难，阵发性咳嗽，肺部听诊有显著的湿啰音。脉搏增数，心跳加快。病末期，患牛高度呼吸困难，从口角流出大量泡沫样口水，肛门松弛、排粪失禁、尿淋漓、皮温不整、瞳孔散大，最后窒息死亡。

发现牛过量采食尿素后，可立即灌服 1%～3% 醋酸 3 000 mL、糖 250～500 g、自来水 1 000 mL，或食醋 500 mL 加水 1 000 mL，内服。也可用 10% 葡萄糖酸钙 200～400 mL，或 10% 硫代硫酸钠液 100～200 mL，静脉注射。另外可用樟脑磺酸钠注射液 10～20 mL，皮下注射或肌内注射进行强心；三溴合剂 200～300 mL，灌服进行镇静。对瘤胃臌气的病牛，可进行瘤胃穿刺放气。对继发上呼吸道、肺感染的病牛，可用抗生素治疗。

用尿素作饲料添加剂时，不应超量，在饲喂方式上应由少到多，不间断饲喂。尿素以拌在饲料中喂较好，不得化水饮服或单喂，喂后 2 小时内不能饮水。如日粮中蛋白质已足够，不必加喂尿素。犊牛不宜饲喂尿素。对尿素类化肥，要加强保管，安全使用，防止被牛偷食或误食。

四、谷物中毒

该病是由于一次吃入大量豆类饲料引起的中毒。牛过量食入精料，如偷食，或一次或连续多次给牛饲喂大量豆谷，均可导致本病发生。一般吃入谷类饲料 12 小时后、吃入豆类饲料 48 ~ 72 小时后发病。

初期，食欲减退或废绝，反刍减少或停止，有时在反刍时，可见到反刍物中混有豆谷。直肠检查，可触及瘤胃壁上颗粒状突起，其粪便中常混有未消化的豆谷粒。瘤胃触诊，感觉充盈、坚实。多可继发瘤胃臌气。有的病牛发生腹泻。多可出现视力障碍，患牛盲目直走或转圈。病情严重者则狂燥不安，暴进暴退，或头抵墙壁，有时冲击人、畜，不易控制；有的病牛则精神沉郁，嗜睡，卧地不起。末期，病牛明显脱水，眼球下陷，皮肤弹性降低，血液浓稠，排尿减少，色深，呼吸加快，脉搏快而弱，如治疗不及时可很快死亡。

预防：严禁牛偷吃谷物，不要突然一次性给予大量精料。

治疗时采取排除谷物，对症治疗。早期（在谷物未膨胀前）灌食油（或液状石蜡）500 mL，以防谷物迅速膨胀。在牛尚未出现中毒症状前，排除牛吃入的豆谷，多可很快恢复。对已出现中毒症状的病牛，要及时清除瘤胃内的豆谷，同时要解除病牛的脱水和酸中毒。对病牛瘤胃内的大量谷物，可通过洗胃排除，必要时可做瘤胃切开术取出谷物。补液，可用 5% 糖盐水，每天 4 000~8 000 mL，分 2~3 次静脉注射。纠正酸中毒，可内服碳酸氢钠 100~200 g，或静脉注射 5% 碳酸氢钠溶液 500~800 mL。对神经兴奋症状明显的，可肌内注射氯丙嗪注射液 10~20 mL。

五、氢氰酸中毒

该病是由采食含有氰苷的植物和青饲料（如桃、李、梅、杏、枇杷、樱桃等植物的茎、嫩叶、种子，亚麻叶、亚麻籽、亚麻饼，尤其是与奶牛饲养关系密切的苏丹草、红三叶草、高粱苗、玉米苗等）所致。另外，上述植物遭霜冻后，可释放出游离的氢氰酸，牛采食后可发生中毒。此外，误食氰化钾、氰化钠、钙腈酰胺等氰化物农药，也可引起氢氰酸中毒。牛在采食中或采食后 30 分钟左右突然发病，表现瘤胃臌气，口角流出大量白色泡沫的口水；可视黏膜鲜红色，血液鲜红，呼吸极度困难，抬头伸颈，张口喘息，呼出气有苦杏仁味；体温正常或低下。以后则精神沉郁，全身衰弱无力，卧地不起；结膜发绀，血液暗红；瞳孔散大，眼球和肌肉震颤，反射机能减弱，迅速窒息而死亡。

发现中毒后，应立即用亚硝酸钠 3 g、硫代硫酸钠 20~30 g，溶解在 300 mL 灭菌蒸馏水中，一次静脉注射，必要时可重复注射。在抢救氢氰酸中毒时，最好先静脉注射 1% 亚硝酸钠液，经 2~3 分钟后，再静脉注射 10% 硫代硫酸钠液。如无亚硝酸盐，可用亚甲蓝液代替。为阻止胃肠内氢氰酸的吸收，可内服或瘤胃内注入硫代硫酸钠 30 g，也可用 0.1% 高锰酸钾液洗胃。

禁用高粱幼苗和玉米幼苗喂牛，对怀疑含有氰苷的青嫩草或饲料，应经过流水浸渍 24 小时以上再喂。用亚麻籽饼作饲料时，必须彻底煮沸，且喂量不宜过多。防止牛误食氰化物农药。

参 考 文 献

[1] 孙颖士，钟鸣久．牛羊病防制［M］．北京：高等教育出版社，2005.
[2] 刘强，闫益波，王聪．肉牛标准化规模养殖技术［M］．北京：中国农业科学技术出版社，2013.
[3] 王道坤．一本书读懂安全养肉牛［M］．北京：化学工业出版社，2016.

图 4-6　眼结膜检查

图 4-7　淋巴结检查

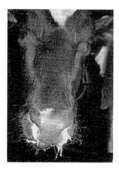

图 4-12　鼻液检查

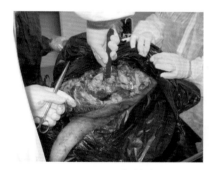

图 4-20　开颅检查

图 4-24　溃疡肠段

图 4-26　涂片检查

(注:为方便读者查阅,第四、五章部分图制作彩插页,且彩图序号同第四、五章内文图序号,并保留内文中第四、五章的图)

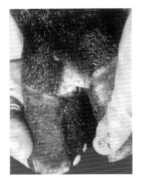

图 5-1　牛蹄叉溃烂型

图 5-2　流行热病牛

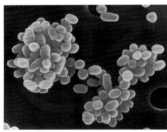

图 5-3　布鲁氏菌

图 5-5　病牛肺部病变

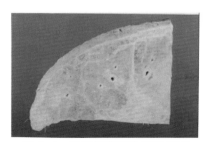

图 5-6　巴氏杆菌病牛肺部病变

图 5-7　下颌骨化脓性骨化性骨膜炎

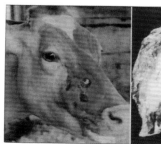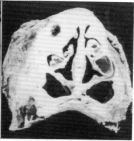

图 5-8　面部形成瘘管口

图 5-9　肝肿大

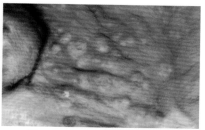

图 5-10　牛体表增生性结节

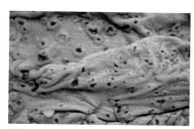

图 5-11　皱胃黏膜上的溃疡病灶

图 5-13　病牛神态异常

图 5-14　病牛惊恐的神情

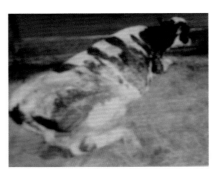
图 5-15　生产瘫痪病牛

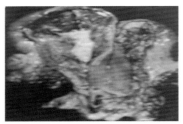
图 5-16　子宫积水

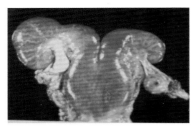
图 5-17　单侧子宫蓄脓

图 5-18　牛瘤胃穿刺术部位

图 5-19　病牛肘头外展